煤矿本体建模及应用

潘理虎　著

科 学 出 版 社

北 京

内 容 简 介

近年来，煤矿安全生产技术得到快速发展，我国煤矿安全生产状况有明显改善。但由于煤矿生产环境的复杂性，煤矿事故仍时有发生，危害严重且影响社会稳定。

本书以提高煤矿安全生产监管技术水平为目的，在分析本体相关理论及煤矿领域知识的基础上，结合人工智能理论与方法，构建了煤矿领域本体模型，并将之应用于煤矿安全生产管理系统。主要阐述了基于 Jena 的本体模型推理本体半自动化构建、更新及不确定性推理等方法与技术，并分别介绍了煤矿本体在煤矿安全监测、事故逃生应急疏散及井下安全生产时空信息管理方面的应用案例。对本体理论在煤矿领域中的应用具有一定的理论与实践意义。

本书可作为高等院校煤矿安全、计算机应用等专业领域高年级本科生和研究生学习参考，亦可供煤矿安全相关从业人员及从事本体研究工作的专业人员参考。

图书在版编目（CIP）数据

煤矿本体建模及应用/潘理虎著. —北京：科学出版社，2018.11

ISBN 978-7-03-058279-9

Ⅰ. ①煤… Ⅱ. ①潘… Ⅲ. ①煤矿-矿山安全 Ⅳ. ①TD7

中国版本图书馆 CIP 数据核字（2018）第 158193 号

责任编辑：常晓敏／责任校对：赵丽杰

责任印制：吕春珉／封面设计：耕者设计工作室

科学出版社 出版

北京东黄城根北街 16 号

邮政编码：100717

http://www.sciencep.com

北京中科印刷有限公司印刷

科学出版社发行　各地新华书店经销

*

2018 年 11 月第 一 版　开本：B5（720×1000）

2018 年 11 月第一次印刷　印张：14

字数：271 000

定价：99.00 元

（如有印装质量问题，我社负责调换〈中科〉）

销售部电话 010-62136230　编辑部电话 010-62138978-8022

前 言

安全生产是煤矿企业的生命线，也关系到国家社会经济的稳定发展。随着计算机技术在煤矿领域的广泛应用，该领域的安全生产和事故预防信息化技术得到快速发展，进而促进了煤矿安全生产水平的提高。本书从提高煤矿安全监测预警水平出发，将本体作为一种知识表达方式被引入煤矿安全监测监控领域，为煤矿安全生产提供统一的领域知识体系，实现信息的逻辑推理，并通过推理机制发现井下生产信息的隐含知识，从而提高煤矿井下安全事故预警的准确度，为煤矿井下生产活动的顺利进行提供保障。

本体用来表示相关领域的知识，使计算机能够像人类一样识别信息。20 世纪 90 年代，人们将本体概念引入知识工程、信息技术、人工智能及企业管理中，使得本体理论在这些领域得到迅速发展。学者们创建了许多可广泛使用的本体，其中主要有美国普林斯顿大学研制的万维网，南加州大学的 GUM、SENSUS，CYKOAP 集团的 SAY，加州大学伯克利分校的 FRAMENET，以及得克萨斯大学的知网等。目前，本体仍是知识工程领域中一个重要的研究课题。国内外的学者为此做了很多研究，并且已经取得了一些成果。但针对煤矿安全生产领域的本体模型研究较少，且没有实现井下情境信息的智能推理与检索。由于煤矿安全生产环境及其过程的复杂性，在煤矿本体研究中还有许多问题需要结合实际应用予以解决。

本书共分为 9 章。第 1 章分析了煤矿领域本体模型的研究目的及意义，介绍了本体的国内外研究现状；第 2 章概述了本体的相关技术及其理论基础，指出了后续使用方法及技术的优势；第 3 章设计了煤矿领域本体的构建流程，实现了本体模型的构建，并给出了本体半自动化构建及更新的方法；第 4 章构建了用于本体推理的规则库，并引入了本体不确定性推理方法；第 5 章设计实现了一个基于本体推理的煤矿安全监测系统；第 6 章论述了基于煤矿本体构建煤矿安全知识图谱的方法与流程，以量化的方式对煤矿预警问题进行分析探究；第 7 章通过本体模型和煤矿相结合，搭建出了煤矿事故逃生系统的仿真本体模型；第 8 章在本体理论与面向对象思想的指导下，构建了一个基于本体的煤矿井下安全生产时空数据模型，设计并开发出一套煤矿井下安全生产时空信息原型系统；第 9 章总结本书主要的研究工作及成果。

本书得到“十二五”山西省科技重大专项项目“基于人-机-环联动煤矿井下生产全过程监测预警及重大事故救援指挥集成系统研究”和山西省-中国科学院科技合作重大项目“基于地理特征数据的煤矿安全生产关键技术研究”的支持，在此向山西省科技厅表示感谢。

本书从规划、编写到出版离不开团队的支持和帮助。感谢太原科技大学郭勇义教授、陈立潮教授、张英俊教授，以及谢斌红、赵淑芳、赵红燕、翁自觉、谢建林、李川田等各位老师的关心和大力支持。感谢刘婷、李婉婉、张朝伟、药慧婷、张佳宇、芦飞平、李云凯、郭华等同学的辛勤工作。

感谢科学出版社各位编辑同志为本书顺利出版付出的努力。

由于自身能力及编写时间的限制，本书仍有许多不足之处，欢迎读者批评指正。

目　录

第1章　绪　论

煤炭产业是我国经济发展的支柱产业之一，随着经济的发展，我国对煤炭资源的需求逐渐增加。然而，与国外煤炭开采技术先进的国家相比，国内煤炭开采过程中发生事故数量和危害程度仍然偏高。大量研究成果证实，对煤矿安全本质认识不够全面，管理不够科学，煤矿安全监测技术不够先进，是导致事故发生的主要原因。本体可以提供对相关领域知识的共同认可与理解，实现知识的重用和共享。对煤矿生产过程进行本体建模，可对煤矿生产要素及其关系提供统一的形式化表示方法，形成本体知识和推理规则。基于本体知识进行的逻辑推理，可对煤矿安全监控系统产生的数据进行量化分析，进而发现井下潜在的危险信息，提高煤矿灾害预警的效率，保障煤矿生产的顺利进行。

1.1　背景与意义

我国煤炭资源丰富，开采规模大。作为煤炭生产和消费大国，煤炭工业对我国地方经济的发展发挥巨大作用。但煤矿生产面临井下作业人员集中、生产系统工艺复杂、技术装备水平低等诸多问题，导致矿难事故频频发生（李婧，2015）。为降低煤矿事故死亡率，同时实现资源的永续利用，减轻环境压力，国家致力于开发使用新能源，但煤炭产业的基础性地位难以改变。为保证煤炭行业的可持续发展，发挥其在经济发展中的促进和支撑作用，必须严格控制矿井事故的发生，加强对煤矿安全管理工作的高度重视和监督。

近年来，国家大力推进煤矿安全生产技术，调整能源结构，加强监管力度，提高安全生产能力，煤矿安全生产形势明显好转（孟现飞，2014）。但与世界主要产煤国家相比，我国煤矿百万吨死亡率仍高于其他国家几十倍，甚至上百倍（靳运章，2016）。根据中华人民共和国国家安全生产监督管理总局公布的数据统计，2000～2017年，全国各省由于煤矿事故致死的人数达到59 977人，年平均死亡人数为3332人，煤矿安全现状不容乐观。矿井事故的发生不仅造成经济上的巨大损失，还威胁到煤矿职工的生命安全（丁振，2016）。因此，构建一个完整、通用的煤矿安全生产模型，对降低事故发生率、保障人员及设备的安全，促进煤炭产业的稳步发展具有重大意义。

计算机、网络和传感通信技术的迅猛发展及物联网的出现，为煤矿的安全监测和预警救援带来了新思路。针对当下中国煤矿安全信息化存在的大量问题，已有许多专家、学者应用计算机技术来解决该问题，如从20世纪90年代初开始，加拿大国际镍公司研究自动采矿技术，并将在2050年实现某矿山的无人采矿，所有设备将通过卫星操纵，以此实现机械自动化采矿。1993年，芬兰开始了智能矿山的技术计划，研究自动采矿技术，同时设计了采矿实时过程控制、高速通信网络、资源实时管理、新机械应用、自动采矿与设备遥控等23个专题。1999年，美国对地下煤矿的自动定位与导航技术进行研究，并获得了商业化研究成果。智慧矿山是煤矿企业信息化发展的终极目标，也是煤矿安全生产领域的重点研究方向之一，已吸引了国内外众多研究机构参与到矿山的智慧化建设中，并且取得了显著成果。目前，很多国家都已制定了矿山信息化发展的长远计划，目的是实现煤矿生产的自动化和智能化。中国对煤矿生产自动化、智能化的研究也非常活跃，在计算机应用于煤矿安全生产的建设研究中也取得了喜人成果，一批煤矿安全建设优秀项目与成果脱颖而出，如开滦集团的企业信息化与电子矿图系统、潞安集团的建下压煤开采设计系统、神华集团神东公司的综合自动化采煤系统等。继“数字地球”概念出现后，吴立新等围绕数字矿山的相关问题展开了一系列的讨论与研究，包括中国矿业大学、煤炭科学研究总院等高校和研究单位都积极地进行了相关研究，继而涌现出了一大批关于智慧矿山建设的优秀项目与成果，其中山东招金集团研发的三维地测采煤生产辅助决策系统为煤矿安全开采提供了保障。

总之，物联网与计算机技术的普及，为加强煤炭生产的安全管理，提高煤矿安全监测水平，保障煤矿工人的生命安全提供了很大的技术支持。20世纪60年代，计算机科学界引入了哲学中本体的概念，为进一步提高煤矿安全管理自动化、信息化水平，同时加强煤矿安全监测和事故预警，提供了新的途径。本体作为一种抽象化的知识表示模型，可以清晰地描述煤矿领域复杂多变的信息，并且能够有效组织和管理领域知识，使知识得到更好的重用和共享。通过构建煤矿安全生产领域通用的本体模型，构建煤矿井下人-机-环之间的关系，建立煤矿井下数据信息的统一规范，提供对该领域知识的共同理解。基于本体的监控系统实时监控设备及环境的状态、人员的行为，利用推理机和本体规则对生产过程中的情境信息进行分析和推理，发现潜藏在生产中的不安全因素，实现对井下人员、设备及环境安全状况的监测与预警，避免由传统煤矿监控监测系统对环境变化不敏感或工作人员的不安全行为所引起的煤矿事故，对于煤矿安全生产具有较大的理论与实践意义。

1.2　本体理论研究

“本体论”是哲学研究发展得来的一个概念，主要研究客观事物存在的本质和组成。随着科学技术的快速发展，知识工程、信息检索及机器学习等领域出现了大量的本体研究。20世纪80年代，人工智能领域借鉴了本体的概念，国内外研究人员对本体建模做了深入探索。美国斯坦福大学知识系统实验室（knowledge systems laboratory，KSL）对本体建模工具和本体应用领域都进行了深层次的研究，对后期研究人员构建本体模型具有指导意义。同时，该实验室的 Gruber 在 1993 年就提出了用于知识工程领域的本体定义，为本体概念的发展指出了方向。德国卡尔斯鲁厄大学的应用情报学和规范描述方法研究所（Institute of Applied Informatics and Formal Description Methods，AIFB）的 Rudi Studer、Alexander Maeche 对本体理论和数学表达作了深入的研究，该研究所进行了 20 余项有关本体的研究课题，涉及知识的表示与推理、本体工程及形式概念分析等多个领域，将本体的理论研究进一步推向了侧重于知识发现的应用阶段（龚资，2007）。2001 年，万维网联盟（W3C）开始研究本体，随后将 OWL 推荐为 W3C 的正式标准，为软件代替人工处理信息及实现信息推理奠定了基础（徐立广等, 2006）。

为满足应用领域的需求，在本体推理的相关研究领域，有众多组织都投入了对于本体推理技术的研究，其中包括耶鲁大学、斯坦福大学、曼彻斯特大学等高校，DARPA、ERCIM 等研究机构，IBM、HP 等跨国企业。中国在本体推理技术方面的研究也在不断深入，已取得了较突出成果的有清华大学、北京大学和相关科研院所等。这些研究组织经过长期的研究，取得了一系列具有深刻影响的研究成果。如 2002 年 Kowalsky 等提出的简单本体的推理分析思想，2004 年 Qu 提出的 Web 本体语言的逻辑推理算法，2006 年 Seiji Koide 和 Hideaki Takeda 在亚洲语义网会议上论述的 OWL Full 语言的正向推理算法，为本体推理机的应用提供了技术支撑。近年来涌现出了大量本体推理机的研究成果（Choi et al.，2013）。例如，W3C 研发了基于描述逻辑的本体推理机，该推理机能够用来测试本体；还有目前更多使用的集成在语义网开发平台的推理引擎 Jena 和德国 Karlsruhe 大学开发的支持安全规则的 KAON2。Jena 推理机是美国 HP 实验室开发的一个开放的 Java 工具包，有较为完整的对本体进行存储、解析及推理的接口，目前是最受欢迎、应用最广泛的开源软件。2010 年 10 月，Jena 被成功纳入 Apache 软件基金会，并于 2012 年成为其顶级项目，可见 Jena 受到了本体研究人员的广泛欢迎。

虽然国内对本体理论及技术的研究相对落后于国外相关领域的研究，但是 20 世纪 90 年代初开始，致力于本体研究的科研力量层出不穷。其中，中国科学院最早于 1998 年就开始了对本体的研究。其下属的多个研究所和实验室一直都引领着国内本体的研究潮流。2000 年，中国科学院的陆汝钤院士、北京大学的金芝教授在“天马”专家系统开发环境研究中，提出了面向本体的需求分析（ontology-oriented requirements analysis，OORA）模型，该模型将本体作为增强面向对象方法表现力的关联手段，以此来实现信息系统的需求分析。中国农业科学院的李景在 2009 年进行了领域本体构建方法的研究，为本体方法在人工智能及知识工程领域的应用提供了指导。清华大学的学者研发了面向语义 Web 的本体系统支撑软件。Zhu 等在产品组装中使用了 SWRL/SQWRL 规则推理。Abdul-Ghafour 等利用本体及其推理有效地共享智能 CAD 设计中涉及的知识。Zhong 等（2012）提出通过事件本体的推理技术来判断事件类的影响因素，对分析事件场景及灾害预警具有重要意义。Lee 等（2014）提出了基于本体推理的客户投诉智能处理方案，该解决方案为企业提供了一种基于知识的信息化方式来解决客户投诉问题。王毅等（2014）设计开发了基于本体的知识表示与推理模型，为建模知识的重用提供了有效的方法。此外，在本体构建方法的研究方面也有了一定成果，已有的本体建模方法有七步法、TOVE 法、KACTUS 法、Sensus 法等，但都缺乏通用性，没有形成一种完整统一的本体构建方法（Grandi，2016；Chuprina，2016）。

因此，本体相关技术的研究一直受到学术界的关注和重视。国内外对本体建模及应用的研究都比较活跃，也取得了一定成果。这些研究对煤矿领域进行本体建模、对煤矿安全本质的认识及煤矿井下完备信息的建立与检索具有很重要的意义。

1.3　本体应用研究

本体作为一种表达概念间层次结构与语义关系的模型，已被广泛应用在很多领域。特别在搜索引擎、知识工程、电子商务、信息抽取及软件复用等方面，都有很大进展（王晔等，2014）。美国 Lenat 教授研制出了大型的常识知识库系统，能够在此基础上进行自然语言的学习、理解、问题求解与帮助等人类智能活动的研究（时卫静，2009）。Embley 等提出了一种基于本体的文本信息抽取方法，利用本体从自然语言中进行信息的抽取与查询（安源源，2014）。Chang 等提出了基于本体的知识管理方法，并且将该方法与图形化的模型工具相结合（段绍林，2015）。Nitishal 等（2013）认为，通过知识共享可以实现制造系统的互动能力，并利用本体语言进行描述。除此之外，国际上许多研究机构在语义 Web 中引入本体层的研究，推出了一系列的相关标准、开发工具及解决方案，如修订 RDF 模型、开发出可扩展的 Protégé 等（毕强等，2010）。

本体在国内的应用研究起步比较晚，但也取得了一定成果。1995 年曹存根提出了首创概念 NKI，陆汝钤院士构建了 Pangu 常识知识库，哈尔滨工程大学研究人员构建了企业本体论系统并对其作了相关研究等。近年来，针对本体建模及应用的研究逐渐兴起，如中国科学院的李景进行了以花卉学本体建模为例的本体理论及农业文献检索系统的应用研究，设计并构建了国内首个具有一定推理能力的领域本体模型，该系统能够实现智能推理与检索、概念检查与纠错等功能，具有本体检索系统的特有优势，为本体模型智能推理方面的研究提供了思路。北京林业大学的贾雪峰做了关于林业关键词表构建林业领域本体的研究，提出了基于本体中语义概念关系及其扩展机制的领域本体智能检索系统，在一定程度上对传统的检索模型进行了改进与完善。黄津津等（2012）提出了一种基于本体的 E-learning 个性化服务解决方法，并开发了相应的服务系统，为用户的学习和答疑提供服务。魏晓萍（2013）构建了肝炎病毒蛋白领域的本体模型，为生物学信息的快速检索与查询提供了一种有效途径。王新媛用简化的本体架构构建了微博信息推荐系统，有效地提高了信息推荐的质量和精度（王新媛，2015）。

本体理论在知识工程、软件复用、信息检索等方面有了较多应用，但在煤矿行业研究较少。目前已有的研究有：郭华（2014）进行了煤矿瓦斯监控系统的本体模型的研究，该研究将本体模型引入煤矿瓦斯监控系统，通过对煤矿安全生产领域进行需求分析，建立了瓦斯监控的本体模型框架，并对该模型进行了评价，得到全面、可靠的本体模型，为解决瓦斯监控系统中海量数据、存储结构复杂导致的集成及共享问题，提供了行之有效的解决方案；药慧婷等（2016）构建了掘进工作面本体模型，为智能决策系统的实现提供了支持和保障；孟现飞构建了基于本体的煤矿事故预警知识库，为煤矿事故预防和预警提供了保障；戴露进行了煤矿地测数据的地理本体与网络服务的研究，为整个煤矿地测领域的数据管理、集成共享、网络服务提供可参考的意见；李靖进行了煤矿安全事件本体中案例推理的研究与应用，在事故发生后，通过案例推理，将事故处理的解决方案及时提供给决策人员，从而减少事故损失（李婧，2015）。

第2章　本体理论基础

本体是对共享概念模型的形式化规范说明，它通过使用一定范围内普遍认可的术语和概念，使对应领域中所涉及的知识具有唯一性，是目前广泛使用的一种知识表示方法。煤矿生产领域所涉及的学科众多、内容复杂，领域知识难以被生产人员利用。将本体方法运用到煤矿生产领域，建立领域知识本体模型，为煤矿知识共享和重用提供了一种新方法。

2.1　本体定义

17世纪，日本学者首次将德国经济学院学者Goclenius提出的Ontology称为本体论。“本体”最初来源于哲学领域，其定义为“本体是关于事物客观存在的，是对客观存在事物的系统性解释和说明，关心的是客观现实的抽象本质”(Grandi，2016)。随着信息技术的不断发展，本体技术逐步应用到人工智能领域，并被认为能在一定程度上表示共享的知识和概念。本体的核心是获取现实世界中相关现象的本质。研究表明，由于人们选择不同的术语表达同一个事情，因此造成了知识难以共享的局面，为了解决知识共享中存在的问题，需获取事物的原本特质，采用统一的知识体系与结构及表达形式，使人更易接受。通过获取领域中的相关本质知识，使不同的主体之间进行交流，从而解决信息工程中出现的知识共享方面的问题。哲学上的本体概念是一个描述性的范畴，它和自然科学领域的本体概念有许多区别，不仅体现在其适用性上，而且体现在其研究的最首要目标上。科学上的本体概念是一个可以被量化的研究对象。哲学上的本体可以对某一领域的客观存在进行分类，这样的分类可用于量化的进程。科学上的本体不仅包含了某一领域知识的一些类、属性和实例，而且提供了研究这些实体和实体间关系的一个量化方法。由于本体在知识表示、信息检索系统和软件工程等方面都有应用，不同领域的学者不断加深对本体的理解，因此本体的概念经历了从开始被提出到逐渐成熟的过程（Jiang et al.，2009）。

本体一直被计算机科学所用，但没有明确的定义，它的含义有许多种。科学领域中有关本体最经典的定义是Gruber提出的，即本体是“概念模型明确的规范化说明”(Gruber，1993)。随后Borst对其定义加以延伸，将共享性纳入其中(Borst，1997)。Studer等（1998）经过进一步分析和扩展，用4层含义概括本体，即概念模型、形式化、明确、共享性。所谓概念模型，是指将现实世界中的现象或事物抽象和简化为系统化的概念而得到的模型。形式化是指本体可以为计算机所理解和处理。明确意味着本体所描述的概念的类型及这些概念的约束说明要有确切的定义。共享性是指本体以突出事物的共性为主，所描述的概念是相关领域中共同认可的，即公认的概念集。Perez 等（1999）在此基础上又归纳了本体的 5 个基本建模原语，即类、关系、函数、公理、实例，为本体的创建提供了特定的功能实现要素。

尽管本体的定义形式各不相同，但就本质而言，都是为了描述特定领域知识，明确定义共同认可的术语集及术语间的关系，为领域内的主体提供一种共识。本体研究世界万物存在的意义和本质。人们之所以构建本体，是希望现有的知识库能在以后的研究领域中继续使用。为了使不同的知识系统共同享用某种相同的知识库，需要建立本体模型。当用户查询领域知识时，可减少响应时间，且减少各个领域术语的混用现象，避免了资源的过于重复和浪费。自本体被引入信息科学领域中用作知识表示的方法以来，在语义网、信息检索、自然语言处理、知识问答系统等领域均得到了广泛使用。其应用可分为 3 类，即人与组织之间的信息交流、系统之间的互操作、软件工程（郭晓黎，2016）。

2.2　本体组成

一般而言，研究者将本体表示为 O，划分为 5 个基础建模元语，即类、关系、函数、公理和实例。其中类又称为概念，表示为 C，指任何事物，既可以是一般层面上的概念，也可以是工作描述、行为、功能或任务等；在语义层，类指的是对象的集合，一般定义为框架结构，包含概念名称、概念之间的关系集合及用自然语言表述的概念。关系指的是概念在领域内的相互作用，用 n 维笛卡儿积的子集表示为 R：$C_1 \times C_2 \times \cdots \times C_n$，指概念类 C_1，C_2，$\cdots$，C_n 之间存在 n 元关系。函数指的是一种特殊的关系，其中前 $n-1$ 个元素能够唯一的决定第 n 个元素。将其形式化地定义为 F：$C_1 \times C_2 \times \cdots \times C_{n-1} \to C_n$。公理指永真断言，表示为 A。实例指概念的基本元素，表示为 I，语义层面上讲，实例就是概念的对象，每个概念都有很多相关的实例，但是每个实例只能属于一个概念（仇宝艳，2009）。用数学表达式可将本体构成元素表示为：$O=\{C, R, F, A, I\}$。

本体概念间的基本关系从语义上分为 4 种：part-of、kind-of、instance-of、attribute-of。但在实际构建本体模型过程中，不仅存在以上的 4 种基本关系，也不一定要严格按照本体的 5 类元语来构建本体模型，一般根据具体情况制定相应的关系来满足应用的需要。

2.3　本体分类

按照不同的属性，可以对本体进行不同的分类。按照描述对象不同可划分为

4 类，如表 2.1 所示，这种方法也是学者普遍认同的分类方法（云红艳等，2015）。

表 2.1　本体按描述对象分类

本体类型	特点
领域本体（domain ontology）	关于某特定学科领域或现实世界一部分的本体，表达的是那些适合于该领域术语的特殊含义
通用本体或顶级本体、上层本体（general or upper ontology）	关于具有普遍意义的客观世界的常识本体，描述最普通的概念及概念之间的关系，独立于特定的问题和领域
问题求解本体、应用本体（problem-solved ontology/application ontology）	以具体问题求解为描述对象的本体，描述的是特定问题求解的概念及概念之间的关系
表示本体、元本体（representation ontology/meta-ontology）	关于知识表示语言的本体，在表示本体中，类、对象、关系、属性等术语都经过严谨的分析和定义

根据不同的角度，本体还可以分成许多种类型。现在比较流行的是对本体进行研究之后，提出通过对本体的具体描述程度及对某个领域的依赖程度来判别分类。还有学者根据了解本体的具体描述程度、细化程度的高低对本体进行分类，即分为参考本体（详细程度高）和共享本体（详细程度低），参考本体比较具体，共享本体则比较抽象、简单。

如图 2.1 所示，常见的依照本体对某个领域依赖程度分类的本体分层结构，包括领域本体、顶级本体、应用本体及任务本体 4 种类型。

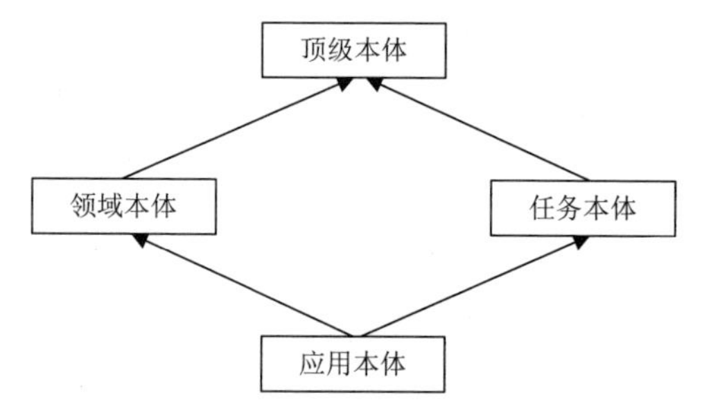

图 2.1　本体分层结构

在本体分层结构中，第一层是来描述比较常用的概念及概念之间各个关系的相关顶级本体，用它能够描述时间、空间等各个领域，但是与具体的某个领域没有实质性的关系。第二层则是具有描述某一个相关领域信息的领域本体，及为了解决某个问题而构建的任务本体，以上两种本体可以使用上一层中的本体概念。最下面的一层则是对于某一种应用构建的应用本体，它对于相应的领域依赖程度比较大，而且是十分具体的。通过对以上两个分类方法进行细化，发现 10 种类别的本体，它们分别是语句本体、知识本体、表达本体、顶级本体、领域本体、元本体、应用本体、分别本体、方法本体、任务本体，不过以上的这些本体不够细化，它们之间存在交叉重叠。

根据本体的形式化程度不同，可以把本体划分为 4 类，如表 2.2 所示。

表 2.2　本体按形式化程度的分类

本体类型	特点
高度非形式化本体（highly informal ontology）	用自然语言松散表示
结构非形式化本体（structured-informal ontology）	用限制的结构化自然语言表示
半形式化本体（semi-formal ontology）	用半形式化（人工智能）语言表示
严格形式化本体（rigorously formal ontology）	所有术语都具有形式化的语义，能在某种程度上证明其完整性和合理性

2.4　本体功能

通过对领域知识进行描述，本体将领域的术语表达统一化，实现知识共享及重用。本体为描述客观世界提供了通用术语，获得群体的共同认可，并且形式化地表达了知识。同时，本体提供了知识组织模式和知识体系化构件，从而能丰富地表述各种现象、事实和理论知识。本体还能够使知识标准化，实现大规模高效处理，并且辅助全面表达产品设计者的设计原理（Jung et al.，2015）。本体是一种元模型，也可以是一种研究数据结构或系统内容的理论。总而言之，本体能够支持知识交流，使不同领域的信息实现共享和交换，能够在不同系统之间实现互操作，应用低概念化本体和高概念化本体分别实现语义理解不同层面上系统之间的互操作和集成，能够提高信息化的实施效率和质量，即提高需求分析、信息获取效率及系统的可靠性。本体作为知识建模方式，具有很强的语义表述能力，不仅能描述领域中的概念术语，而且能表达术语间的内在关系，支持逻辑推理。本体的功能可以概括为以下 4 类。

（1）使领域知识明确、形式化

本体中明确表示了概念及概念间的关系，并且支持规则描述，对知识进行了形式化描述。

（2）实现知识共享

本体为人机交互提供基础，同时便于领域研究员之间的交涉与沟通，减少语义歧义，保持其一致性。

（3）实现领域知识的重用

本体提供了可以在不同系统之间进行重用的描述方法，在特定领域中引入本体建模的形式化方法，可解决知识共享过程中面临的问题，提高工作效率。

（4）本体可以明确假设，通过明确描述领域公理达成共识

本体可以通过明确领域假设使新用户更方便地了解该领域中的术语，当领域知识改变或者领域假设隐藏到程序代码中时，这些假设就会难以发现，难以修改，通过本体可以很容易地改变这些假设。

2.5　本体评价

目前国内外虽然开展了一定的本体评价研究，但尚未有一个适宜而又成熟的本体评价体系来完成上述工作，知识工程师只能根据自己的直觉和经验进行本体选择。因此，对领域本体评价机制的研究将会对本体的构建和应用产生一定的推动作用。利用 FaCT++对本体进行一致性检测来保持术语之间逻辑关系的一致性，可以避免本体中存在语义矛盾与冲突。除此之外，根据要评价的本体类型和目的的不同，总体来说，多数本体评价方法属于以下范畴：①通过与“黄金标准”比较的方式评价本体；②通过在应用中使用本体并对结果进行评价的方式评价本体；③通过与覆盖本体领域的文集进行比较的方式评价本体；④通过专家评价本体满足预定义标准、准则、需求等程度的方式评价本体。根据本体评价的对象及评价方法，考察国内外研究成果，总体来说，本体评价可从结构、功能、可用性等层面展开，结构层关注本体的逻辑属性和拓扑结构；功能层侧重考察本体改善具体应用系统性能的能力；可用性层主要评价本体的各种说明文档，考察本体是否易学、易用。这 3 个层面分别包含不同的属性和元素。

结构评价考虑本体的拓扑结构及逻辑属性，在该层面上，本体只是作为一个简单的信息对象，独立于具体应用场景，评价强调本体应满足的最基本质量准则。Dellschaft 全面概括了现有可计算的结构评价指标，有些非常直观，如分类的深度、宽度、紊乱度等；有些比较抽象，如父节点比例、密度、类丰富度等，关注本体内概念间关联关系的分布情况，逻辑准确性关注本体的形式化定义（如比较逻辑描述语言的复杂性、对称关系的比例），而不相交类目的比例则关注分类体系背后的逻辑依据，以及类目如何被细分为一系列不相交的子类。

功能评价考虑构建本体的任务、关注本体的使用，即本体与特定领域抽象的概念化模型的匹配程度，通常依照具体的应用需求和目标来评价本体，与可信度、召回率、准确性、充分性及其他各种功能性指标相关。可信度与召回率是基于“黄金标准”的评价方法，基于任务的评价用于评价本体对完成特定任务的实用性、恰当性，如使用能力问题等。基于文本语料库的评价方法多用于评价本体相对于现有同主题知识库的适用性。用户满意度可根据评分或民意调查结果来判断。

可用性评价关注本体的应用实施和用户交互情况，与本体说明文档直接相关，本体说明文档包含对本体结构属性、功能属性及用户、元数据属性等一系列信息的注释，是用户了解、使用、维护及复用该本体的必要工具。可用性文档评价主要包括以下指标：①可获取性。该指标主要指用户能否高效、简单地获取到本体的相关元信息，包括本体结构信息、本体功能信息（如本体元素的注释等）、本体生命周期的标注信息（如来源、版本、开发方法等）。本体的元数据信息是进行本体维护、本体共享的重要基础。②高效性。该指标用来衡量本体模型设计及可用中间件的注释文档，这些注释文档是本体进行二次开发的重要信息。③可维护机制，该指标用来评价本体适应外界变化的能力，是否可以方便地应用于用户监控、管理本体的演化及同一本体不同版本的再次集成等。

本体评价对本体的生成及应用产生推动作用。事实上，现存的可用于本体评价的技术还有很多，真正的挑战在于如何为特定领域选择恰当的评价方法及相应的数据与可获得的资源。这些并不是方法本身的层次，而只是评价对象的层次，各种评价方法可根据评价对象归入这些类别。

专家评价法出现较早，是在各个领域应用比较广泛的一种评价方法。它建立在定量与定性分析的基础上，以打分等方式做出评价，能够在缺乏完整数据及资料的情况下做出定量估计（黄媛等，2012）。依据专家评价法进行该本体评价的主要步骤如下。

（1）根据所评价对象的具体情况选出评价指标

本体评价主要涉及 3 个方面：①结构评价，考虑的是本体的拓扑结构和逻辑属性，如本体类的深度、类的不相交性等；②功能评价，关注的是所构建本体的任务，如本体的完整性、准确性等；③可用性评价，考虑的是本体的应用，主要包括本体的可获取性、高效性、领域可移植性及构建的自动化程度。

因此，将类的深度、不相交性，及本体的完整性、准确性、可获取性、高效性、领域可移植性、构建的自动化程度这 8 项内容作为本体的衡量条件。

（2）对各指标指定评价等级，并将各等级的标准用分值来表示

通过权重来表示各条件的重要程度。$m_j=(m_1, m_2, m_3, m_4, m_5, m_6, m_7, m_8)$表示各衡量条件的权系数，$m_j$ 的值由专家根据领域的具体情况利用层次分析法来确定（Dweiri et al.，2016；张丽娜，2006）。其值依次代表类的深度、不相交性及本体的完整性、准确性、可获取性、高效性、领域可移植性、构建的自动化程度的权重。

（3）专家对所评价的对象进行分析，并确定每个指标的分值

如何选择专家是一项非常重要的工作。应该从以下方面进行：①专家资格认定，所选的专家必须是该研究领域有丰富工作经验的学者或者专家；②确定专家数量，专家数量不宜过多，过多会提高调查成本，也不宜过少，过少会使评价结果不精确。

根据上述条件选出 n 位专家，假设选出的 n 位专家的权重为 p_t， p_t 的值通过运用层次分析法获得，评价量值域用区间(0, 10)来表示，专家根据自己对领域的了解情况并结合相关资料进行打分。

（4）采用加权平均法求出各项评价条件的总分值，得到评价结果

本书中加权平均法采用的数学表达式为

$$W_j=\sum_{t=1}^{n} p_t N_{jt}, \quad (j=1,2,\cdots,8) \tag{2.1}$$

式中，W_j 为某项评价指标的得分；N_{jt} 为专家对各项指标的打分情况。

$$S=\sum_{j=1}^{8} m_j W_j \tag{2.2}$$

式中，S 为对该本体评价的最终得分。

领域专家可以根据以上步骤对本体进行评价，考察该本体是否易学、易用，为该本体的有效应用提供保障。

2.6　本体描述语言

选择一种恰当的本体描述语言对实现信息检索与应用至关重要。一种实用的本体语言必须满足以下要求：标准的语法和清晰的语义、支持推理功能和较强的表达能力。目前有很多种本体描述语言，使用者可以根据所构建本体模型的应用领域、环境及特点的不同，选择合适的描述语言（王双凤，2016）。其中，KIF、Ontolingua、OKBC、Cycl、LOOM、OCML 等是基于人工智能的本体描述语言，而 SHOE、XOL、RDF、RDF-S、OIL、DAML、OWL 是基于 Web 的本体描述语言。

2.6.1　基于人工智能的本体描述语言

1. KIF

KIF（knowledge interchange format）是由美国斯坦福大学的知识系统实验室的相关人员开发的，是为实现计算机系统间的知识交换而提出的。它是基于一阶逻辑的描述语言，有很强的语言表达能力，而且与具体的应用无关，但它的推理能力弱而且复杂。

2. Ontolingua

Ontolingua 是基于 KIF 的本体语言，该语言提供了统一、机器可读的本体创建方式，可以用来定义对象、属性和关系。由其创建的本体能转换成知识表示及各种推理系统，使本体维护和其目标系统相分离。

3. OKBC

OKBC（open knowledge base connectivity）是由斯坦福大学的知识系统实验室开发的，它是为补充 KIF 而开发的。OKBC 提供许多操作接口，使应用程序独立于知识表达的格式，且它提供了一个知识表示模型，能够体现知识表达系统与数据库的许多特性。

4. Cycl

Cycl 是 Cyc 系统表示语言，是一阶谓词逻辑的扩展，可以处理缺省推理或等词这些问题，通过谓词来表示概念间的关系，并具有演算能力，有功能强大的推理机。

5. LOOM

LOOM是美国加州大学为智能系统开发而设计的基于一阶逻辑的知识描述语言。它可以表达概念、属性、关系及公理，有较强的知识表示能力，推理能力也很强。后来，LOOM 发展为 PowerLoom 语言，提供表示能力强的规范性语言及强大的推理能力。

6. OCML

OCML（operational conceptual modeling language）是英国开放大学开发的一种基于框架的图形化描述语言。其推理能力与表达能力都很强，目前已得到了广泛应用，包括本体开发、电子商务及知识系统的开发。

2.6.2　基于 Web 的本体描述语言

进入 21 世纪，Web 应用兴起，一系列基于 Web 应用的本体描述语言相继出现，也称为本体标记语言，这些面向互联网的本体描述语言都是以 XML 语言作为基础的，用于描述网络知识信息。

1. SHOE

SHOE（simple HTML ontology extensions）是由美国马里兰大学开发的，是对 HTML 扩展的基于框架和规则的本体标记语言，能够将本体嵌入 HTML 文档。

2. XOL

XOL（ontology exchange language）是用于本体交换的语言。最初只针对生物信息学的领域本体，但后来适用于各种领域。该方法简单通用，能在不同数据库、本体开发工具及应用程序之间进行本体交换。

3. RDF 及 RDF-S

RDF（resource description framework）是适用于任何资源信息的资源描述框架，并被 W3C 推荐为标准。它能够方便地描述对象及其关系，是一种以建模的方式描述数据语义的方法，不受具体语法的限制。RDF-S（RDF schema）是用于定义源数据属性以描述资源的一种定义语言，能够实现基于 RDF 的语义描述结果与更多领域知识交互。

4. OIL

OIL（ontology interchange language/ontology inference layer）是在 Web 上描述

本体的语言。OIL 的语义基于描述逻辑，语法建立在 RDF 上，OIL 的设计目标是尽量与 RDF 应用结合。因此，大多数 RDF-S 都是有效的 OIL 本体，能够被 RDF 处理器所理解。与 RDF 不同的是，OIL 具有良好的语义。OIL 使用了基于框架的语言中的建模原语来描述类（也称为框架）和属性（也称为槽），继承了 DL 的形式化语义和有效的推理机制，遵循 XML 和 RDF 的语法规则对信息进行标记。

5. DAML

DAML（DARPA agent markup language）是能够为语义互联网提供支持的语言。它扩展了 RDF，添加了复杂的类、属性等定义。随后研究者将 DAML 与 OIL 结合，提出了 DAML+OIL 语言，基于该语言的文件既能使机器理解也能进行内容的推理。

6. OWL

OWL（web ontology language）是在 DAML+OIL 描述语言的基础上形成的，2004 年 2 月 10 日被 W3C 推荐为语义互联网中本体描述语言的标准，位于 W3C 本体语言栈中的最上层，如图 2.2 所示。OWL 是语义网发展过程中的关键一步，是 W3C 倡导的语义万维网的核心技术之一。在 OWL 文档中，描述本体的基本元素有实体、实例、属性、类、值域、公理等。

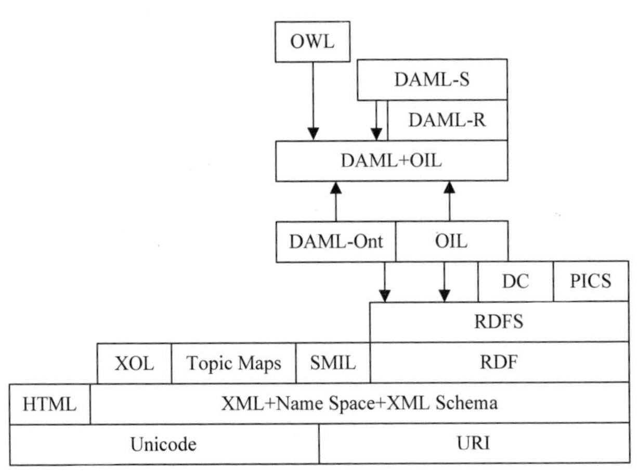

图 2.2　W3C 的 Ontology 语言栈

OWL 描述本体是以命名空间作为起始内容的，并且使用<rdf:RDF >将命名空间内容包含起来。属性值没有命名空间，需要在本体中写出它们完整的 URI，完整的 URI 中可以利用实体定义来简略。例如：

```
<!DOCTYPE  rdf:RDF [
<!ENTITY Jack" http://www.semanticweb.org/administrator/ontologies/
2015/3/untitled -ontology-50#Jack">
```

```
    <!ENTITY Lily" http://www.semanticweb.org/administrator/ontologies/
2015/3/untitled -ontology-50#Lily" > ]
```

为了方便地描述这些实体，如可以将“Family”作为“http://www.semanticweb.org/administrator/ontologies/2015/3/untitled-ontology-50#”的简写。

在 owl:Ontology 标签中给出本体的声明。这些标签支持一些重要的常务工作，如注释、版本控制及其他本体的嵌入等。如 owl:Ontology 元素是用来收集关于当前文档的 OWL 元数据的。rdf:about 属性为本体提供一个名称或引用。rdfs:comment 提供了显然必须为本体添加注解的能力。owl:priorVersion 是一个为用于本体的版本控制系统提供相关信息（hook）的标准标签。本体的版本控制将在后面作进一步讨论。owl:imports 提供了一种嵌入机制。owl:imports 接受一个用 rdf:resource 属性标示的参数。

根据表达能力依次增强的顺序，OWL 提供了 3 种子语言，分别是 OWL Lite、OWL DL 和 OWL Full，且分别用于不同的用户团体。在实际构建本体模型过程中，用户应该从表达能力和推理能力两方面来考虑使用哪种子语言。OWL Lite 具有分类层次简单且属性约束少的特点，语义表达不够充分，但提供了子语言中最强的推理能力。OWL DL 支持现有的描述逻辑并为推理系统提供预期计算属性，同时具备了较强的表达能力和推理能力。OWL Full 具有 3 种子语言中最强的表达能力，但推理能力最弱（倪益华等，2005）。利用 is-a 关系表述 3 种子语言之间的关系如图 2.3 所示。

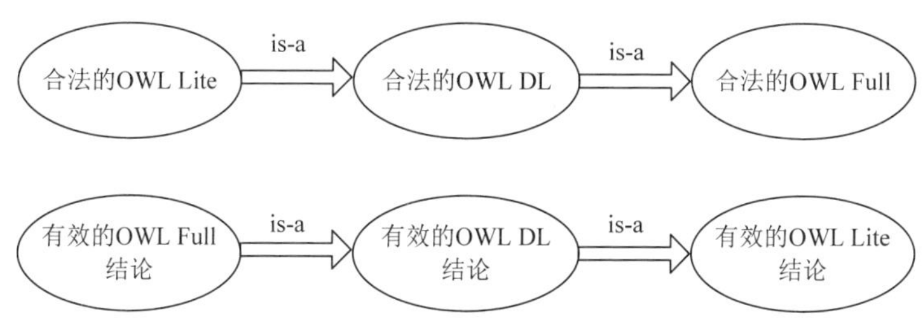

图 2.3　OWL 的 3 种子语言关系

一个基于 OWL2 描述的本体提供了一些具有强大表述能力的语句，可以用于有效的推理过程。运用不同的描述框架获得不同的描述方法和不同的描述能力，可以运用在特征不同的应用领域，以下是对 3 种 OWL2 框架的具体描述。

1）OWL2 EL　在一些具有大量属性或者类的本体中，应用 OWL2 EL 描述该本体将获极大便利，可以捕获强大的表述能力。OWL2 EL 是 OWL2 的子集，为基本的推理问题提供了最基本的解决方案，获得了极高的处理速度。而且复杂的推理算法也可以运用在 OWL2 EL 描述的本体中。缩略语“EL”反映了这种框架在 EL 逻辑描述家族中的基础地位。

2）OWL2 QL　的应用目标是包含大批量实例数据的领域知识，这些领域还有一个重要的特征是查询响应，它是推理过程中最主要的部分。和 OWL2 EL 一样，在 OWL2 QL 中多项式时间算法可以用来保持本体知识的一致性，解决类表达式的归纳推理问题。

3）OWL2 RL 应用于语言表达能力不随推理规模增大而大幅度损耗的情形。设计 RL 的初衷是基于 OWL2 的应用程序可以牺牲语言的表述能力来换取推理效率。应用这 3 种框架的任何本体可以通过 OWL2 语法转换为 OWL 文档。

基于 Web 的本体描述语言的特点比较如表 2.3 所示，由表可以看出 OWL 具有很强的语义表达能力和推理能力，它作为 W3C 推荐的本体描述语言已被广泛使用。

表 2.3　基于 Web 的本体描述语言的特点比较

特征项＼语言	SHOE	XOL	RDF(S)	DAML+OIL	OWL
形式语义	F	T	F	T	T
描述逻辑	F	F	F	T	T
类的层次	T	T	T	T	T
属性	T	T	F	T	T
类型限制	T	T	T	T	T
基数限制	F	T	F	T	T
函数	F	F	F	T	T
实例	T	T	T	T	T
公理	F	F	F	T	T
自定义规则	F	F	F	T	T

2.7　本体构建

本体构建过程中，选用合适的构建工具、方法尤为重要，使用符合本体构建规则和需求的工具可以把概念及其关系转换成概念组成的类及其之间的关系。目前比较熟悉的本体构建工具、方法都是学者们在构建本体的过程中不断总结而成的。

2.7.1　本体建模工具

随着本体在各重大领域的应用，研究人员对本体构建工具的探索也越来越多，其主要目的是开发合适、便捷的工具来构建本体，降低本体开发的复杂度。目前已有的本体构建工具根据其适用语言分为两大类，第一类是以Ontolingua（基于Ontolingua语言）、OntoSaurus（基于LOOM语言）、WebOnto（基于OCML语言）为代表的基于特定语言开发的本体构建工具，这类工具并不支持W3C推荐的本体描述语言标准，因此仅限于特定领域使用，通用性不强。第二类是OntoEdit、

WebODE、HOZO Editor、Protégé、Jena等能够支持多种本体语言的本体构建工具，这类工具支持导入/导出多种语言格式（如OWL、RDF、XML等），兼容性强（陈云志，2017）。

1. Ontolingua

Ontolingua 是美国斯坦福大学知识系统实验室开发的本体构建工具，包括位于斯坦福大学的服务器和 Ontolingua。目前，该工具的服务器能为超过 150 个团体用户服务。由于 Ontolingua 能够提供翻译功能，所以利用该工具构建的本体符合 Web 语言标准。

2. OntoSaurus

OntoSaurus 是由美国南加利福尼亚大学信息科学院开发的支持本体浏览和本体编辑的知识浏览器，并且能够实现多用户协同处理本体信息。

3. WebOnto

WebOnto 是英国开放大学知识媒体研究所设计实现的。该工具基于 Web，能够提供较为复杂的本体浏览、可视化及本体编辑功能，且支持用户协作构建本体。

4. OntoEdit

OntoEdit 是由德国卡尔斯鲁厄大学开发的以图形方法开发本体的工具。该方法将本体构建分为 3 个阶段，即收集需求阶段、提炼阶段和评估阶段。OntoEdit 具有灵活的工作体系、支持用户扩展功能模块，能以组件式扩展工具，支持本体并发操作，支持 DAML+OIL、RDF、Flogic 等语言，可以作为客户端软件使用。

5. WebODE

WebODE 是由西班牙马德里理工大学设计开发的非开源本体构建工具，只有经过网络注册才可以获得使用该工具的权限。WebODE 提供的服务包括本体导入/导出服务、本体编译服务、本体浏览器、推理引擎和公理生成器，还有一些已被整合到该工具中的功能，如 WebPicker 网络选择器、OntoMerge 本体合并工具及 OntoCatalogue 本体目录等。WebODE 本体构建工具是从一系列的 MethOntology 中间体表述中抽象得到的，支持类、实例及属性的表达，并且通过定义实例提高了本体的可重用性，允许导入其他本体中的术语，支持同一概念模型在不同情境下实例化。

6. HOZO Editor

HOZO Editor 是由日本大阪大学开发的界面型本体开发工具，用户称其为除

Protégé 以外另一个免费、方便的本体构建工具，目前版本 5.61beta 是其 2018 年 7 月 3 日发布的英文最新版，该工具提供了便捷的本体浏览、编辑和检索等功能，具有友好的操作界面，包括导航版面、定义版面及浏览版面。

7. Protégé

Protégé 是由美国斯坦福大学医学院的生物医学信息研究中心为构建智能系统设计的开源本体编辑工具，其目的是使用软件框架支撑下的本体技术，提高产品研发过程效率，可用于生物医学、电子商务、组织机构等领域。Protégé 为灵活、快速的原型系统的开发提供了即插即用的环境支持，并且有许多优秀的设计与插件，能通过可视化操作来编辑本体，使用者能根据需求自己定义本体的类、属性及关系等。

目前，编辑本体的工具有许多，它们可以进行构建、编码、检索及保存本体，同时能够选择本体描述语言来表达建立的本体。但是它们的功能不一样，有的工具只识别某种语言来构建本体，有的工具识别许多种本体的描述语言，因此，本体的建模工具有以下类型。

1）只识别一种语言的编写工具。

2）有独立的语言结构的创建工具，可以输入/输出多种本体的描绘语言。这些工具有 Protégé、OntoEdit 等。其中，Protégé 是基于 Java 的开发工具，可以在网络上下载，然后使用。使用者能够挑选合理的语句，如 ODL、XML、RDF，可以构建相关数据存储，构建常用的数据库，这个方案让使用者以树的格式来描述本体，这样使用者在不需要知道详细本体建模语言的情况下，能对关系结构及层次方面进行设计。它给出了数据的相同性检测，它的系统结构可以进行扩展，能够组装某些插件，使功能更加全面。Protégé 既能提供 API 的接口，又能合理地支持 OWL，包括开放性及相关的扩展性，它利用扩展的插件设计推理一些功能。其开发界面很友好，且能支持中文编辑，用户容易理解与学习，能有效地降低本体开发的难度、提高本体编辑的速度，是目前最为广泛使用的本体编辑器。

2.7.2　本体构建原则

本体构建过程中需要遵循一定的准则，迄今为止已有很多研究人员对本体构造方法及技术进行了研究，为用户构建实用本体提供了有益指导，但至今还未形成共同认可的标准，最有影响力的是“5 条本体构建准则”，如表 2.4 所示（肖健，2016）。

表 2.4　本体构建准则及含义

准则	含义
明确性和客观性（clarity and objectivity）	本体应该利用自然语言给出明确的、客观的术语定义
完全性（integrity）	本体给出完整的定义，该定义能够完全表达术语的含义

续表

准则	含义
一致性（uniformity）	经过推理术语得出的结论应该与术语本身含义相容
最大单调可扩展性（maximum monotonic extensibility）	在已有本体给出特定领域的共享概念，并且根据实际需要继续添加通用或专用术语时，不需要修改已有内容
最小承诺（minimum commitment）	在满足特定领域知识共享需求情况下，为建模对象设定的约束应尽可能少

表 2.4 中的 5 条设计原则既能指导并明确本体的建模过程，又能总结出建立的本体模型。除了 Gruber 本人以外，其他相关研究者也提出了一些设计本体的重要原则，例如，Arpirez 等在 Gruber 的基础上，结合自己的实践研究，提出了本体构建过程中应尽可能使用标准术语、同层次概念间应保持最小的语义距离及尽量采用多层次概念和继承机制构建本体，以实现提高表达能力的目标。除此之外，许多研究人员认为相关领域专家的参与也可以作为本体建模的原则。对于实际参与本体构建的研究者来说，这些原则都比较抽象，因此应该结合实际情况尽量参照以上规则达到构建实用本体的目的。

2.7.3　本体建模方法

本体的应用范围广泛，不同领域的学者都想要通过构建本体的手段达到解决领域问题的目的。同时，也有大批学者提出并设计了不同本体构建方法来指导庞大的本体构建工程，但目前还没有形成统一、权威的本体构建方法，并且大多都是在具体项目的开发过程中总结而来的，较为常见的本体构建方法有 IDEF5 法、骨架法（Uschold 方法）、TOVE 法、Methontology 法、Sensus 法、KACTUS 工程法、七步法等（王瑶，2017）。

1. IDEF5 法

美国 KBSI（Knowledge Based Systems，Inc.）公司设计的 IDEF5 法是用于企业本体的建模方法，又称为图表式本体开发法，具体分为 5 步：①确定项目和课题，组织人员及团队；②收集数据；③分析获得的数据；④开发初步本体；⑤优化本体和验证本体。

2. 骨架法

骨架法又称为 Uschold 方法，是英国爱丁堡大学 AI 应用研究所的研究成果，由 Uschold 等从开发企业本体的经验中总结而来。主要由如下 4 个步骤组成。

1）确定构建本体的目的与范围意义，分析本体能够处理哪些情况。

2）本体建模。分为本体获取、本体编码和本体集成 3 个子步骤。本体获取的过程主要完成标示关键概念及关联、完成无二义性自然语言定义、指定待标示概念和关联术语等工作；本体编码是用形式化语言表示概念和关联的过程，本体集成指将获得的概念和关联的定义集成为整体的过程；对于本体的构建，关键是取得某个模块中的主要知识和关系，同时提取出合理的语言及概念，要选择某种描述术语、描述概念和关系，之后把全部的概念和关系处理合成。

3）评价构建好的本体。通过本体的能力问题及取得的要求，对构建的相关本体进行测评。

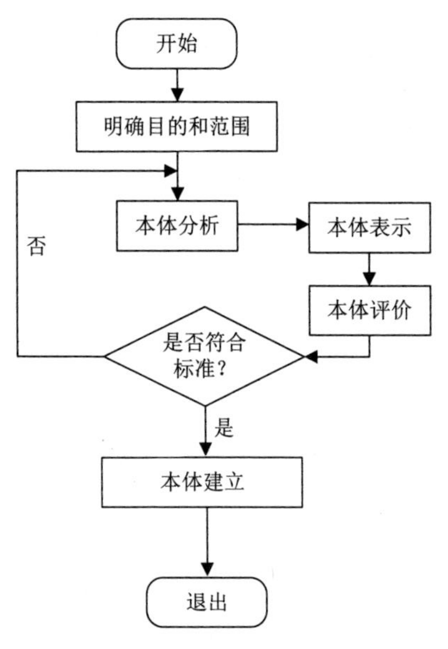

图 2.4　骨架法的开发流程

4）将本体保存为文档，用文档记录的形式构建本体及内容。该方法常用于开发企业本体。

骨架法的开发流程如图 2.4 所示。

3. TOVE 法

TOVE 法又叫作 Gruninger 和 Fox 评估法，是加拿大多伦多大学企业集成实验室在名叫 TOVE 的本体项目中总结的，主要通过构建本体的方法来实现指定知识的逻辑模型。采用这个方法建立的本体有如下几个特点：可以给出共享语言；利用一阶的谓词逻辑可以正确解释相关术语；利用 Prolog 公理处理相关术语约束，可以实现行业相关普遍性问题的自动推理，并给出详细的概念化描述。根据 TOVE 法构建的行业本体有材料、设备、组织等，其开发流程如图 2.5 所示。

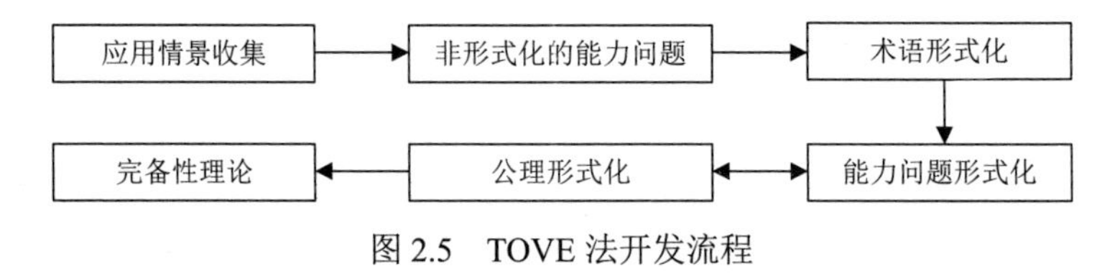

图 2.5　TOVE 法开发流程

创建的方法如下。

1）非格式化的创建。非格式化获取需求，创建完成的本体可以用相关术语、定理及形式化的概念描述这些本体的能力问题。它们能够对本体进行限制，同时可作为测评的一项标准。

2）采用问题形式化。用形式化诠释的语言，描述本体可以解决的状况。

3）测评本体的完整性。了解定理是否可以解答所有本体相关的能力问题。

4）语言形式化。挑选合理的形式化术语描述核心的知识。

5）整合相关情景。采集和研究相关的状况，提出相关的知识。

4. Methontology 法

Methontology 法给出本体的生命周期，而且用它创建本体的设计过程，主要的设计过程有以下 3 个方面。

1）给出开发环境来提出应用说明。

2）查看有无可以并用的某个领域的本体。

3）创建本体的模型。

Methontology 法是由西班牙马德里理工大学的人工智能实验室开发的，当时专用于化学领域，目前已在多个领域得到了应用，主要包括管理阶段、开发阶段和维护阶段，此方法接近于软件工程中讲的软件开发过程，并且提出了本体生命周期的思想，较适合构建大型本体，其开发流程如图 2.6 所示。其中，管理阶段的主要任务是完成整个系统的任务规划；开发阶段是本体构建的具体实施阶段，需要完成大量的工作；而维护阶段是在本体构建完成后进行管理与维护的。

5. Sensus 法

由美国南加利福尼亚大学信息科学研究所提出并实现的 Sensus 法主要用于自然语言处理，其目的在于为机器翻译器提供概念结构，该方法的开发过程为：①定义一套“种子”术语；②人为地连接定义好的“种子”术语和 Sensus 术语；③通过分析将该种子术语的所有相关概念都抽取出来；④增加本体中没有出现而该领域相关的概念；⑤利用启发式思维抽取更充分的领域概念及术语。

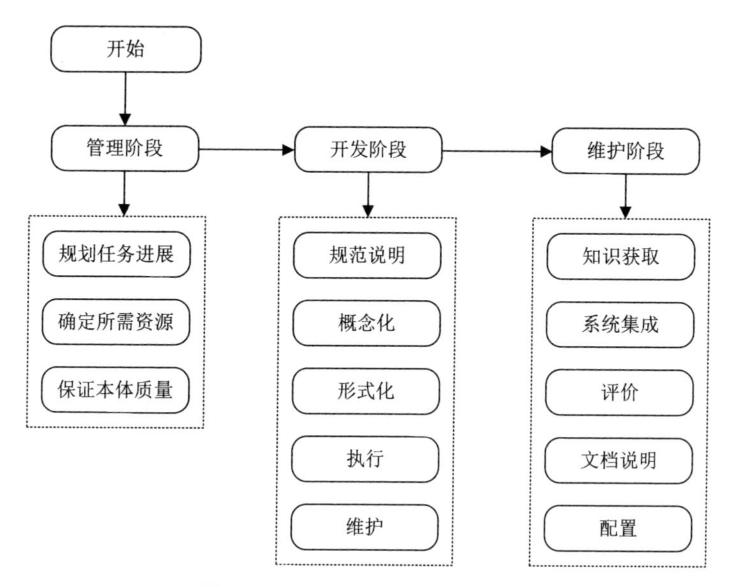

图 2.6　Methontology 法开发流程

6. KACTUS 工程法

KACTUS 是一个关于复杂技术系统的欧洲 ESPRIT 参与的知识建模项目，目的在于开发出技术系统的知识重用方法，以便在整个生命周期中使用同一知识库。主要是研究复杂知识系统，这个方案的应用范围有约束，不过给出了某种通过剪辑原有本体去适应特殊应用本体的途径。简而言之，该方法是为了解决知识在相关系统中的复用而提出的，其主要表达方法是 CML，并且对于已有的本体能够实现裁剪使其适应特定应用。

KACTUS 工程法的设计过程为：①设置规格说明书，创建本体意义及本体描述等；②了解相关领域知识，与用户进行交流，并且了解某个领域中原有的叙词表，通过这些来获取一些有关的知识；③概念化，形式化方法诠释概念及概念之间的关系；④编码实现，用 OWL 进行形式化的编码；⑤形成文档，把成果用文档记录和保存。

7. 七步法

七步法是专用于构建领域本体的方法，由美国斯坦福大学医学院提出，在后续的应用中得到了领域本体构建方面众多学者的一致认同，目前大部分领域本体构建项目都采用或借鉴了七步法，该方法由 7 个步骤组成：①给出本体相关的领域、使用目标及本体用户，确定研究的范围及应用领域；②搜集已有的相关本体并评估其重用的可行性，查看是否有可以重用的相关模块；③列举本体中涉及的重要术语；④采用自顶向下法、自底向上法或二者混合法定义类及其层次结构，第一种方法是通过用户搜索到比较详细的概念，由抽象逐步发展到上一层面的概念，第二种方法则是从某个领域中最核心关键的概念进行研究，不过采用哪一种方法的关键是取决于个人对相关专业领域知识的理解程度，可以从比较抽象的概念开始，然后再给出领域中其他相关的具体概念；⑤定义类本身的属性、外来的属性及属性之间的关系；⑥定义关于属性的约束；⑦为类添加实例并确定实例的属性。

以上 7 种本体构建方法按成熟度将其排序为：七步法>Methontology 法>IDEF5 法>TOVE 法>骨架法>Sensus 法>KACTUS 法。具体情况如表 2.5 和表 2.6 所示。

表 2.5　7 种本体构建方法流程比较

构造方法	工程管理阶段	开发前期	需求分析	设计	执行	开发后期	统一阶段
七步法	不全	无	有	有	有	不全	不全
Methontology 法	不全	无	有	有	有	不全	不全，缺乏训练、环境学习
IDEF5 法	无	无	有	有	有	无	不全

续表

构造方法	工程管理阶段	开发前期	需求分析	设计	执行	开发后期	统一阶段
TOVE 法	无	无	有	有	有	无	不全，缺乏训练、环境学习和配置管理
骨架法	无	无	有	无	有	无	不全，缺乏训练、环境学习和配置管理
Sensus 法	无	无	有	无	有	无	无
KACTUS 法	无	无	有	有	有	无	无

表 2.6　7 种本体构建方法的特点比较

构造方法	生命周期	与 IEEE 标准的一致性	相关技术	知识本体的应用	方法的细节
七步法	非真正生命周期	不完全一致	有	多个域	详细
Methontology 法	有	不完全一致	有，不全	多个域	详细
IDEF5 法	无	不完全一致	不确定	多个域	详细
TOVE 法	非真正生命周期	不完全一致	不确定	一个域	少
骨架法	无	不完全一致	不确定	一个域	很少
Sensus 法	无	不完全一致	不确定	多个域	一般
KACTUS 法	无	不完全一致	不确定	一个域	很少

通过对比以上 7 种本体构建方法，结合煤矿安全生产领域的实际情况，认为七步法是构建煤矿领域本体的最适合的方法，但七步法的步骤缺乏本体评估，单独使用的话无法保证本体的实用性及准确性，因此结合骨架法的本体评价过程，并添加本体维护步骤，以保障本体应用中术语、实例及属性的实时更新。

2.8　本体推理

2.8.1　推理方法及其分类

1. 演绎推理、归纳推理和默认推理

按照推理的逻辑基础分为演绎推理、归纳推理和默认推理。

（1）演绎推理

演绎推理是从已知的一般性知识出发，推理出适合于某种个别情况结论的过程。它是一种由一般到个别的推理方法。例如，一氧化碳的浓度超过 0.01 就非常危险，掘进工作面的一氧化碳浓度超过了 0.01，因此掘进工作面非常危险。

（2）归纳推理

归纳推理是从大量特殊事例出发，归纳出一般性结论的推理过程，是一种由个别到一般的推理方法。其基本思想是：首先从已知事实中猜测出一个结论，然后对这个结论的正确性加以证明。

（3）默认推理

默认推理又称缺省推理，是在条件不完全的情况下假设某些条件已经具备所进行的推理。

2. 确定性推理和不确定性推理

按推理时所需要知识的确定性分为确定性推理和不确定性推理。

（1）确定性推理

推理时所用的知识都是精确的，推出的结论也是确定的，其真值或者为真，或者为假，没有第三种情况出现。

（2）不确定性推理

不确定性推理（不精确推理）中，推理时所用的知识不都是精确的，推出的结论也不完全是肯定的，真值位于真与假之间，命题的外延模糊不清。

3. 单调推理和非单调推理

按推理过程的单调性分为单调推理和非单调推理。

（1）单调推理

单调推理是指在推理过程中，由于新知识的加入和使用，使推理所得到的结论越来越接近于最终目标，而不会出现反复情况，即不会由于新知识的加入否定了前面推出的结论，从而使推理过程又退回到前面的某一步。

（2）非单调推理

非单调推理是指在推理过程中，当某些新知识加入后，不但没有加强已经推理出的结论，反而会否定原来已推理出的结论，使推理过程要退回到先前的某一步，重新进行推理。

4. 启发式推理和非启发式推理

如果按是否运用与问题有关的启发性知识，推理可分为启发式推理和非启发式推理。

（1）启发式推理

如果在推理过程中，运用与问题有关的启发性知识，如解决问题的策略、技巧及经验等，以加快推理过程，提高搜索效率，这种推理过程称为启发式推理。

（2）非启发式推理

如果在推理过程中，不运用启发性知识，只按照一般的控制逻辑进行推理，这种推理过程称为非启发式推理。非启发式推理效率较低，容易出现“组合爆炸”问题。

2.8.2　常见推理机介绍

利用本体推理技术挖掘本体知识的隐藏信息已成为领域本体应用的一个重要研究，近来本体推理的研究快速发展，人们将推理的具体流程进行封装，采用一定的算法，构成专门用于本体推理的工具——推理机，并且为应用技术人员提供了操作推理结果的一些API。国内外许多研究机构和企业开发了大量本体推理机，包括基于传统描述逻辑的Racer、Pellet、FaCT++，基于规则实现推理的Jess和Jena，以及利用逻辑编程方法实现的KAON2等。

1. Racer

Racer 是由德国汉堡大学的 Hssrslev 和 MOller 开发的一种功能强大的本体推理机，其逻辑推理基础是描述逻辑，是 Race 推理机进一步发展后的高级版本。该推理机不仅支持单机使用，并且提供客户端/服务器模式，功能强大，适合商用开发，一般用户使用起来不太方便。其服务器是一个 HTTP 客户端，能够实现读取本地或远程 Web 服务器上的 DAML+OIL 和 OWL 知识库，客户端界面包括 RICE、OilEd 和 Protégé。

2. Pellet

与Racer一样，Pellet同样采用了Tableaux算法，但Pellet支持枚举类型的推理而Racer不支持。Pellet是由美国马里兰大学的MindSwap实验室开发的基于Java的开放源码系统，只支持OWL一种本体描述语言，可以满足采用OWL本体描述语言的一般用户的需求。其工作原理是首先将OWL本体解析成RDF三元组并归类为公理（将被存入TBOX中）和断言（将被存入ABOX中）；然后应用Tableaux算法处理经过标准化处理后的信息；最终实现知识库一致性的检测。同时Pellet包含很多能够与外部推理机连接的知识库接口，能够实现更加强大的推理功能。Pellet推理机简单、容易上手，Protégé所有高级版本都支持Pellet推理机，大大提高了用户对本体进行构建和推理的效率。

3. FaCT++

FaCT++是英国曼彻斯特大学采用 C++开发的用于描述逻辑的本体推理机，可以实现最大限度的可移植性。该推理机实现了基于 Tableaux 算法的推理并支持字符串型、整型数据的推理。FaCT++采用了同化和合并模型的标准技术及启发式排序和分类技术，实现了客户端/服务器模式的本体推理系统。缺点是没有提供详细的开发文档和示例代码，并且也没有友好的用户界面。

4. Jess

Jess 是由美国利弗莫尔的 Sandia 国家实验室利用 Java 开发的规则引擎，该实验室为学术研究提供免费的 Jess 使用许可，但当用于商业领域时需要购买使用资格。Jess 支持规则推理，CLIPS 程序设计语言是它的一个子集。该工具支持用户以声明规则的形式实现知识的推理。它具有轻便小巧的优点，被称为目前最快的推理引擎之一。Jess 是需要注册的，目前最新版本 Jess 8.0 已经支持下载，并且安卓用户也可以使用。

5. KANO2

KANO2 是由德国卡尔斯鲁厄大学研发的用来处理 OWL 本体文件的一系列工具，在处理速度和效果方面 KANO2 和 Pellet 一样。KANO2 的前身 KANO1 主要支持 RDFS 扩展语言，而 KANO2 是基于 OWL-DL 和 F-Logic 的工具，KANO2 与 Pellet 的不同点在于其不适用 Tableaux 算法，并且不能处理枚举类信息。

2.8.3 Jena 推理机

Jena 最初是由 HP 公司的 Brian Me Bride 研发的一个构造语义网应用程序的 Java 框架，支持编程来实现本体构建，并且能够较好地实现本体推理子系统的功能。该机制包含一个通用规则引擎以实现对 RDF 的处理与转换，当前针对 Jena 推理引擎的研究大多基于通用规则推理机。Jena 为解析 RDF、RDFS 和 OWL 本体提供了编程环境和基于规则的推理引擎，其推理能力强、效率高。Jena 推理机支持三种类型的规则，包括 RDF 推理规则、OWL 推理规则和用户自定义规则，也可以利用类似数据库 ODBC 中的 DIG 接口，将后台的推理引擎引入（如 Racer、Jess、Pellet），跟前台相接，实现兼容性较好、可移植性较为强大的推理。Jena 推理机基于相关领域的本体进行推理后获得一个包含推理结果的本体模型，通过 Jena 提供的 API 获取这些隐含知识。通常情况下，Jena 中的推理引擎针对特定领域的本体，且执行效率较高。

Jena1 是 Jena 的第一个版本，主要为处理 RDF 图提供用于 Model 类的 API，还提供了大量工具，但它不支持 OWL。Jena2 在 Jena1 的基础上修改了其内部结构，并提供了新功能：能更灵活地表现 RDF 图的多种方案及 RDF 图的三元组视图方式，用于 RDFS 及 OWL 的推理（巫建伟等，2014）。

1. Jena 推理机的组成

Jena 强大的功能来源于其提供了强大灵活的本体操作接口，Jena 的核心接口是围绕 RDF Graph 展开的。Jena 推理机主要有以下 6 个功能。

1）可以对 RDF 模型进行创建、读写、查询等操作，其应用接口包含于 com.hp.hpl.jena.rdf.model 开发包。

2）提供 RDQL 查询语言用于从 RDF Model 中查询出数据，同关系数据库存储一起使用可以获得 RDF 检索的优化。

3）提供推理功能，Jena 推理是基于规则的推理，支持对 RDF、OWL 和通用规则（用户自定义的规则）的推理，提供 OWL Reasoner 和 RDFS Reasoner。推理功能接口位于 com.hp.hpl.jena.reasoner 开发包。

4）Jena 推理机提供两种存储模式，包含内存存储和永久性存储，接口位于 com.hp.hpl.jena.db。用户可以将本体模型暂存于机器内存，也可以将本体的数据存储于数据库，支持 MySQL、Oracle 等目前的主流数据库。

5）操作本体的前提是能够对本体描述文档进行解析，Jena 中包含 RDF/XML 解析器，接口位于 com.hp.hpl.jena.parser 开发包。使用任何 Jena 对本体操作的功能之前都需要 Jena 的 RDF 的解析功能，获取 RDF 文档信息，为下一步创建 RDF Model 做准备。

6）提供本体子系统，位于 com.hp.hpl.jena.ontology 开发包，它和推理子系统一起构建出 RDF 模型检索的核心架构。本体子系统以处理本体模型为主，用户通过处理本体模型能读取多种存储形式的本体数据，还能对这些本体的 Classes、Properties 和 Individuals 进行操作。

Jena 的各项组成在实现对本体模型构建、规则解析和推理等功能过程中发挥各自的作用，如图 2.7 所示。

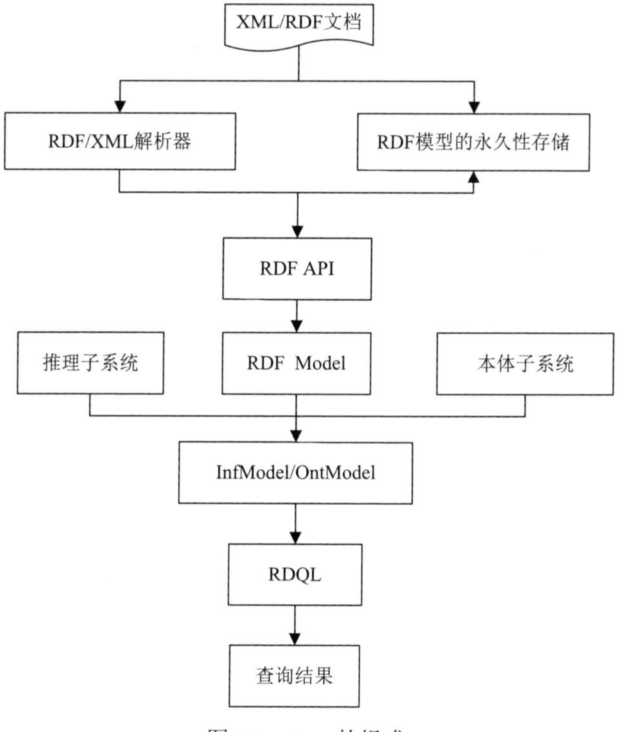

图 2.7　Jena 的组成

Jena 推理机支持的本体数据是以 XML 文档格式存储的，Jena 提供本体解析的接口，利用本体 RDF/OWL 文档解析器将本体数据转换为 RDF Model；此外，Jena 推理机提供 RDF Model 永久性存储的功能。用户获取 RDF Model 后可以直接或间接对 Model 进行操作，支持用户操作的是 Jena 提供的 API。RDF 模型经由本体子系统和推理子系统处理后，生成具有语义推理能力的 InfModel 或者 OntModel，最后由 RDQL 查询语言从模型中检索出结果并返回用户。

2. Jena 推理机的工作原理

推理是 Jena 的一个重要应用，Jena 推理子系统允许多种推理引擎或推理机嵌入 Jena。通过推理得到附加的 RDF 描述，这些描述是由一些底层 RDF、本体信息、公理及推理机关联的规则等继承而来。这种机制支持如 RDF 和 OWL 等语言，允许从实例数据和类的描述中推理出附加的事实。这个机制是很常见的，它包含一个能普遍应用于 RDF 处理和转换任务的规则引擎（El-Sappagh et al.，2015；Francesconi，2014；梁艺多等，2015）。

推理子系统支持特化推理机，即绑定推理机与三段论要素或使用 bindSchema 命令来绑定推理机和本体数据。特化后的推理机将通过 bind 命令与实例数据集关联。当同一个三元组信息（schema information）多次与不同实例数据集结合时，将支持多次使用 Schema 实现推理重用。RDF 中 schema（AKA tbox）数据和实例（AKA abox）数据之间区别不明显，且无论是类还是实例，bind 或 bindSchema 命令都能实现引用。为了使 Jena 更加开源，Jena 提供了 ReasonerRegister。使用该应用能检测到推理机，还可以注册新的推理机类型。它提供了为已有推理机预先构建实例的便捷方法（梁艺多等，2015）。

Jena 推理机的结构如图 2.8 所示。

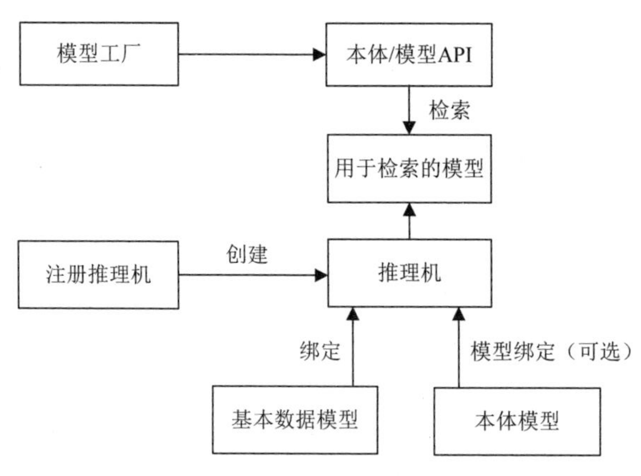

图 2.8　Jena 推理机的结构

Jena 推理机的工作步骤如下。

1）Jena 的解析器对本体文档进行解析，获取本体模型。

2）推理注册机（ModelFactory）根据资源信息和本体中包含的信息创建一个推理引擎，推理引擎读入一条 RDF 三原则。

3）绑定推理机和需要推理的知识，生成用于检索的模型对象（InfGraph）。

4）由模型产生器创建一个本体模型接口。借助 Jena 提供的应用程序接口，查询、推理已生成的模型对象，获取本体中的隐含知识（Lee et al.，2015；Mu et al.，2015；高洪美，2015）。

通过使用推理机注册连接数据集和一些推理机创建新的模型，实现基于 Jena 的推理，查询新建的模型不仅能够得到原始数据，而且还包括使用规则和推理机推理后得到附加的内容（许楠，2015）。推理机制是在模型对象串行外围设备接口层面实现的，不同的模型接口可以围绕模型对象来构建，因此，模型对象是整个推理机制的核心部分。本体接口提供便利的路径将合适的推理机连接到构建的本体模型中。一般的 RDF 接口都提供了普通的扩展模型接口，为潜在的模型对象提供附加的控制和通道。底层声明和本体定义是底层的源数据，底层声明是与推理机绑定的数据（实例），本体定义是与推理机绑定的数据结构的限制（概念和关系）。推理机根据这两个内容生成模型对象。简言之，Jena 推理子系统实现推理的过程是：在已创建的本体模型和数据模型的基础上创建推理机；绑定需要进行推理的本体模型和推理机，构成实现推理机制的模型对象；使用本体或模型接口对模型对象推理得到推理结果（胡海斌等，2013；Oberle，2014；吴振忠等，2013）。

Jena 推理子系统中有一些预定义的推理机，如传递推理机（transitive reasoner）、RDFS 规则推理机（RDFS rule reasoner）、OWL 推理机（OWL reasoner）及通用规则推理机（generic rule reasoner）等（潘超等，2010）。其中：

1）传递推理机支持对本体类及属性的存储和遍历，但只能实现如 rdfs:subPropertyOf 和 rdfs:subClassOf 属性的传递性和自反性。该推理机并不独立存在，而是复杂推理机的一部分，它将类和属性存储为图表结构以节省存储空间。通用规则推理机在处理以上两种属性时常选用传递推理机实现存储空间的优化（Boustil et al.，2014）。

2）RDFS 规则推理机支持所有核心工作组描述的 RDFS 的继承推理。在 RDFS 规则推理机的完全配置模式下，推理机只支持 RDFS 公理和闭包规则的推理，而不支持节点继承及数据类型的推理，并且会产生本体类和属性类型描述，将加大存储空间的消耗。

3）OWL 推理机是应用于 OWL Lite 语言的简单但不完整的推理机。OWL 推理机是基于实例的推理机，其工作原理是运用规则来推理 OWL 本体的“当且仅当”含义的实例数据，并通过非直接方式推理类，即只有类被创建并描述实例时才会被推理。因此，OWL 推理机适用于相对简单、有规律且包含初始实例的本体（Francisco，2010）。

4）通用规则推理机是支持用户自定义规则的推理，能够实现 RDFS 推理机和

OWL 推理机的功能，同样适用于普通的规则推理。这个推理机支持对 RDF 三元组进行基于规则的前向链、后向链及混合方式的推理。通用规则推理机内嵌有两种推理引擎，即前向链 RETE 推理引擎和后向链 tabled datalog 引擎，二者可分别作为推理方式独立运行，也可以前向链引擎优先于后向链引擎运行，而后者实现查询（金保华等，2014）。

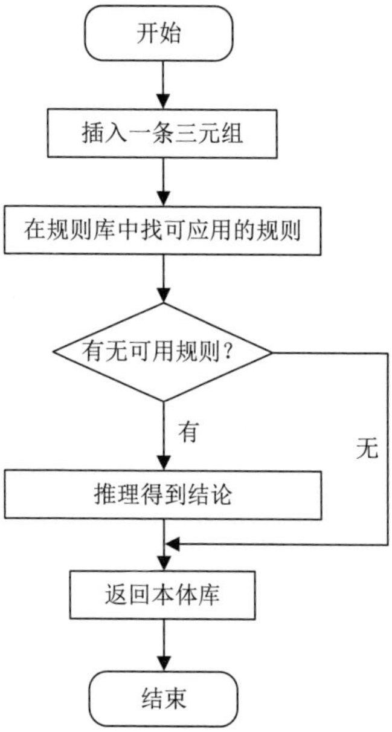

开始
插入一条三元组
在规则库中找可应用的规则
有无可用规则？
有
无
推理得到结论
返回本体库
结束

图 2.9　前向链推理机制

前向链推理引擎可从已知条件直接推出未知结论，是一种演绎（deduction）的过程。在访问推理模型时，前向链推理引擎将模型中的所有相关数据提交到引擎中，当数据信息触发了规则，推理引擎的内部推理图中将会创建出新的三元组，继而新的三元组又可能会触发其他规则。同时该引擎中也可以通过删除原语来删除三元组，导致新的规则被触发，这一迭代过程将持续到没有任何规则被触发为止，然而该过程将会导致推理进入死循环。正常情况下，推理后得到的推理图将包含所有原始本体模型和规则触发并推理后的数据信息。分别应用 getRawModel() 和 getDeductionsModel()命令就可以查看原始本体和推理后的本体（Solic et al.，2015）。前向链推理机制如图 2.9 所示。

在推理引擎的使用过程中，添加或删除本体信息将导致推理模型发生变化，继而触发更多规则。前向链推理引擎以迭代方式工作，并持续获得被添加或删除的三元组推理结果。基于 Jena 的前向链通用规则推理引擎采用标准 RETE 算法。1982 年 Charles L.Forgy 发表了基于规则的 RETE 算法，该算法是目前模式匹配的前向链推理算法中效率最高的，当前的许多模式对象匹配算法如 CLIPS、Jess、Drool 及 Rules 引擎等流行专家系统内核都以 RETE 算法为基础。以 RETE 算法为基础的专家系统在进行推理检索时，首先会建立一个节点网络，且每个节点（除根节点）将对应于一条规则（Stoilos et al.，2013）。在此过程中每一个节点会标记满足其模式的事实功能。当新事实产生时，随着网络延伸，符合事实匹配的节点将被标示出来，即匹配过程由事实查找规则，下一次匹配时只计算发生变化的事实（阴影区域），最终以迭代方式得出推理结论。RETE 算法的工作原理如图 2.10 所示。

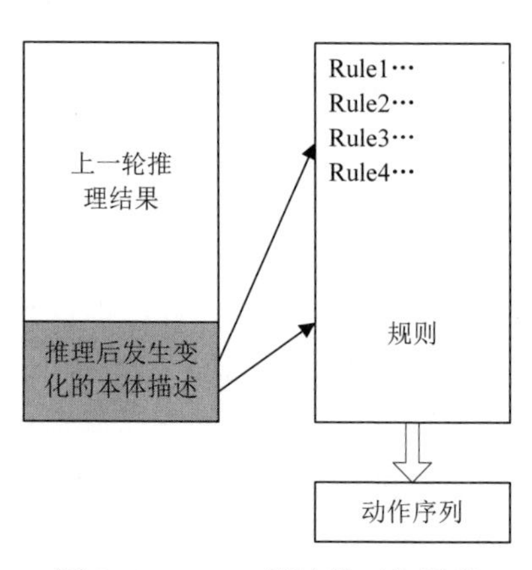

图 2.10　RETE 算法的工作原理

RETE模式匹配算法的思想是在不断循环的事实与规则匹配过程中存储事实信息中的状态，并且在下一次匹配过程中只考虑事实列表中变化了的状态。也就是说只有添加或删除事实时，才会更新匹配过程中的状态。此外，由于规则具有结构相似性的特点，RETE算法利用此特性将公共部分放在一起计算，提高了系统效率。该算法以空间代价换取了系统的执行效率，使得多数情况下运行速度提高了多个数量级（刘艺茹，2012）。

后向链引擎规则推理机采用类似于Prolog语言执行策略的LP引擎（logic programming engine）。当访问推理模型时，系统会将该操作转换为目标，引擎会采用匹配已有的所有三元组及根据目标解析后向链规则的方法实现目标。LP引擎支持制表方法，当完成目标的制表操作后，就会记录下先前与目标相匹配的计算结果，并在实现未来相似目标时被使用。当制表目标被调用且所有已知结果被匹配后，目标将会空闲，直到其他执行分支产生新的结果时才会重新使用。该机制适合如SLD prolog中无限循环的传递性闭包等循环规则的应用，这种执行策略与众所周知的XSB系统运行方法类似。

在Jena规则引擎中，从属性三元组中获得制表目标，应用tableAll()命令可以实现目标制表。命令table(P)指的是为所有包含属性P的目标建表。每查询一个属性三元组都会无限期地为查询结果建表，也就是说每次查询都会利用先前子目标的查询结果，即构建了对应于连续查询的数据集闭包。当添加或删除记录来更新推理模型时将会把建表的结果丢弃，下一次查询将重建结果列表（Yang，2013），其推理机制如图2.11所示。

混合式推理引擎是前两种推理机制的混合使用。即前向链推理引擎能创建一个新的后向链规则，但不能查看后向链推理引擎的查询结果。前向链引擎运行后得到的一系列经过推理的声明将被存储于推论库中，任何支持后向链规则的前向链规则将会依据前向链变量实例化这些后向链规则，并将其推送到后向链引擎中。后向链引擎应用已有的和新产生的适用于元数据和新数据的规则集来应答查询。这种运行方式支持规则集构建者只创建数据库相关的后向链规则来获得更高的推理性能（李红梅等，2014）。

3. 推理机的配置

利用 Jena 推理引擎提供的 API 实现本体模型推理的配置过程如下。

1）Jena 提供一个注册推理机，用来创建推理引擎；创建用户自定义规则的推理机操作被封装在 GenericrRuleReasoner 类中，GenericRuleReasoner 的对象将 List 类型的规则对象进行绑定，代码如下。

```
List<Rule> rules = Rule.rulesFromURL(rulesName);
GenericRuleReasoner reasoner = new GenericRuleReasoner(rules);
```

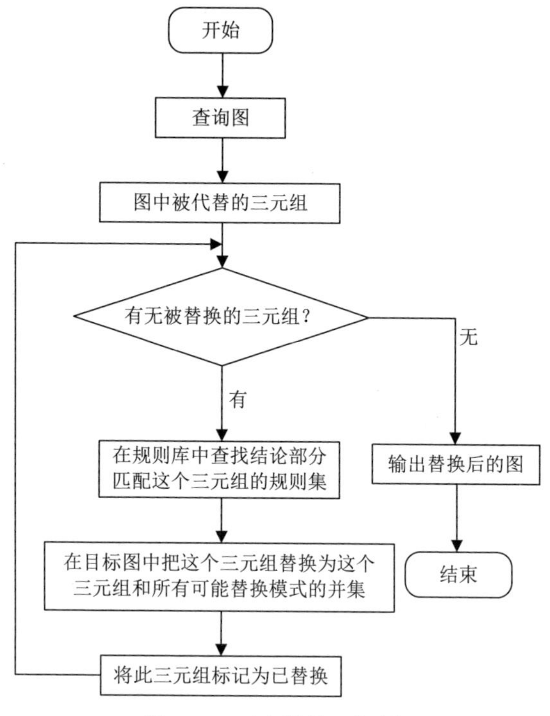

图 2.11　后向链推理机制

2）Jena 对本体模型的解析操作封装在 OntModel 之中，首先由 ModelFactory 创建空的本体模型，代码如下。

```
Model m = ModelFactory.createDefaultModel();
```

然后调用 read()方法获取用户本体数据，并设定参数，代码如下。

```
OntModel model =ModelFactory.createOntologyModel(OntModelSpec.
OWL_DL_MEM_RULE_INF, model);
```

3）Jena 中的 ModelFactory 接着创建一个推理模型，将推理机和本体数据进行绑定，获取一个含有推理结果的推理模型，代码如下。

```
InfModel inf_model = ModelFactory.createInfModel(reasoner, ont_
model);
```

4）ModelFactory 提供 API 对推理模型进行查询操作，代码如下。

```
StmtIterator sIt = inf_model.listStatements(null, hasState,
Dangerous);
```

2.8.4　基于本体的推理技术

随着本体语言、本体技术的发展，本体推理技术逐渐引起了各个领域专业人士的极大兴趣，尤其在 W3C 的大力倡导下，本体推理技术已被广泛应用于众多领域的科学研究中，并且在继续向更深层次、更大范围发展。

1. 本体推理技术的功能

本体推理技术主要有如下两个功能。

1）检验本体一致性。本体中已有的类、个体的每条知识间，逻辑上必须保持一致性，不能互相矛盾。

2）获得隐含知识。构建本体需遵循一条原则，即尽可能地简化本体的同时包含更充足的信息，而此时通过推理机来获得更多本体中隐含的知识就是在尽可能地满足这一原则。

2. 本体推理机的结构

本体推理机由本体解析器、查询分析器、推理引擎、结果展现等模块组成，如图 2.12 所示。

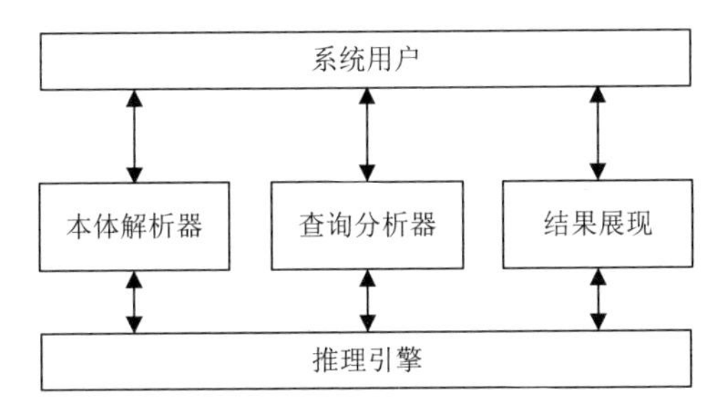

图 2.12　本体推理机的结构

1）本体解析器。它对文件、本体进行解析。

2）查询分析器。它为用户提供分析、查询命令的接口。

3）推理引擎。它是推理机的核心，主要用于接收解析处理后的本体和查询。

4）结果展现。它用于展现推理结果。

3. 本体推理的理论基础

逻辑是知识表达的基础，动机是研究逻辑结论的客观规律，一阶逻辑（也称谓词逻辑）在这方面具有很多优势。

1）一阶逻辑以简单的方式提供了方便表达知识的高级语言，具有较强的表达能力。

2）一阶逻辑的证明体系可以按照一定的语法从一系列的前提条件中自动获取结论。

3）对逻辑结论进行了精确的定义，决定了一个陈述语句是否从其他陈述的语句中得出。

一阶逻辑（FOL）允许量化陈述的公式，比如“存在着 x，…”（∃x）或“对于任何 x，…”（∀x），这里的 x 是论域（domain of discourse）的成员。一阶（递归）公理化理论是通过增加一阶句子/断定的递归可枚举集合作为公理，可以被公理化为一阶逻辑扩展的理论。这里的“…”叫作谓词并表达某种性质。谓词是适用于某些事物的表达。所以，表达“是黄色”或“喜欢椰菜”分别适用于是黄色或喜欢椰菜的那些事物。谓词逻辑包含具有完备性和完整性的证明系统，这是其独有的特点；可以追踪证明的过程，提供对结论的解释。

RDF、OWL Lite 和 OWL DL 本体描述语言采用逻辑公理形式的公理化语义描述，一般可以将它们视为一阶逻辑的具体化，为本体推理提供了一种使用的语法。此外，这 3 种描述语言定义了逻辑的可推理子集。所有描述语言的一个重要特点是能在表达能力和逻辑计算和推理复杂性之间进行折中，即表达能力的增强是以证明系统的效率降低为代价的。一阶逻辑的一个子集是描述逻辑，采用描述逻辑的描述语言是 OWL Lite 和 OWL DL。它们的特点是具有强大的证明体系。

描述逻辑（describe logics）是用来表示领域知识一种形式化的描述语言，是一阶逻辑的可判定子集，也称为概念表示语言或者术语逻辑。描述逻辑的特点是最适合表示有关概念和概念层次结构的领域知识。它起源于命题逻辑和一阶逻辑，它在保证了知识表示能力的同时，将推理复杂度控制在可接受的范围之内。

2.9　本章小结

本章主要描述了本体的相关知识。首先介绍了本体定义的演变过程及 5 个基本建模原语。采用分类理论，从不同的研究角度对本体进行分类介绍；接着阐述了本体的功能，并主要归纳了本体评价 3 个层面的具体含义，进一步加深了对本体理念的认识和理解，并按基于人工智能和 Web 两种分类要素总结了常见的本体描述语言。

随后介绍了本体构建的相关理论，如本体建模工具、建模原则及本体构建方法。为了更好地发挥本体模型在建模及可视化方面的优势，对比分析了常用构建工具及方法的优缺点。

最后归纳了现有的推理方法、推理机，并在分析 Jena 推理机的结构及作用机理的基础上，选择前向链推理引擎。

第 3 章　煤矿领域本体构建和更新

构建本体的目的首先是为了能在相关的领域中，捕捉、描述和表达相关知识，提供人们在该领域中对此知识的共同理解，从而在不同层次的形式化模型中，对词与词之间的关系和概念（术语）提供一个明确的定义。煤矿井下环境恶劣，作业人员及设备种类繁多。构建煤矿井下本体模型，得到人-机-环之间的联系，可以全面监控煤矿的整个生产过程，保证煤矿的安全生产。

3.1　本体构建方法及工具选择

对于第 2 章介绍的几种本体构建方法，发现已有的方法学科依赖性较强，往往针对特定的应用领域，并且没有针对煤矿安全生产领域本体建模的专用方法。通过对比和分析常用的领域本体构建方法，可以发现七步法、Methontology 法、TOVE 法具有比较完整的生命周期，但七步法、TOVE 法并非有真正的生命周期。在配套的相关技术方面，七步法、Methontology 法有相关的配套技术，其中，Methontology 法的相关技术并不全。且在七步法、Methontology 法、IDEF5 法中都有详细的方法说明，其余方法对本体构建过程的描述相对较少。

总而言之，与其他几种构建方法相比，七步法、Methontology 法具有较高的成熟度，并且能够应用在多个领域。因此在以上方法的基础上，结合各种方法的优点，接下来主要参照七步法的构建原则建立煤矿领域相关本体模型，以确保本体层次模型的一致性、确定性及完整性，构建流程如图 3.1 所示。

考虑到本体编辑工具的高扩展性和易操作性要求，采用 Protégé 作为煤矿领域本体构建工具，得益于其类似 Windows 的友好型界面风格和交互式开发环境，及其能够灵活输出特定本体格式的优势，Protégé 在本体特别是领域本体模型的构建中已成为研究者的首选工具。其可视化的工作界面如图 3.2 所示，主要包括创建本体要素的多种功能选项卡。

Protégé 的各类插件同时支持简单和复杂的基于本体的应用，用户可以将导出文件和规则系统或其他问题的解决方法结合起来实现更高层次的智能系统。目前 Protégé 在本体研究和应用领域得到了广泛的关注，主要原因是用户在使用该工具时不必编写具体的本体描述语言，只需在 Protégé 的操作界面直接添加就可以，这样实现了屏蔽具体本体语言的功能，其主要特点如下。

1）W3C 标准推荐，利用 Protégé 构建出的本体能够符合 W3C 标准。

2）用户界面简单、灵活且可定制，能够满足不同用户对系统界面的需求。

3）不断更新版本以适应不同时期研究人员对本体构建系统的期望，当前最新版本是 2016 年 10 月 11 日发布的 Protégé 5.1.0 测试版。

4）可视化工具支持本体关系的交互式导航，能够实现可视化的展示本体。

5）支持本体重构操作，如本体合并、本体之间互换公理及重命名多重本体等。

6）提供推理工具，以检测本体的一致性。Protégé 还具有可扩展的体系结构，支持用户自行添加第三方推理插件，实现进一步的语义推理。

7）用户可以指定本体文件的输出格式，以满足使用不同本体语言的需求。

8）为了帮助初学者更好地利用 Protégé，还提供了详细的指导文档帮助学习使用（杨月华，2015）。

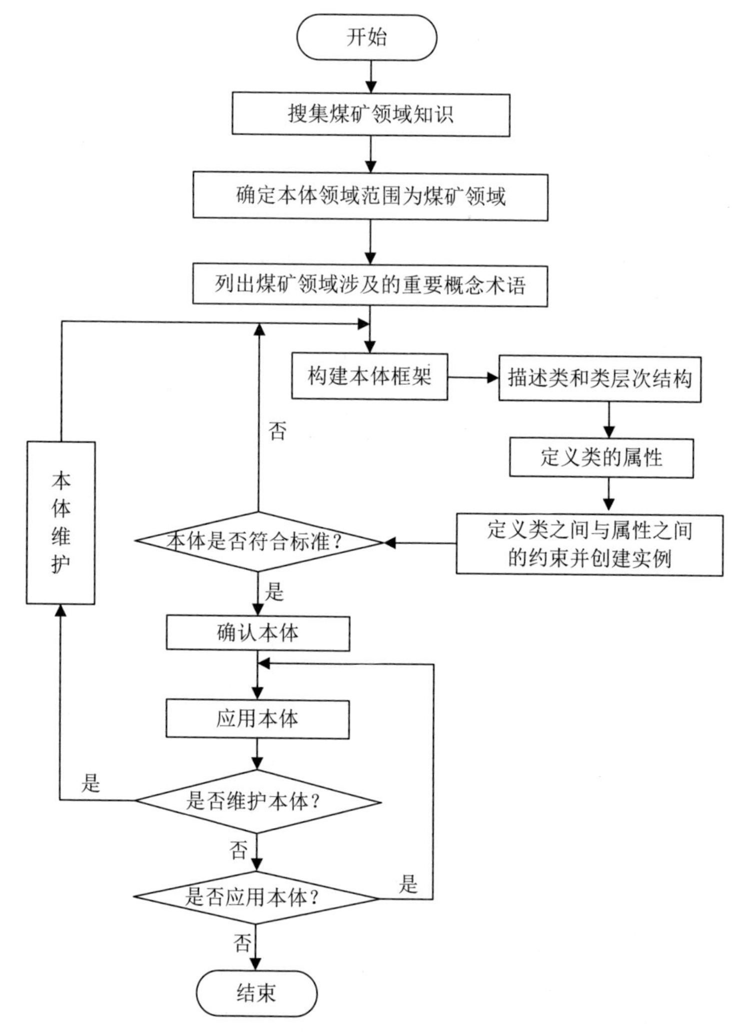

图 3.1　煤矿领域本体建模流程图

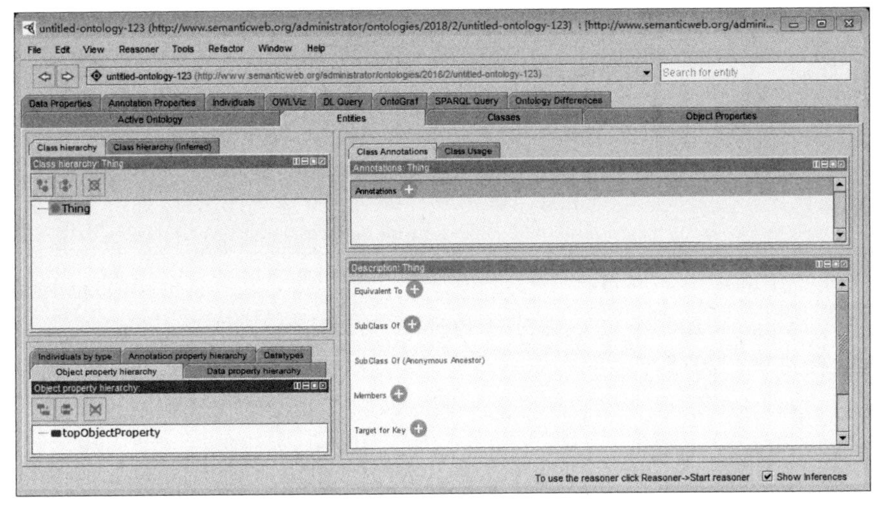

图 3.2　Protégé 本体构建界面

3.2　煤矿领域本体构建步骤

目前有关煤矿领域的模型构建还不完备，缺乏统一的语义描述。并且煤矿生产涉及众多相关系统，如通风系统、运输系统，各子系统依据生产任务分配工种。煤矿生产程序相对复杂。利用本体可以有效地对煤矿井下情境信息进行形式化描述，为保障煤炭行业职工的生命安全和身心健康提供了一种新途径。通过查阅、整理和分析煤矿领域的相关知识，结合本体理论，采用五元组的形式对本体的构成元素进行描述。

$$O=\{C, AC, R, I, X\} \tag{3.1}$$

式中，O 为构建的本体（ontology）模型；C 为本体中的概念（concepts）或类（class）的集合；AC 为概念的所有属性（attributes）构成的集合；R 为概念之间的关系（relations）集合；I 则是所有类实例（instances）组成的集合；X 表示公理（axioms）集合。

在构建本体之前首先要明确本体的领域范畴、应用需求及面向的使用用户。煤矿领域研究的主要内容包括工种、各工种的操作、环境、设备及状态等与煤矿监测相关的事故影响因素。煤矿领域本体模型构建的目的是应用本体推理技术，全面监测人的危险行为、环境的异常状况、设备的不安全状态等信息，综合判断作业环境的安全状况，及时监测并预警，从而减少伤亡。主要面向的用户对象是各煤矿领域相关的技术人员、管理人员。

接下来采用以上提出的本体构建方法，结合煤矿的实际情况，对该领域的相关资料进行了梳理分析，并利用 Protégé 4.3 建模工具实现煤矿领域本体模型的构建，从而形成最终的本体存储文件。在 Protégé 中，为便于后续本体模型的正常推理及图形显示，均采用英文命名本体类。针对不同子领域，其建模流程视领域特点灵活运用，基本的建模步骤如下。

1. 搜集煤矿相关知识，确定领域本体的应用范围

确定构建本体的领域和范围。首先应详细确定领域知识的边界，有助于在本体构建中进行清晰、明确地说明，确定本体将要覆盖的领域、构建的目的、本体在整个系统中的定位。此过程设计一些专有的表达法。

2. 分析现有本体，确定领域术语来源

经过查找未发现已有煤矿领域的本题库，需主动构建继续研究。并且未找到煤矿领域可利用的词典或叙词表，但找到了“煤矿安全科学保障能力建设丛书”及《中国分类主题词表》，从中可以找到该领域相关的全部术语，然后对其进行抽象分析、整理和筛选，并在分析过程中逐步添加和修改。

3. 获取重要术语

尽可能详细地列举该领域的所有概念、术语、属性及属性间的关系。将所列领域知识的概念分门别类，应按照规则及它们之间的相关性进行分组，进一步将各个小组分成不同的部分，形成从整体布局到细致分类再到具体的所有概念、属性等元素，得到一个本体的框架。

4. 定义类层次、属性及实例

构建类和类的层次，自上向下法、自下而上法及两者混合使用法是创建和定义类的层次的 3 种方法。一般使用混合法，结合前两种方法，既有清晰的思路又有相应的反馈信息。属性显示了类的内部结构，定义属性的约束包括定义属性的取值、取值的类型、取值的个数等。最后创建对象，即类的实例化。

5. 语义一致性检测

将最终本体和最初本体的需求分析进行结合分析，检验本体是否符合需求，是否遵循本体创建准则，以及类与类之间、属性之间的关系是否正确和完整，而且是否能够保持本体表述的无二义性。

6. 本体存储及维护

经过上面构建模型的步骤后，进入 OWL 文档记录阶段，将本体构建过程中每个阶段的工作成果和建立的本体都用文档记录下来，以便于本体的修改、维护、完善、共享及与 Jena 中自定义规则结合进行推理等。在 Protégé 4.3 中构建本体可以自动生成用 OWL 描述的本体文档。

7. 本体评价

本体评价是评价本体在特定领域或特定环境中的性能和适用性，是影响本体能否在语义网中大规模应用的一个重要影响因素。本体构建是一项花费巨大的工程，因此，越来越多的组织和个人开始重视和研究本体复用以节省资源，但是用户需要在众多的本体中评价出最适合的本体。本体评价可以帮助用户进行本体的筛选，可以及时评价本体构建的结果，纠正本体构建中的不合理之处。对于本体学习领域，更需要高效的评估方法快速从本体学习结果中筛选本体，以便及时调整本体学习的算法和参数。

3.3　煤矿领域本体实现

煤矿生产系统涉及众多复杂子领域，如采掘工作面、通风系统、运输系统等，各子系统依据不同的生产任务分配工种，因此本书针对煤矿各子领域分别构建对应本体模型。在构建本体之前首先要明确各本体的领域范畴、应用需求以及面向的使用用户。煤矿领域研究的主要内容包括工种、各工种的操作、环境、设备及状态等与煤矿监测相关的事故影响因素。煤矿领域本体模型构建的目的是应用本体推理技术，全面监测人的危险行为、环境的异常状况、设备的不安全状态等信息，综合判断作业环境的安全状况，及时监测并预警，从而减少伤亡。主要面向的用户对象是各煤矿领域相关的技术人员和管理人员。

3.3.1　煤矿瓦斯监控系统本体模型

使用 Protégé 4.3 构建瓦斯监控的本体，并用 OWL 来描述该本体。在 Protégé 4.3 中，通过选择建立本体的文件、定义类和类的层次、定义属性和属性的刻面、添加实例来建立瓦斯监控系统的本体。

1. 建立文件

要构建一个本体，首先要建立一个文件。进入 Protégé 4.3 后，可以定义文件名和文件路径，选择 OWL 本体描述语言。本体构建时应填写好元数据，包括：本体的基本注释信息，如标签、版本、注释等；默认名称空间；导出本体及建立相应的名称空间前缀。每个本体文件有 4 个默认的名称空间：rdf、rdfs、owl、xsd。

2. 定义类及类的层次结构

定义好瓦斯监控系统类的层次结构后，接下来就要在 Protégé 4.3 平台中添加父类和子类。在 Protégé 4.3 中，有一个顶级类 Thing，所有的概念都是它的子类，在 Thing 上面有 3 个按钮，分别是 Addsubclass、Addsiblingclass 和

Deleteselectedclasses。通过 Addsubclass 按钮可以创建一个概念并为它命名，同时还能为所创建的概念建立关系，如等价关系、约束关系等。

首先在 Thing 下添加事件、岗位、组织、职能人、资源和行为这些第二层次的类；然后针对每一类继续添加它的子类，直到添加完第三层次的类，如添加行为的直接子类——通信、简单配置、生成报表、数据查看、数据处理和存储信息；再继续添加下一层次的类，如添加简单配置的子类，直到添加完瓦斯监控系统中所有的类，最后得到瓦斯监控系统中类的层次结构，如图 3.3 所示。

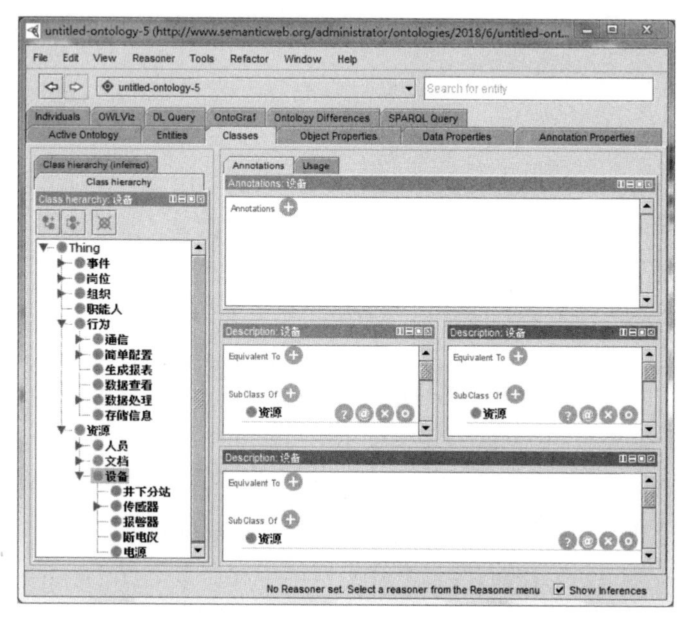

图 3.3 瓦斯监控系统中类的层次结构

3. 定义类的属性和属性的刻面

通用属性应尽量定义在父类中，属性通常具有以下特征：表示本质的属性和外来的属性，部分与整体的关系等。类的属性可以有不同的类型值，如允许的值类型、基数和属性的值域等。其中基数类型需要区分是单基数、多基数、最大基数和最小基数等；值的类型可以有 String、Number、Boolean、Enumerated、Instance 等多种类型，确定类的值域。在 Protégé 4.3 中，可以创建如 datatype 属性、subproperty 属性、object 属性、annotationdatatype 属性和 annotationobject 属性等很多类型的属性。定义属性后，根据具体情况，定义属性的 Cardinality、Domain、Range、InverseOf、SynnetricProperty 等刻面。

4. 添加实例

根据前面建好的类、属性及其允许值，可在 Individualseditor 中添加具体的实例，甲烷传感器的实例编辑界面如图 3.4 所示。

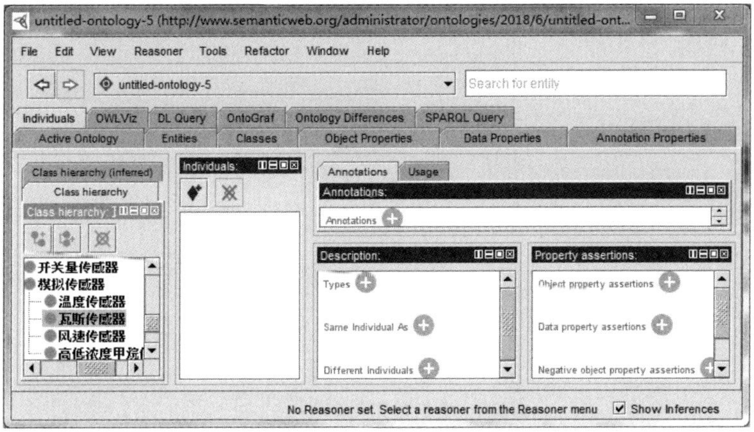

图 3.4　甲烷传感器的实例编辑界面

3.3.2　煤矿采煤工作面本体模型

在分析煤矿领域本体构建流程的基础上，利用所研究的本体构建方法，完成采煤工作面的本体构建。本体模型的构建过程如下。

1. 明确本体的应用范围

为了使构建的本体能满足实际需要，首先要确定该本体的应用背景，明确领域需求。将本体的应用范围确定为煤矿领域，通过查阅相关资料并进行实地调研和理论分析，发现采煤工作面是进行煤矿安全生产的关键。该工作面环境复杂，地质条件恶劣，发生事故的概率高，因此构建的采煤工作面本体模型应包含该工作面的全部知识，抽象成类、属性和关系，为采煤工作面的安全生产提供保障。

2. 找到与该领域相关的全部术语并分析现有本体

构建本体模型最重要的就是根据煤矿情境信息，抽象出本体中所需要的类、属性、实例等。比较有效的方法是利用已有的叙词表来转化成本体。但由于暂时没有找到有关煤矿领域的叙词表，因此无法通过将叙词表转换为本体来构建采煤工作面本体模型。但可以从《中国分类主题词表》和“煤矿安全科学保障能力建设丛书”等书籍和煤矿的相关文献，以及煤矿安全规程、操作规程、作业规程中抽取出相关的重要概念和术语，然后对其进行抽象分析，并进行整理和筛选，使构建的本体模型更加明确、清晰。

3. 描述类及类的层次结构

将搜集到的煤矿词汇进行抽象分析，首先构建本体中的类，类是本体的核心，能够用来描述该领域的概念。为了后续本体编辑与推理的兼容性，本书一律使用英文对该工作面本体模型中的类、属性及实例等进行命名。采煤工作面的概念主要分为 5 大类：设备（Apparatus）、灾害（CoalDamage）、工作环境（Environment）、操作方法（Operation）和作业人员（ProfessionWorker），将这 5 类作为 Thing 的子类，如图 3.5 所示。

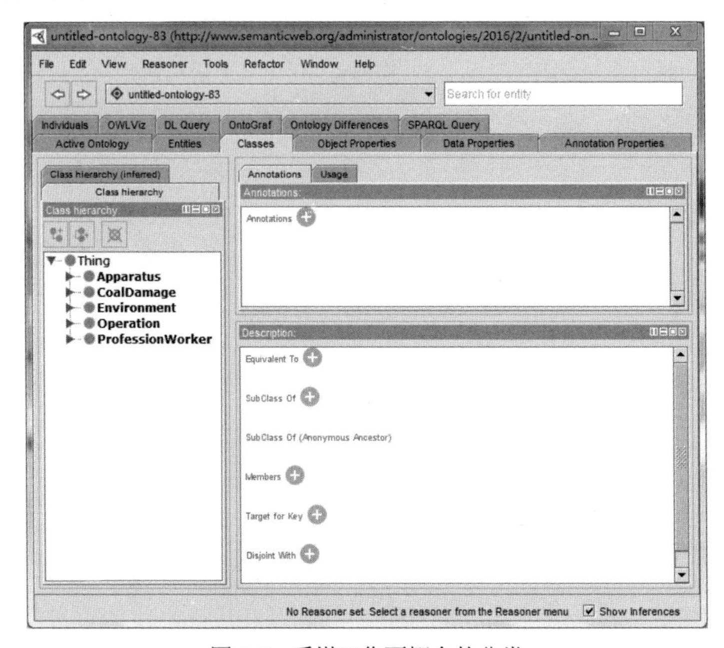

图 3.5　采煤工作面概念的分类

这 5 大类又可分为许多子类，以作业人员为例，包括钻眼工、爆破工、采煤机司机、刮板输送机司机、转载机司机、破碎机司机、乳化泵站司机、回柱绞车司机、单体支护工、液压支架工、端头维护工、放顶煤工、联网工、质量验收工、设备安装/移除工等，作业人员分类的中英文对照如表 3.1 所示。

表 3.1　作业人员分类的中英文对照

中文名	英文表示	中文名	英文表示
钻眼工	DrillingWorker	爆破工	ExplosiveWorker
采煤机司机	CoalMinningWorket	刮板输送机司机	ScraperConveyorWorker
转载机司机	ReproducedWorker	破碎机司机	CrusherWorker
乳化泵站司机	EmulsionPumpWorker	回柱绞车司机	Prop-pullingHoistWorker
单体支护工	MonomerSupportWorker	液压支架工	HydraulicSupportWorker
端头维护工	EndMaintenanceWorker	放顶煤工	Put-Top-CoalWorker
联网工	ConnectedInternetWorker	质量验收工	QualityAcceptanceWorker
设备安装工	EquipmentInstallWorker	设备移除工	EquipmentRemoveWorker

最终构建的采煤工作面部分分类情况如图 3.6 所示。

4. 定义类的属性

完成类的定义后，需要分析类间的关系，一般情况下，类间的关系分为等级关系和非等级关系，等级关系一般用 is-a 来表示，非等级关系是除等级关系之外的复杂语义关系，一般通过设置属性来完成。从煤矿生产技术和管理相关资料中提取出可以作为非等级关系的部分对象属性，如图 3.7 所示。

图 3.6　采煤工作面分类情况

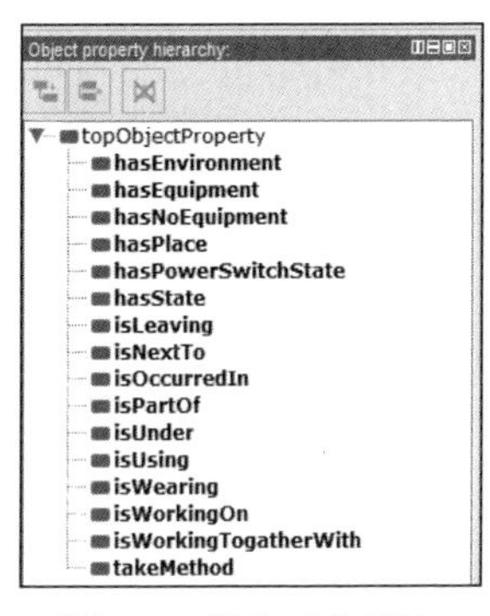

图 3.7　部分对象属性

除对象属性之外，还存在数值属性，用来描述环境中有害气体浓度、风速、温度等的值。采煤工作面部分数值属性如图 3.8 所示。

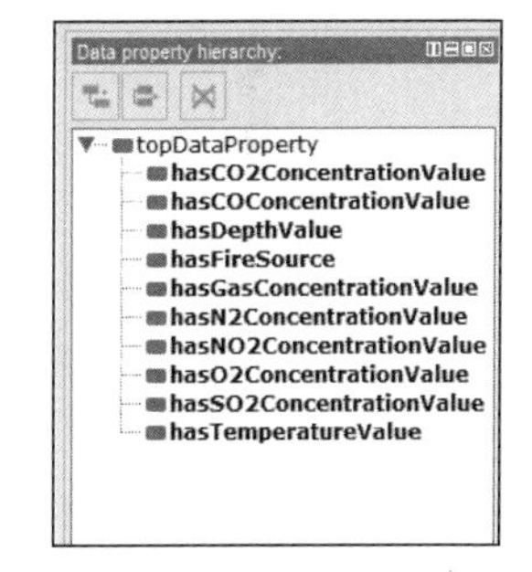

图 3.8　部分数值属性

5. 构建实例

为了将构建的本体模型应用在实际问题的解决中，需要在本体中添加相对应的实例及属性，以便于进行本体推理。在图 3.9 中为采煤机司机（CoalMinningWorker）添加了属性和实例。

图 3.9 表示采煤机司机（CoalMinningWorker）是工种（ProfessionWorker）的一个子类，并且具有使用设备（isUsing some Apparatus）、工作地环境（isWorkingOn some Environment）、工作地点范围（isWorkingOn some WorkingPlace）及采取操作方法（takeMethod some Operation）等属性，而实例（Members）Xie、Yang、

Zhang 为采煤机司机的实例，可继承其属性，为推理提供资源。

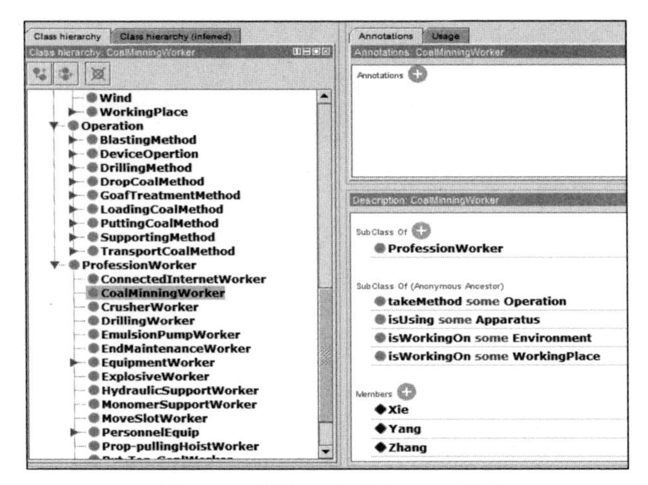

图 3.9　采煤机司机的属性及实例

下面以采煤机司机 Xieqiang 为例说明实例的构建过程。如图 3.10 所示，Xieqiang 是一个采煤机司机实例，具有 Xieqiang isWorkingOn Place2 和 Xieqiang isUsing CoalMinningMachine1 的属性，Place2 是工作地点（WorkingPlace）的一个实例，CoalMinningMachine1 是采煤设备（CoalMinningMachine）的一个实例，并且具有属性（hasState）损坏（Disabled）。该本体表示的情境信息为采煤机司机 Xieqiang 正在工作地 Place2 工作，并使用采煤设备 CoalMinningMachine1，且该设备已损坏。

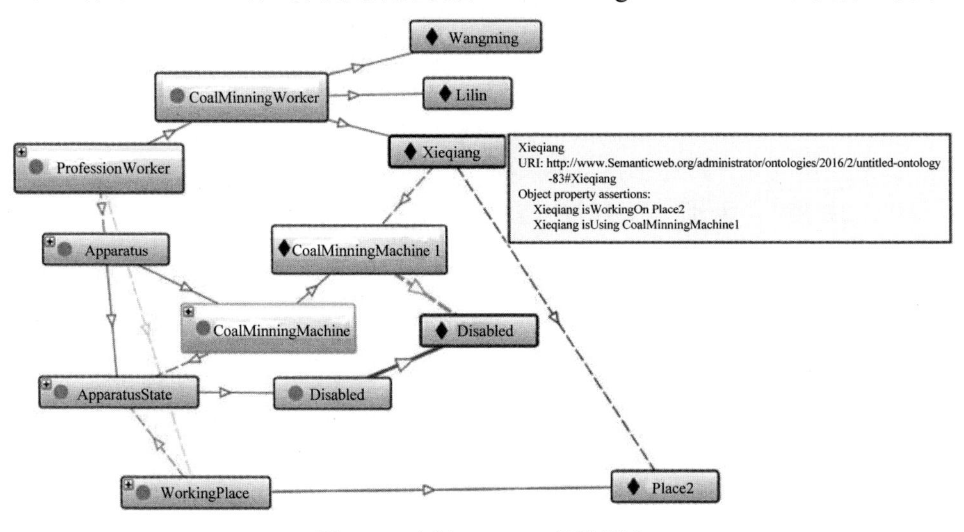

图 3.10　实例 Xieqiang 属性描述

6. 本体一致性检测

在构建采煤工作面本体的基础上，通过 Protégé 4.3 中自带的推理机制进行一致性检测，消除语义差异，保持本体逻辑关系的一致性，避免本体中的语义矛盾，为后续本体推理提供保障。

煤矿安全生产中规定瓦斯浓度爆炸的范围是 5%～16%，即若某地点为 WorkingPlace 的一个实例，它具有属性 hasGasConcentrationValue some float[>=0.05]，则 Place1 是一个危险的工作地（NotSafeWorkingPlace）。如图 3.11 和图 3.12 所示，

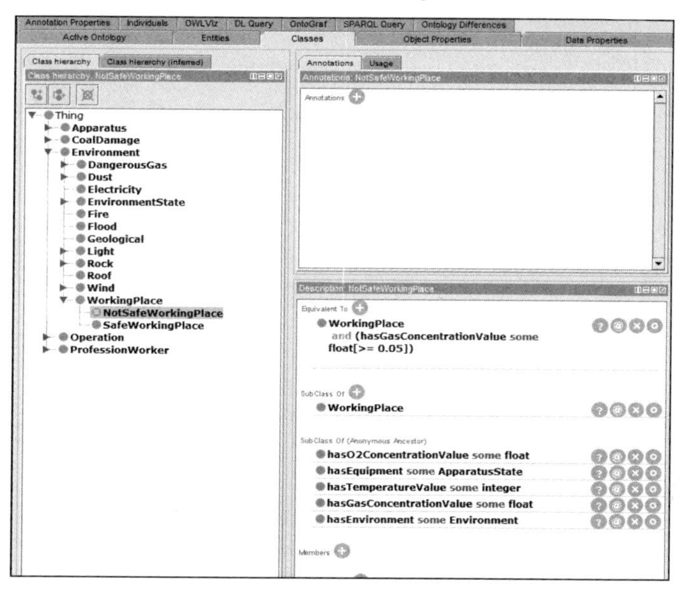

图 3.11　一致性检测前

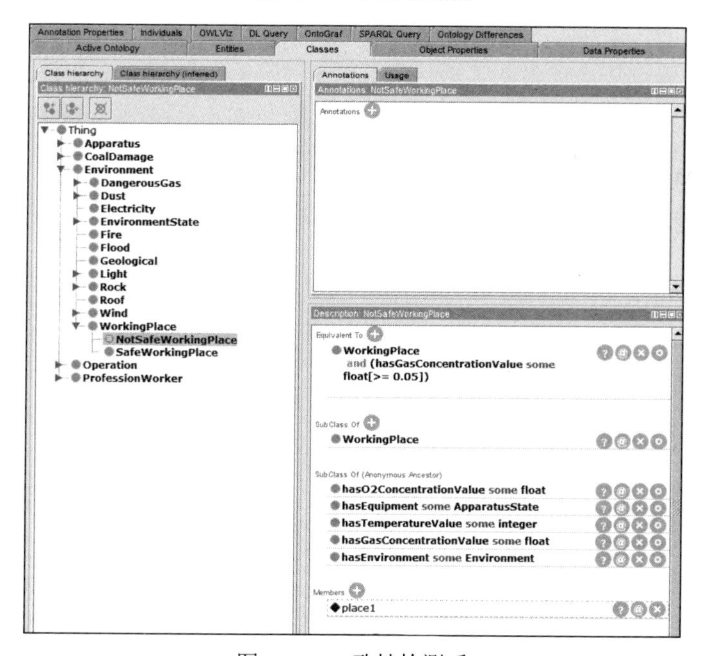

图 3.12　一致性检测后

在本体中添加一个 WorkingPlace 的实例 Place1，具有属性 hasGasConcentration Value 0.06f。经过一致性推理后发现，Place1 是个危险的工作地点（即 Place1 成为 NotSafeWorkingPlace 的一个实例）。

7. 本体存储与维护

随着本体的广泛应用，人们对本体存储和管理的需要不断增强，因此，需要采取有效的本体存储方式来保障本体的查询与推理，实现本体的应用。

本体可以采用 RDF、OWL 等文件格式进行存储，也可以采用基于关系数据库的形式进行存储。为了便于本体推理，本体采用 OWL 文件格式存储本体。OWL 能够形式化地表示本体中的类和属性，明确描述其含义，并支持推理。在本体的实际应用中，可以根据实际需要不断更新本体中的类、实例及属性值，并保持本体结构的稳定性，保障推理时的可用性。

3.3.3　煤矿掘进工作面本体模型

采用本体实现煤矿井下掘进工作面的信息管理并保证安全生产，具体构建步骤如下。

1. 搜集煤矿相关知识，确定领域本体的应用范围

为了使本体能够真正得到实际应用，构建本体前必须掌握其应用背景的特点及要求，明确应用领域的需求和构建本体的重要性等。将煤矿安全生产领域作为研究对象，通过查阅大量煤矿相关资料，分析井下生产情况，发现掘进工作面的安全作业是煤矿实现安全生产的重要前提，该工作面涉及的工种多、设备杂，并且承担了井下巷道掘进、支护等危险系数高、易发生事故的重要工作，因此构建掘进工作面本体模型将为煤矿的安全生产提供保障，为该领域的知识检索、推理提供基础。

2. 分析领域知识特点及现有本体

每个领域都有其独有的知识特点，煤矿安全生产领域亦如此。煤矿掘进工作面是煤矿井下生产必不可少的工作面之一，同时具有其不同于采煤工作面的特性。因此，在分析煤矿掘进工作面领域知识特点时，首先要对矿山领域通用知识进行分析，然后分析煤矿安全生产领域的知识，在此基础上具体分析掘进工作面领域知识，对其特性进行归纳总结。

煤矿采掘过程中需消耗大量人力、物力及资金，并伴有高温高湿、粉尘、有毒有害气体、噪声振动及爆破等安全隐患。因此构建煤矿安全生产领域的本体模型必须掌握该领域的特有知识。煤矿安全生产领域知识特点有：①不同煤矿文献对相关词汇的定义较为混乱，导致用户在检索该领域信息时出现误差；②不同煤矿根据其特殊地质及环境制定不同的操作规程，井下监控获得的信息结构也不

尽相同，如何将这些独立分布的异构信息进行有效整合是当前需要解决的问题；③虽然目前学者及矿工已获得大量煤矿安全生产领域知识，但在实际开采过程中仍会出现大量异常情况，仅凭个人经验是不够的，将井下情境信息及时进行自动推理判断，脱离人为预测推断是实现煤矿安全生产的重要保障；④对煤矿领域本体模型的研究大多都是关于井下情境信息中某一类知识的本体模型，并未对井下整体情境信息进行本体建模。

3. 确定领域术语来源并获取术语及相互关系

为了获得具有权威性和普遍适用性的煤矿安全生产领域术语，采用《中国分类主题词表》《煤炭科技文献检索词典》中关于矿山的词表及“煤矿安全科学保障能力建设丛书”等官方出版书籍作为术语的来源，并查找了煤矿安全规程、作业规程和煤矿安全技术操作规程等相关资料。将煤矿掘进工作面情境信息的本体术语划分为操作类型（Operation）、操作设备（Apparatus）、工作人员（Personnel）、事故类型（CoalMineDisasters）、操作环境（Surroundings）这 5 大类，其结果如图 3.13 所示，各情境要素包含的子类如图 3.14 所示。

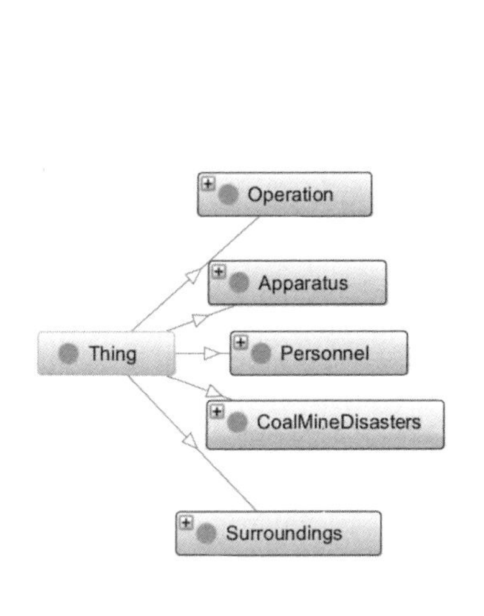

图 3.13　掘进工作面情境信息分类

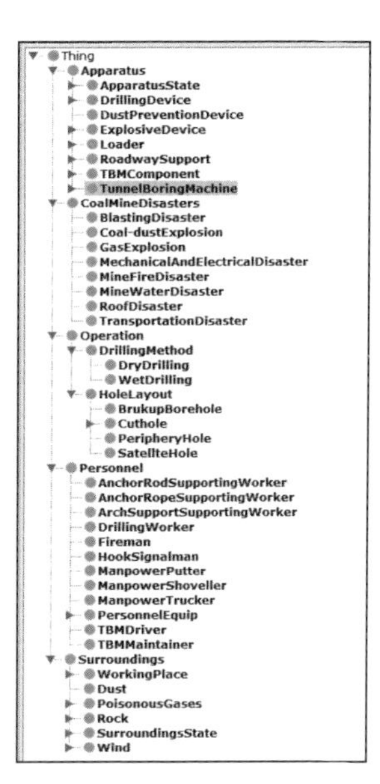

图 3.14　掘进工作面情境信息子类

4. 定义属性及实例

完成领域术语的提取后，需要对其关系进行分析，一般将术语关系定义为等级层次关系和非等级层次关系，其中等级层次关系在本体模型的结果图中可以看出，箭头所指向的本体术语与箭尾术语是 is-a 的等级层次关系。而非等级层次关系指的是术语之间除等级层次关系以外的更为复杂的语义关系，通常以设置对象属性的方式实现。将从资料中获取的文本信息抽象为本体术语的非等级层次关系，如图 3.15 所示。

同时，除了对象属性，一些术语如有毒有害气体还具有数据属性，用来描述术语概念与非术语概念之间的数值关系，如图 3.16 所示。为了实现本体模型在推理系统中的应用，需要添加本体实例，并赋予属性，使其参与推理。图 3.17 中为钻眼工（DrillingWorker）添加了属性和实例。

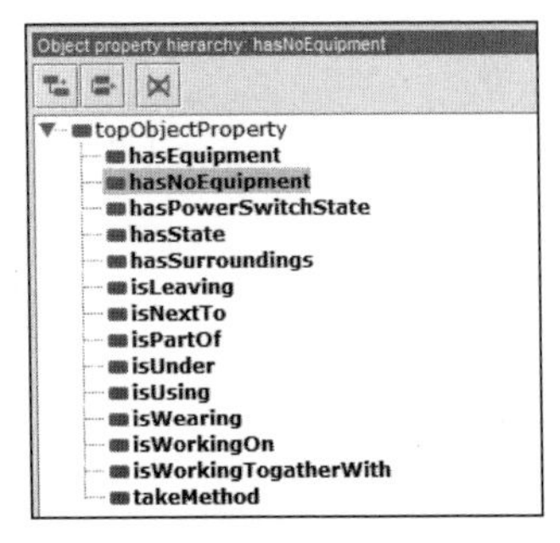

图 3.15　非等级层次关系

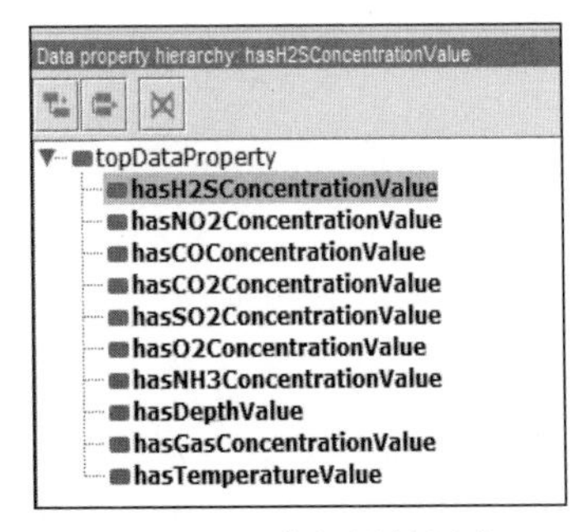

图 3.16　数据属性层次

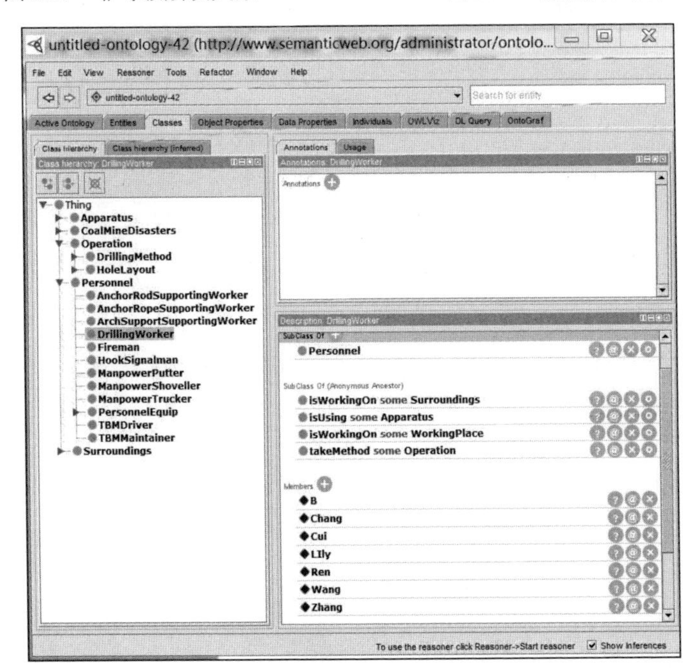

图 3.17　钻眼工的属性及实例

图 3.17 表示钻眼工（DrillingWorker）是工种（Personnel）的一个子类，并且具有使用设备（isUsing some Apparatus）、工作地环境（isWorkingOn some Surroundings）、工作地点范围（isWorkingOn some WorkingPlace）及采取操作手段（takeMethod some Operation）等属性，而实例（Members）Change、Cui、Wang 等

为钻眼工的实例，可继承其属性，为推理提供资源。以实例 Jack 为例，如图 3.18 所示，Jack 是一个钻眼工实例，具有 Jack isWorkingOn Place4 和 Jack isUsing DustPreventionDevcice1 的属性，Place4 是测试工作地（Test1WorkingPlace）的一个实例，DustPreventionDevcice1 是防尘设备（DustPreventionDevcice）的一个实例，并且具有属性（hasState）损坏（Disabled）。该本体表示的情境信息为钻眼工 Jack 正在工作地 Place4 工作，并佩戴有防尘设备 DustPreventionDevcice1，且该设备已损坏。

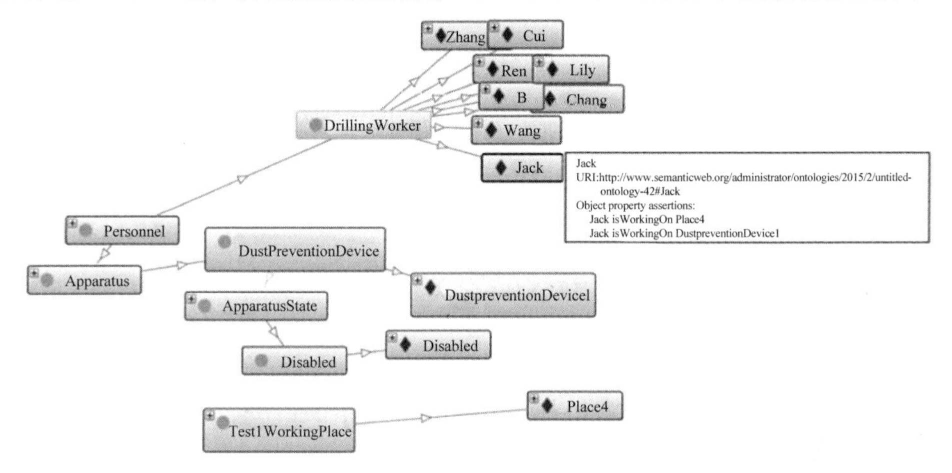

图 3.18　实例 Jack 属性描述示意

5. 语义一致性检测

利用特有的本体建模工具定义类、属性及实例的过程称为本体编码。利用 Protégé 本体建模工具实现掘进工作面本体模型编码后，还采用其自带的本体推理工具实现模型的一致性检查，目的在于保持术语之间逻辑关系的一致性，避免本体中存在语义矛盾与冲突。如图 3.19 和图 3.20 所示，若某工作地为 WorkingPlace 的子类，同时具有属性 hasGasConcentrationValue some float[>=0.005]，则该地点一定为危险工作地（DangerousWorkingPlace）。在构建本体时未添加危险工作地的实例，只为测试工作地的一个实例 ExampleTest1 添加了属性 hasGasConcentration Value 0.01f，显然超出了标准范围，使用 Protégé 自带的推理工具 FaCT++检测一致性后发现，工作地 ExampleTest1 是危险工作地的一个实例。

6. 本体存储及维护

本体存储是实现本体应用的基础，存储的方式影响着后期本体维护和推理应用的效率。本体可以采用 OWL、RDF、Manchester OWL Syntax 等文件格式存储，同时也可以存储为关系数据库形式。为方便实现本体推理功能，采取 OWL 文件格式实现本体的存储，OWL 通过定义类和类属性的方式使领域知识形式化，并声明对象和对象的属性，还能在其形式化语义允许的范围内进行类和对象的推理。

在应用时，随时根据需求对本体模型进行修改维护，循环往复以保证本体模型在推理系统中的实时可用性。例如，在煤矿实际生产过程中，每一位工人都有自己不同于其他矿工的身份信息，为了实现本体信息的全面性，维护本体时可将矿工身份信息添加到模型中，完善矿工个人信息。图 3.21 为工作人员（Personnel）的工作属性示意，图 3.22 为实例 Lisa 的个人身份信息在本体模型中的表示。

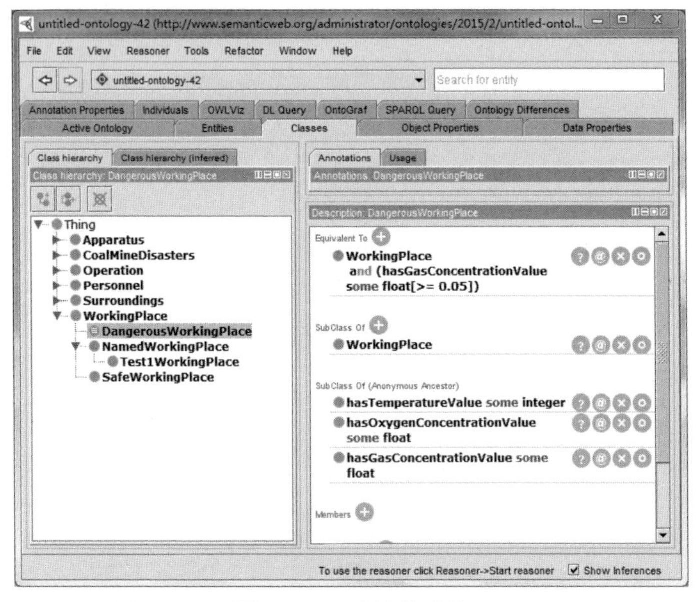

图 3.19　一致性检验前

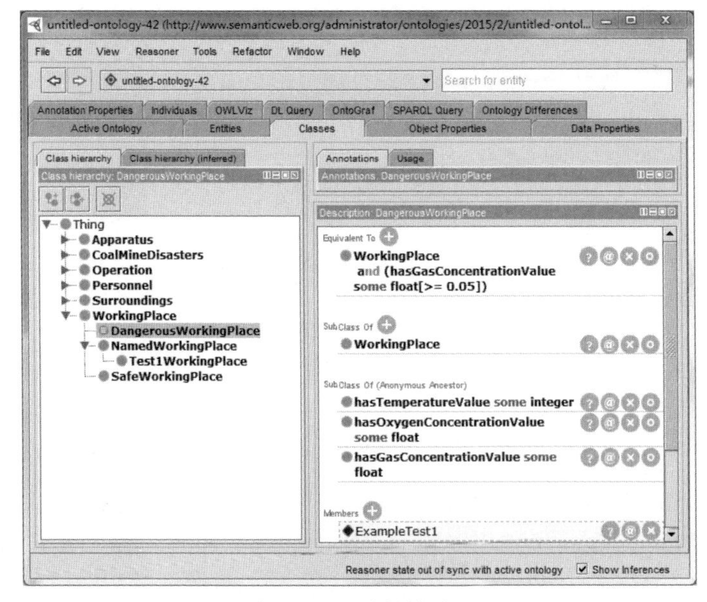

图 3.20　一致性检验后

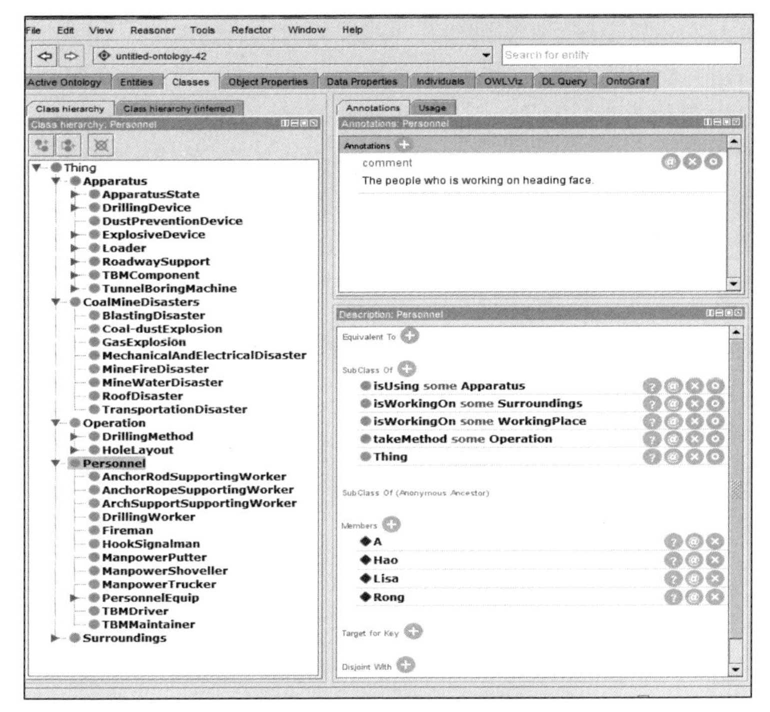

图 3.21　矿工工作信息属性

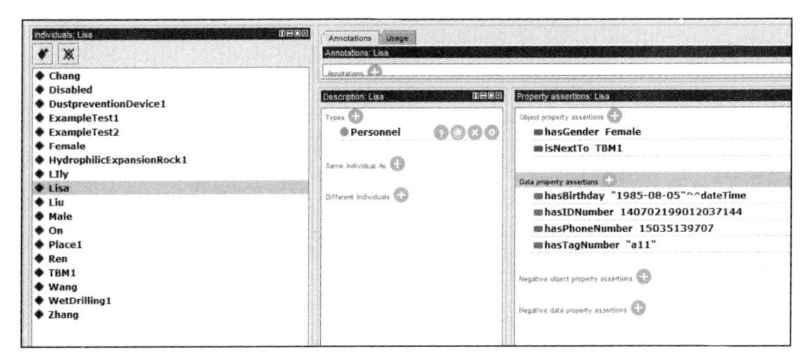

图 3.22　实例 Lisa 的身份信息

3.3.4　煤矿通风与运输系统本体模型

通风系统和运输系统作为煤矿生产中的两个重要子系统，涉及煤矿井下众多工种、设备、操作、环境参数、矿井事故等。通过对其领域环境及情境信息的深度调研，抽取出本体建模所需要的概念及其关系，结合七步法并利用建模工具 Protégé 4.3 完成本体建模，为后续本体更新和推理提供语义基础。

1. 确定本体构建的专业领域范围

为使本体构建更加具备针对性和专业性，首先确定本体构建的领域范围是煤矿井下通风系统和运输系统。矿井运输作为煤矿内部的运输系统，是煤矿生产中必不可少的一部分。而通风系统是保障矿井安全生产的基本设施，对整个矿井的通风状况和安全生产至关重要。因此，保证矿井通风系统和运输系统的合理性、安全性、经济性和科学性，是保障煤矿生产顺利进行的必要条件，具有一定的现实意义。

通过实地调研及与领域专家的访谈，查阅相关资料、书籍、文献，全面了解相关的规程和法律、法规，收集大量井下运输系统和通风系统相关的领域知识，抽象出煤矿监测的相关对象，如人、设备、环境等。

2. 考查是否存在可复用的本体

本体复用即参考或直接使用已有本体，不仅能够大大减少本体建模的工作量，同时节约了开发成本。但目前煤矿领域缺乏关于通风系统和运输系统可重复利用的信息模型，同时没有找到关于煤矿领域的叙词表，所以无法利用叙词表完成本体模型的构建。

为预防矿井事故的发生，国家煤矿安监局制定了三大规程。规程所包含的内容十分全面，涵盖煤矿领域所涉及的各种工种、工种的安全操作、生产环境、设备的正确使用及维护等领域信息，具有一定的准确性、法规性、权威性，是构建煤矿领域本体模型必不可少的参考标准。本书将参考煤矿三大规程，《中国分类主题词表》中关于矿山的词表及《煤矿机电设备操作技术工人》《通风安全技术工人》等书籍，辅助完成井下通风系统和运输系统本体模型的设计。

3. 列举领域本体中的重要术语

通过大量相关资料的查阅，从收集到的有关井下通风系统和运输系统的领域信息中，经进一步合并、归并和语义分析，提取出关键概念，准确定义各子领域本体中所涉及的重要概念。

煤矿井下情境信息复杂，除了各类工种、操作设备外，还涉及各种环境信息，如煤尘、瓦斯、水流、二氧化碳、风、二氧化硫等。通过分析各工种的工作流程、采取的施工方法、面临的施工环境、使用的工具等信息，划分出 5 个最基本的概念：工种（SkilledWorker）、设备（Apparatus）、状态（State）、环境（Surroundings）、事故（Accident）。其中，工种是指按各项工作的规范程序对工作人员进行分类。设备是指工作面所有的工作装置。其子类包含钻眼设备、装载机、爆破装置、掘进机等众多相关设备。状态是指井下工作地点中主体的当前状态，如工种、设备状态包括故障、危险等。环境是指工作面的周围环境，与中心工作对象有关，提供该类是为了提供整体环境的安全状况。其子类有通风状况、温度、岩石、瓦斯状况等，需要实时监测是否适合工作的展开，是否有利于生产的进行。事故是指煤矿可能发生的事故类型，如子类中的透水事故、瓦斯爆炸。这是监测预警机制和信息管理不可或缺的部分。

4. 定义类之间的层次关系

类也被称为“概念”，关系是指类之间的关联关系，如上下位关系、并列关系。接下来采取自上向下的方法定义类之间的层次结构。首先定义出本体中最普通、最顶层的概念，接着逐渐向下细化到最具体的概念。例如，运输机司机 ConveyerDriver 作为一个上位概念，不断往下扩展可得到 3 个下位概念：刮板输送机司机 ScraperConveyerDriver、带式输送机司机 BeltConveyerDriver、强力带式输送机司机 StrongBeltConveyerDriver，这 3 个概念之间呈并列关系。

5. 定义类的属性

类的属性是用来刻画和描述类的内部结构或特征，在本体模型中属性也可用来反映不同类之间的关系，在描述逻辑中，它们就是角色（Role）的概念。属性类型常分为 3 种：对象属性、数据属性和标注属性。

对象属性表述的是类的外在属性，指的是类之间的联系。对象属性有 5 种，可以被说明为 Functional（函数的）、Inverse Functional（反向函数的）、Symmetric（对称的）、Transitive（传递的）和 Inverse of（与某属性相反的）。通常情况下，对象属性连接两个个体。对象属性的定义域为一个类，值域为另一个类的一个实例。例如，设备类 Apparatus 具有状态属性 hasState，通过该对象属性来关联状态类 State。数据属性指的是类的内在属性，反映的是类本身所具有的特征，最多能通过该属性连接一个个体。它的定义域和对象属性一样是某个类，但是值域和对象属性不同，而是 any、string、boolean、int、float、symbol、short、double、byte 等。数据属性只能被声明为 Functional 或 Inverse Functional。如瓦斯类 Gas 可定义一个瓦斯浓度属性 hasGasConcentrationValue，该数据属性的取值被限制为某种类型的数据。标注属性用来对类、属性、个体和本体添加信息（元数据）。

子类通常继承父类属性，以工作区（WorkingPlace）类为例。它是 Thing 的一个子类，继承 Thing 属性的同时也添加新的属性。下面是对工作面类的 OWL 语言的描述。

```
        <owl:Class rdf:about="&untitled-ontology-42;WorkingPlace">
            <rdfs:subClassOf>
                <owl:Restriction>
                    <owl:onProperty rdf:resource="&untitled-ontology-42;
hasGasConcentrationValue"/>
                    <owl:someValuesFrom rdf:resource="&xsd;float"/>
                </owl:Restriction>
            </rdfs:subClassOf>
            <rdfs:subClassOf>
                <owl:Restriction>
                    <owl:onProperty rdf:resource="&untitled-ontology-42;
```

```
hasTemperatureValue"/>
                <owl:someValuesFrom rdf:resource="&xsd;integer"/>
            </owl:Restriction>
        </rdfs:subClassOf>
```

6. 定义属性的分面

分面是用来刻画属性的约束，包括属性取值的类型、基数、值域、定义域等特征。

同一属性可以包含若干个不同的分面，以下对常见的属性约束类型举例说明。例如，技术工人类 SkilledWorker 有一个属性描述 hasOperation some Apparatus，表明给操作属性 hasOperation 增加了存在约束，即限制了 hasOperation 的取值类型为 Apparatus 类，且取值个数至少一个；设备类 Apparatus 有一个属性描述 hasState only ApparatusState，表明给状态属性 hasState 增加了任意约束，即限制了 hasState 的取值类型只能为 Apparatus 类；瓦斯类 Gas 有一个属性描述 hasGasConcentration Value exactly 1 double，表明给属性 hasGasConcentrationValue 增加了准确基数约束，即限制了 hasGasConcentrationValueGas 的取值类型为 double 类型的数值，且取值个数为 1；运输机司机 ConveyerDriver 有一个属性描述 isDriving max 1 Conveyer，表明给属性 isDriving 增加了最大基数约束，即限制了 isDriving ConveyerDriver 的取值类型为 Conveyer 类，且取值个数不大于 1。

7. 创建实例

个体代表领域中所要描述的感兴趣对象，OWL 不使用唯一命名假设，意思是一个个体可以对应不同的名称（例如，“人”是一个对象或者个体，“李四”和“小李”可以是同一个人）。在用 OWL 语言描述的本体中，个体必须具有明确性，确定个体之间是否相同。

个体，也被称为实例，实例继承其父类定义的所有属性且为了使构建的本体模型更加精确和具体，且能够推理得到隐含信息，可为类添加实例。创建实例基本分为两步，首先选择一个已有的概念类，输入其添加的实例名称，其次补充该实例属性的属性值。

下面将以监测水泵工的安全状况为例，对本体的推理过程进行详细描述。规则库中有规则[rule:(?x rdf:type O:WaterPumpWorker)(?x O:isStarting ?y)(?y rdf:type O:WaterPump)(?x O:isNotWearing ?z)(?z rdf:type O:InsulatingGlove)->(?x O:hasState O:Dangerous)]。在 WaterPump 类下建立 WaterPump1 这个实例，在 InsulatingGlove 类下建立 InsulatingGlove1 这个实例，WaterPump1 的对象属性 hasState，值为 On；然后在 WaterPumpWorker 类下建立 Mike 这个实例，Mike 的数据属性为默认；Mike 的对象属性设置为 isStarting、isNotWearing，值域分别为 WaterPump1、InsulatingGlove1。根据《煤矿安全规程》的规定，水泵工在启动水泵电动机前，

必须带好绝缘手套，穿好绝缘靴。因此当本体模型与该条规则结合进行推理时，得到的结果为 Mike hasState Dangerous，即 Mike 当前的状态（hasState）是危险（Dangerous）的，说明该工人这种行为是不安全的。

8. 本体评价

将最终的本体和最初始的本体需求分析进行结合分析，检验本体是否符合需求，是否遵循本体创建准则，以及类与类之间、属性之间的关系是否正确和完整。

本体评价能够对本体的构建及应用产生一定的推动作用。目前国内外虽然对本体评价有了一定研究，但还没有一个合适、成熟的本体评价体系来完成上述工作，研究者只能根据自己的直觉和经验对本体进行选择。利用 FaCT++对本体进行一致性检测可以消除语义差异，保持本体逻辑关系的一致性，避免本体中存在语义矛盾。在此基础上，采用专家评价法对构建的本体进行评价，为该本体的有效应用提供保障。

如图 3.23 所示，利用本体建模工具实现通风系统本体的构建，在 Protégé 界面中编辑本体中的类及属性的层次。

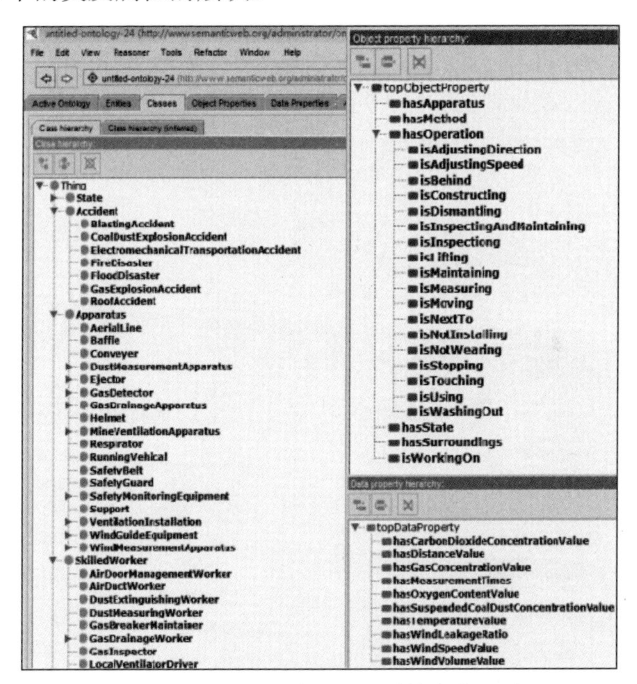

图 3.23　Protégé 构建通风系统本体界面

利用 Protégé 4.3 中自带的图形显示插件 OntoGraf 或 Graphviz 可以实现本体中概念类的可视化，如图 3.24 为选择 OntoGraf 内置插件清晰、完整地呈现类与类之间的关系，更加直观地显示本体结构。

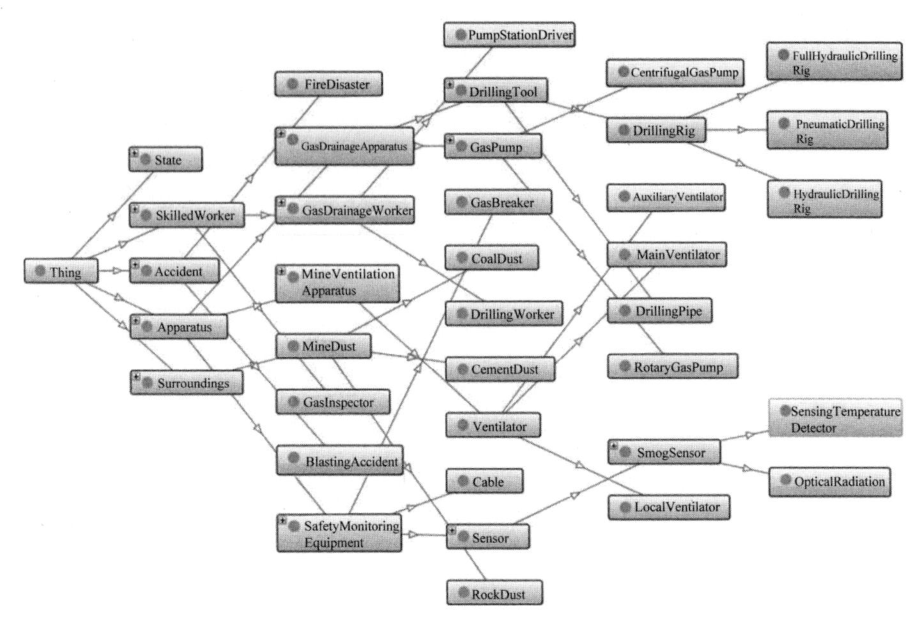

图 3.24　通风系统本体关系展示

如图 3.25 所示，完成了运输系统本体的构建，在 Class hierarchy 标签中定义本体中的类、子类及其兄弟类，在 Object property hierarchy 选项卡中编辑对象属

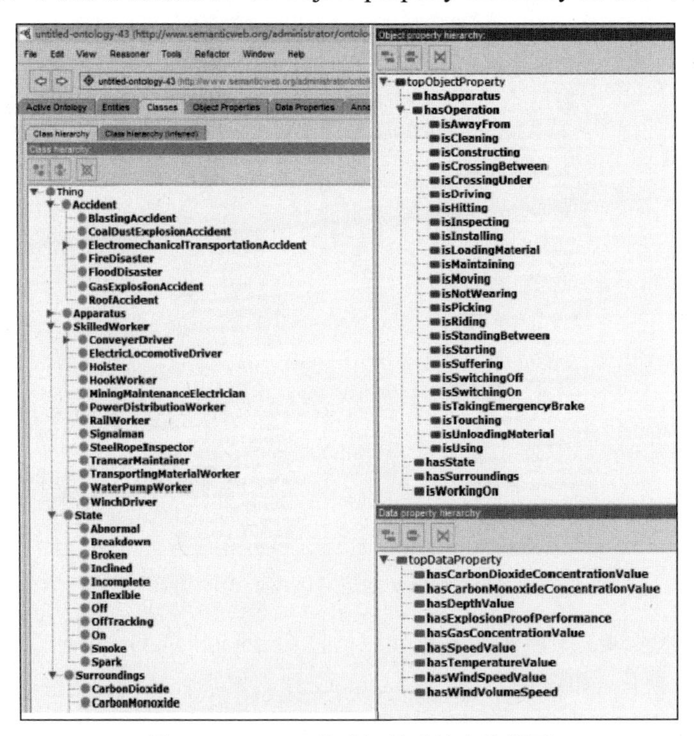

图 3.25　Protégé 构建运输系统本体界面

性及其约束类型，在 Data property hierarchy 选项卡中编辑数据属性并可设置定义域和值域的取值类型。

如图 3.26 所示，利用 OntoGraf 直观地展示了运输系统本体模型中概念间的语义关系。

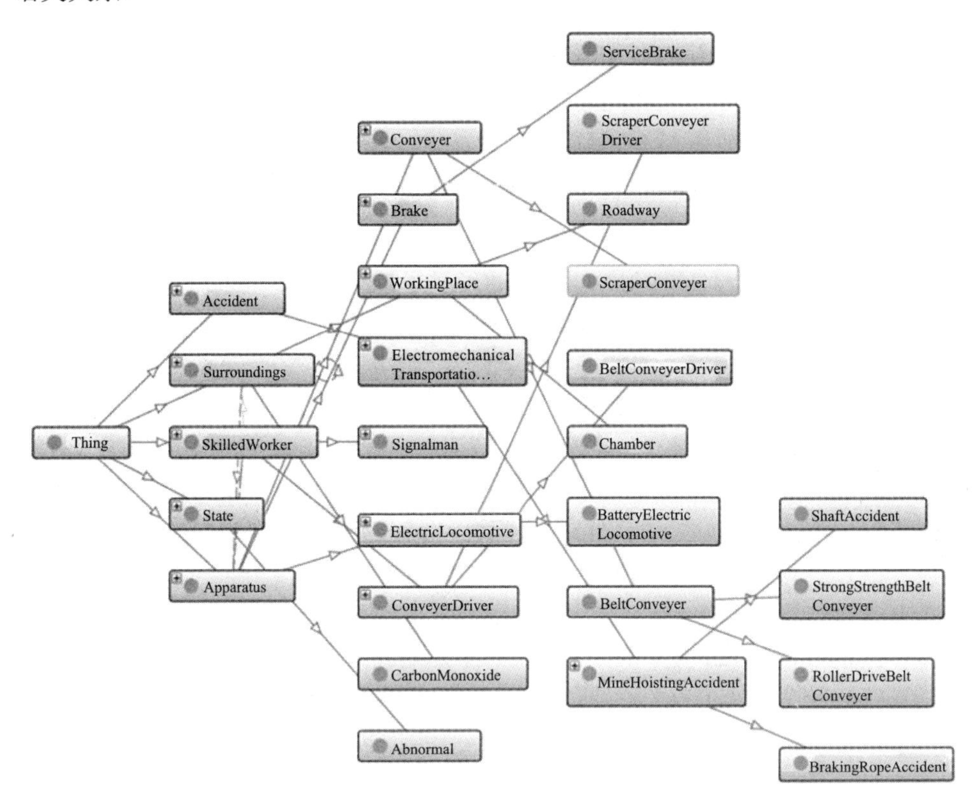

图 3.26 运输系统本体关系展示

3.4 基于 FCA 的本体半自动化构建

形式概念分析（formal concept analysis，FCA）理论，又称为概念格理论，建立在概念及其层次的数学化基础上，是一种从形式背景上进行数据分析和规则提取的工具（Acharya et al.，2016；Lee et al.，2014；Acharya et al.，2016）。形式概念分析作为一种数据分析和规则提取的工具，受到人工智能领域专家的广泛关注，目前已在软件工程、信息检索及数据挖掘等领域有了较多应用。例如，Kang 等（2012）在形式概念分析中引入粒计算思想，建立了不同粒度下概念格构造及规则提取方案。Ganter 等提出一种依据 FCA 中属性勘探技术的 OntEx（Ontology Exploration）方法（李永宾，2010）。目前，在本体自动或半自动研究方面，还没有形成一个能应用到通用本体自动化构建的工具，由于形式概念分析能弥补本体合并中出现的合并效率差及自动化程度低等问题，因此，国外许多学者通过将形式概念分析与本体相结合来提高本体构建的自动化程度及效率。例如，Obitko 等将形式概念分析用于分布式本体开发中，通过循环来不断添加概念和属性；Cimiano 等从领域文本中提取名词和动词来构造形式背景进而构造概念格；GuTao 等提出一种基于 Protégé 2000 及 FactTab 插件的推理方法；Haav 将 FCA 应用于规则推理中，实现领域本体的自动化构建（Kang et al.，2012）。Stumme 等提出一种 FCA 与本体相结合的方法，将本体中的实例及属性转换成形式背景并构造概念格（刘树鹏，2011）。Formica 等（2012）针对语义搜索中的不确定性信息，提出了一种将模糊形式概念分析法应用于本体构建的方法，能够更有效地对语义 Web 中存在的不确定信息进行检索。

国内将形式概念分析应用于本体建模的研究主要有：刘萍等（2012）构建了基于 FCA 的情报学领域本体并进行了验证；韩道军等（2016）总结了基于形式概念分析本体构建方法的优点及将其应用到领域中所面临的对对象及属性的取舍问题。邢军等（2009）提出一种将两层向量模型与模糊本体相结合的学习方法。颜时彦等（2014）将云计算和 FCA 相结合，研究了一种云环境下本体构建的新方法，对提高领域本体构建的效率及质量有很重要的意义。黄宏涛等（2015）提出一种将语义信息与 FCA 相结合的相似度计算方法，通过本体中概念的语义关系等信息来计算概念的度量精度，在本体的层次结构上计算本体语义相似度，提高了概念相似度计算的效率，避免了基于概率信息方法对语料库的依赖。

总体来说，虽然国内外对形式概念分析应用与本体构建的研究还处于起步阶段，技术还不够成熟，但其在提高本体构建的自动化程度、发现本体中的隐含知识等方面有很重要的意义，有广泛的研究前景。

3.4.1 FCA 相关理论

在 FCA 理论中，概念的外延指覆盖概念全部对象的集合，内涵指所有对象具有的共同属性集合。概念及概念间层级结构一起构成了概念格。概念格能够从本质上清晰地描述概念间的层次结构，有效地挖掘出数据中隐含的概念（Cheng et al.，2011）。下面是 FCA 的相关定义。

定义 3.1 采煤工作面的形式背景（formal context）被看成一个三元组 $K=(O, A, R)$，O 和 A 分别表示对象和属性的集合，R 表示 O 与 A 之间关系的集合。例如，表示对象 o 具有属性 a，可表示为 oRa 或$(o, a)\in R$。

定义 3.2 M 是集合 O 的一个子集，$f(M)$表示 M 中的全部对象具有的共同属性集合，用 $f(M)=\{a\in A|\forall o\in M, oRa\}$来表示。$N$ 是集合 A 的一个子集，$g(N)$表示具有 N 中属性的全部对象的集合，用 $g(N)=\{o\in O|\forall a\in N, oRa\}$来表示。

定义 3.3 形式背景（O, A, R）中形式概念（formal concept）可以看成二元

组(M, N)，其中 $M\subseteq O$，$N\subseteq A$，如果 $f(M)=N$，$g(N)=M$，则 M 是形式概念(M, N)的外延（extent），N 是形式概念(M, N)的内涵（intent）。

定义 3.4　(M_1, N_1)和(M_2, N_2)是两个形式概念，如果 $M_1\subseteq M_2$（相当于 $N_2\subseteq N_1$），则称(M_2, N_2)是(M_1, N_1)的父概念（superconcept），(M_1, N_1)是(M_2, N_2)的子概念（subconcept），记作$(M_1, N_1)\leqslant(M_2, N_2)$。按此方式构成的概念集合叫作形式背景（$O, A, R$）的概念格（concept lattice）。

3.4.2　概念格构造算法

在形式概念分析方法的应用中，概念格构造是关键环节，它不受数据形式或次序的影响。但由于概念格构造过程容易受形式背景的影响，因此，概念格的构建算法将直接影响所构造概念格的质量和效率。目前，概念格的构造算法可分为两类：批处理算法和渐进式构造算法（徐红升，2007）。

1. 批处理算法

通过批处理的方法构造概念格，主要完成两部分内容。第一步，找出形式背景中的所有形式概念，构造概念格的格节点，即概念集合；第二步，建立形式概念集合中概念间的层次关系。通过两种途径来实现：一种是首先构造所有的概念节点，接着找到全部概念间的前驱/后继关系；另一种是先构造部分概念，再将其添加到节点中。

按照概念格造格方式的不同能够将批处理算法分成 3 类：枚举算法、自上而下算法、自底向上算法。枚举算法是按次序列举格中的全部概念，然后通过 Hasse 图来展现节点间的联系；自上而下算法是先生成格的最顶层概念，然后逐层向下；自底向上算法是先生成格中的最底层概念，然后逐层向上（Rodriguez-Jimenez et al.，2016）。

2. 渐进式构造算法

批处理算法主要用于从静态的形式背景中生成概念格。但在实际应用过程中，形式背景是不断变化的。为了满足这种需求，渐进式算法应运而生。它的基本思想是：将目前要插入的概念与格中的概念作交集，按照交集的不同进行操作。最典型的渐进式构造算法是 Godin 算法（Shen et al.，2012；李拓，2008）。

该算法描述为：给定一个形式背景 $K=(O, A, R)$所对应的概念格 L 和新添对象 o^*，求新形式背景 $K^*=(O\cup o^*, B, R)$对应的概念格 L^*。假设新增加的对象为 o^*，其对应的属性为 $f(o^*)$，初始的概念格中的概念为 $X=(M, N)$，将 $f(o^*)$与 X 中的 N 作交集，根据其结果的不同执行不同的操作：①若 $f(o^*)$和 N 没有交集，$X=(M, N)$的内涵及外延都不变；②若 $f(o^*)$和 N 产生的交集是 N，即 $N\subseteq f(o^*)$，则将 M 更新为 $M=M\cup o^*$，概念 X 更新为 $X=(M\cup o^*, N)$；③若 $f(o^*)$和 N 的交集和 L 中概念所具有的内涵都不相同，则生成新的概念 $X'=(M\cup o^*, f(o^*)\cap N)$。

3.4.3 FCA 在领域本体构建中的应用

虽然目前有许多专家致力于研究如何通过将 FCA 与本体相结合来实现本体的自动或半自动化构建，但目前这些研究还处于起步阶段，各种技术还不成熟，下面介绍已有的 FCA 用于本体构建的方法。

1. Cimiano 方法

该方法的思想是：通过自然语言解析器从文本句子中得到一颗语法树，由语法树得到动词与宾语间的依赖关系，接着生成形式背景，再转换成概念格，最后通过映射规则把构造的概念格映射为本体，映射过程为：①将形式概念映射成本体中的概念，并根据外延和内涵对本体概念进行命名；②将概念格中的最底层节点删除；③为每个概念节点添加实例。

2. GuTao 方法

该方法的步骤为：①通过人工方式或结合自然语言处理技术从文本中获得概念及属性；②通过 Protégé 2000 进行本体建模，用 classes、slots 及 facets 分别代表概念、属性及约束；③通过 FcaTab 将形式背景转换为概念格要求的输入形式；④使用 ConExp 构造概念格并将其中的概念及关系添加到本体中，重复步骤③和步骤④直到本体完善。

3. Haav 方法

Haav 提出一种将 FCA 与基于规则的语言相结合的方法，步骤为：①从给定数据中获取形式背景；②将形式背景转换成概念格，将其作为初始本体；③形式化地描述本体；④在本体中添加公理与属性约束；⑤通过本体自带的 FaCT++检测本体一致性。

4. Obitko 方法

Marek Obitko 提出方法的思想是：概念由属性描述；属性决定概念的层次结构；当概念的属性完全相同时，它们属于同一个概念。具体步骤为：①从空概念开始；②研究者将对象与属性添加到形式背景中；③构造概念格；④用户根据自身需求添加、修改或删除本体中的类和属性；⑤重复上述过程至设计者满意。

已有的 FCA 用于本体构建的方法比较如表 3.2 所示。

表 3.2　已有的 FCA 用于本体构建的方法比较

方法	概念和关系获取方式	概念格向本体的转换	本体表示	优点	缺点
Cimiano	NLP	手工	格	能够实现本体的自动构建，易于本体更新	概念的分类很单一
GuTao	NLP/手动	半自动	Protégé 模型	自带的 FcaTab 插件能自动地从概念中获得形式背景	必须将属性的多值关系转换成单值关系才能使用 FcaTab 插件
Haav	NLP	半自动	格	自动化程度较高，易于实现本体的表述和推理	需要对构造概念格中的概念进行命名，并将概念和领域文档作映射
Obitko	NLP/手动	手工	三元组	能够根据属性进行分类，克服了分类中存在的一些问题	添加和删除概念及属性需要不断迭代，过程不好掌握

3.4.4　基于 FCA 的动态本体构建方法

针对煤矿的特质，给出了一种基于 FCA 的本体半自动化构建方法（ontology construction based on FCA，OCFCA）。该方法的基本原理是：首先将煤矿的相关知识抽象成本体中的类、属性及实例，构建一个能代表煤矿知识的初始本体，然后结合不断更新的煤矿信息形成形式背景（形式背景的构建过程只考虑对象及其属性，与具体的数值无关），通过概念格将本体可视化，从而发现本体中潜在的对象及属性，最后将所有的概念及概念间的关系映射为本体主干，实现本体的完善。本体半自动化构建方法 COFCA 的结构如图 3.27 所示。

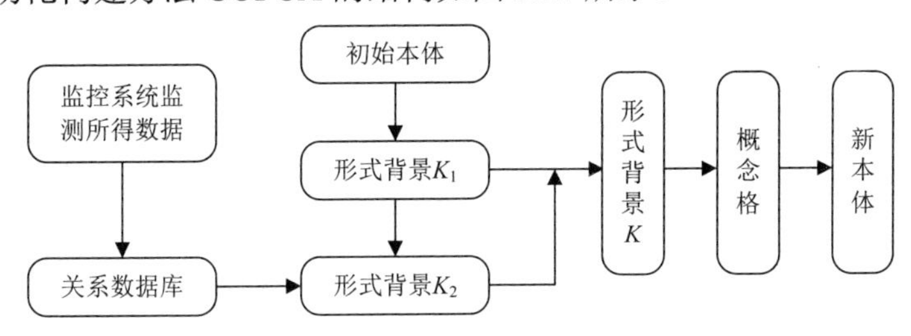

图 3.27　本体半自动化构建方法 COFCA 的结构

本体半自动化构建方法 COFCA 主要分为 3 部分：初始本体模型的构建、获取煤矿知识信息及本体更新。

1. 初始本体模型的构建

目前，利用形式概念分析技术自动生成本体的技术还不成熟，生成的本体不能全面地包括领域中的类及关系，因而会影响本体的性能。首先构建一个初始本体，为后续本体更新打基础。初始本体是本体构建的关键，因此，需要依据现有煤矿领域中的安全规程等相关的信息，抽象成本体模型中的类、属性、实例及联系等。结合七步法与骨架法来构建煤矿初始本体模型。

2. 获取煤矿知识信息

该部分内容主要是为了使构建的本体适应不断变化的矿井信息，主要通过井下监控系统对煤矿安全生产中的各种参数及状态进行监测，从而保护采掘、通风、运输及排水等重要环节的安全运行。监控系统主要包括对井下环境的监测、对煤矿设备的监控及对人员的监测，目的是为了保障井下设备及矿工的人身安全。

3. 本体更新

构建的初始本体是静态本体，为了满足用户的需求，需要对本体进行更新，形式背景是形式概念分析的基础，因此，形式背景应该包含领域的主要知识。通过将形式背景转化成概念格来将本体可视化，发现潜在的类及属性，将其转换成本体概念的层级关系。

在形式背景转化成概念格的过程中，借助辽宁科技大学的马垣教授研发的一个形式概念分析的工具，语言工具可手动输入形式背景或者从 Excel 表格直接导入形式背景，然后根据输入的形式背景计算外延、内涵及复杂度等，并能根据概念格造格算法构造出概念格，通过 Hasse 图实现本体可视化，展现概念间的层次结构，主要利用该工具构造形式背景及其所提供的经典概念格算法来构造概念格。该工具的界面如图 3.28 所示。

彩图 3.28

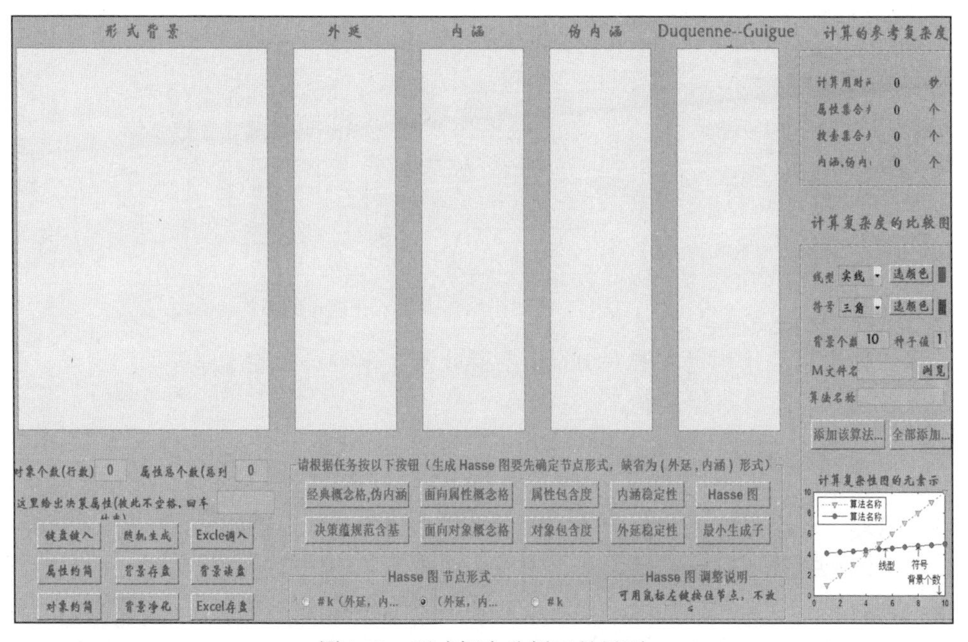

图 3.28　形式概念分析工具界面

3.4.5　煤矿动态本体构建的实现

通过分析煤矿领域本体构建流程及确定应用形式概念分析技术来更新本体的技术路线，利用所研究的本体构建方法，完成煤矿的动态本体构建。构建过程主要是按照初始本体模型的构建及本体更新这两部分来完成。首先，采用七步法和骨架法完成初始本体模型的构建；其次，利用本体半自动化构建方法 COFCA 实现本体更新。具体步骤如下。

1. 初始本体模型的构建

根据第 2 章中对本体描述语言的分析比较，OWL 相比其他描述语言具有优势。因此，选择 Protégé 4.3 作为采煤工作面本体建模工具，并将其与 OWL 描述语言相结合来构建初始本体模型。

2. 获取煤矿知识信息

利用井下环境及设备等监控系统监测出煤矿井下生产过程中的瓦斯、二氧化碳等气体浓度及温度、设备状态、人员位置等信息，抽象出其中的对象及属性，作为有用信息存储到关系数据库中，经过分析整理转换成形式背景，作为本体更新的基础。

3. 本体更新

该部分主要分为以下几步：①将初始本体转化成形式背景 $K_1=(O_1, A_1, R_1)$；②将监控系统监测到的煤矿信息存储到关系数据库中，然后转换成另一个形式背景 $K_2=(O_2, A_2, R_2)$；③将两个形式背景合并成一个形式背景 $K=(O, A, R)$，完成知识的合并更新；④将合并后的形式背景转化成概念格将本体可视化；⑤最后将概念格与原有本体做对比，将新增的类、属性和关系等添加到本体中，完成对本体的更新。下面举例来说明本体更新的过程（由于本体中包含的类及属性较多，因此，在形式背景构造的过程中结合人工方式选择具有代表性的部分类及属性，且选择的类的属性相互之间要具有区分性）。

（1）以煤矿灾害类为例

假设构建的初始本体中的灾害类（CoalDamage）包含爆炸事故类（ExplosionsDamage）和矿井水害类（MineFloodDamage），爆炸事故类（ExplosionsDamage）包含矿井瓦斯灾害类（MineGasDamage）和矿尘灾害类（MineDustDamage），构建的初始本体如图 3.29 所示。

提取出初始本体中的所有灾害类的子类及所对应的属性，将其转化为形式背景，如表 3.3 所示（√表示某个对象具有其对应的属性）。

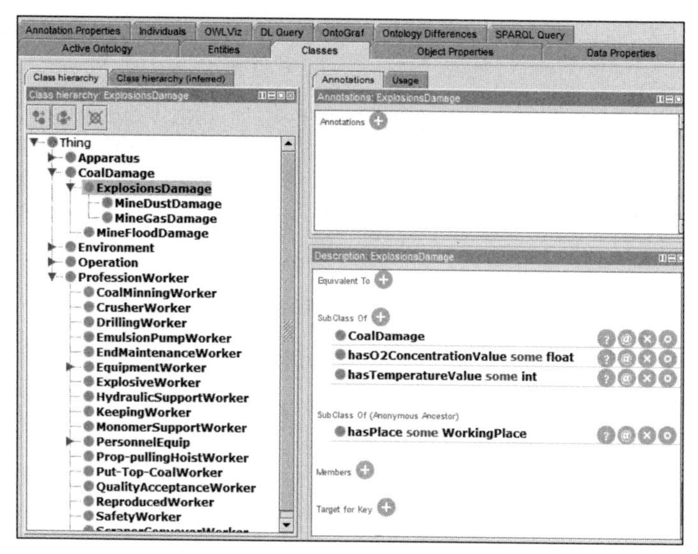

图 3.29　初始本体模型

表 3.3　初始本体的部分形式背景

煤矿灾害类的子类	煤矿灾害类的子类对应的属性					
	发生地点	瓦斯浓度	温度	涌水量	煤尘浓度	氧气浓度
矿井瓦斯	√	√	√			√
矿井水害	√			√		
矿尘	√		√		√	√

使用监控系统检测到某地发生机电事故及矿井火灾事故，将具体信息存储到关系数据库中，并转换成形式背景，如表 3.4 所示。

表 3.4　数据库表转换成的部分形式背景

煤矿灾害类的子类	煤矿灾害类的子类对应的属性				
	发生地点	温度	火源	氧气浓度	设备状态
机电事故	√				√
矿井火灾	√	√	√	√	

合并后的形式背景如表 3.5 所示。

表 3.5　合并后的形式背景

煤矿灾害类的子类	煤矿灾害类的子类对应的属性							
	发生地点	瓦斯浓度	温度	火源	涌水量	煤尘浓度	氧气浓度	设备状态
矿井瓦斯	√	√	√				√	

续表

煤矿灾害类的子类	煤矿灾害类的子类对应的属性							
	发生地点	瓦斯浓度	温度	火源	涌水量	煤尘浓度	氧气浓度	设备状态
矿井水害	√				√			
矿尘	√		√			√	√	
机电事故	√							√
矿井火灾	√		√	√			√	

为了便于造格，需要将表 3.5 进行转换以适应形式概念分析工具的数据形式，如图 3.30 所示（其中 1～5 行分别代表矿井瓦斯、矿井水害、矿尘、机电事故、矿井火灾；a～h 列分别代表发生地点、瓦斯浓度、温度、火源、涌水量、煤尘、氧气浓度、设备状态，行列交叉部分 1 代表该对象具有该属性，0 代表该对象不具有该属性），并将其保存到 Excel 表格中以便下次使用时直接调用。

形 式 背 景

	a	b	c	d	e	f	g	h
1	1	1	1	0	0	0	1	0
2	1	0	0	0	1	0	0	0
3	1	0	1	0	0	1	1	0
4	1	0	0	0	0	0	0	1
5	1	0	1	1	0	0	1	0

图 3.30　表 3.5 转换后的形式背景

构造成概念格，如图 3.31 所示。

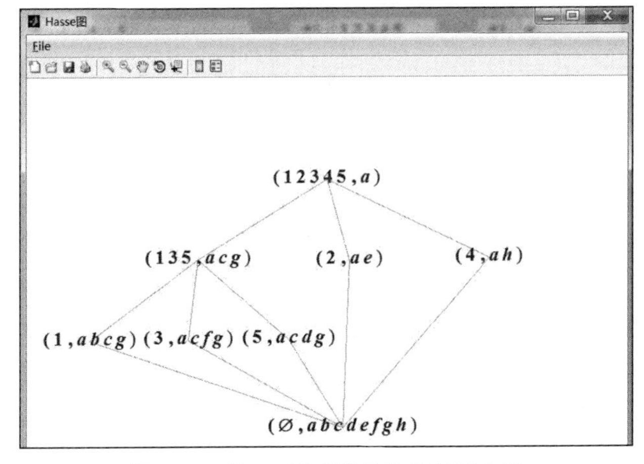

图 3.31　表 3.5 形式背景构造的概念格

将形成的概念格去掉最底层节点后与初始本体进行比较，将概念格的外延映射为本体中的类，内涵映射为本体中的属性。从图 3.31 中可以看出机电事故类（MechianicalAndElectricalDamage）不包含在任何原有类中，将其作为 CoalDamage 的子类，矿井火灾类（MineFireDamage）包含在 ExplosionsDamage 中，但与 MineGasDamage 和 MineDustDamage 不同，将其作为 ExplosionsDamage 的一个新子类。最后将 MechianicalAndElectricalDamage 与 MineFireDamage 的属性一起添加到本体中，完成对初始本体的更新，从而形成了一个新的本体，如图 3.32 所示。

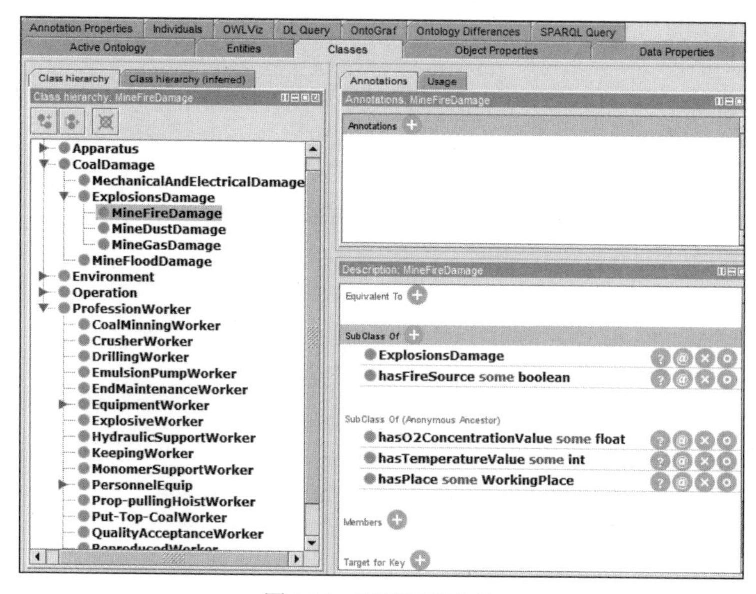

图 3.32　更新后的本体

（2）以整体类为例

由于初始本体已建好，这里不再赘述。假设监控系统检测到采煤机司机在使用单滚筒采煤机进行采煤的工作过程中，二氧化碳浓度为 0.25%，同上将信息存储到关系数据库中后转换成形式背景，形式背景都按图 3.30 的格式构建，如表 3.6 所示。

表 3.6　数据库表转换成的部分形式背景

属性	形式背景							
	使用采煤机	使用设备	一个滚筒	生产厂家	设备规格	用于采煤	二氧化碳浓度	是气体
采煤机司机	√	√						
单滚筒采煤机			√	√	√	√		
二氧化碳							√	√

上述信息涉及本体中的 3 个大类，即设备（Apparatus）、工作环境（Environment）、

作业人员（ProfessionWorker）类，选取初始本体中具有代表性的部分对象及属性转化成形式背景，如表 3.7 所示。

表 3.7　部分初始本体转换成的形式背景

属性	形式背景											
	使用煤电钻	用于采煤	无注水装置	有注水装置	两个滚筒	瓦斯浓度	用于钻眼	二氧化碳浓度	是气体	生产厂家	设备规格	使用设备
钻眼工	√											√
干式煤电钻			√				√			√	√	
湿式煤电钻				√			√			√	√	
双滚筒采煤机		√			√					√	√	
瓦斯						√			√			
二氧化碳								√	√			

合并后的形式背景如表 3.8 所示。

表 3.8　合并后的形式背景

属性	形式背景													
	使用采煤机	使用煤电钻	使用设备	生产厂家	设备规格	用于钻眼	用于采煤	二氧化碳浓度	是气体	一个滚筒	两个滚筒	无注水装置	有注水装置	瓦斯浓度
采煤机司机	√		√											
单滚筒采煤机				√	√		√			√				
二氧化碳 1								√	√					
钻眼工		√	√											
干式煤电钻				√	√	√						√		
湿式煤电钻				√	√	√							√	
双滚筒采煤机				√	√		√				√			
瓦斯									√					√
二氧化碳 2								√	√					

表 3.6 和表 3.7 中都含有二氧化碳，但在形式背景的合并过程中可以不进行筛选与判断，因此将表 3.6 中的二氧化碳标记为二氧化碳 1，表 3.7 中的二氧化碳标记为二氧化碳 2。同上将表 3.8 转换成图 3.30 所示的 0/1 矩阵形式，行和列分别用数字和字母表示，并存储到 Excel 表中，如图 3.33 所示（由于形式背景较大，后面未显示的属性可以通过滚条来显示）。

构造成概念格，如图 3.34 所示。

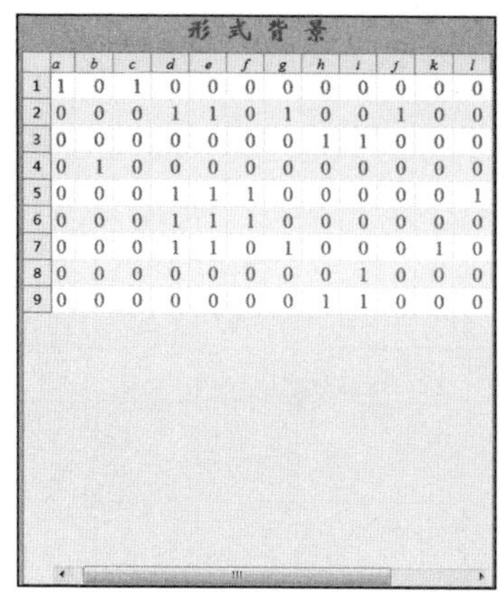

形式背景

	a	b	c	d	e	f	g	h	i	j	k	l
1	1	0	1	0	0	0	0	0	0	0	0	0
2	0	0	0	1	1	0	1	0	0	1	0	0
3	0	0	0	0	0	0	0	1	1	0	0	0
4	0	1	0	0	0	0	0	0	0	0	0	0
5	0	0	0	1	1	1	0	0	0	0	0	1
6	0	0	0	1	1	1	0	0	0	0	0	0
7	0	0	0	1	1	0	1	0	0	0	1	0
8	0	0	0	0	0	0	0	0	1	0	0	0
9	0	0	0	0	0	0	0	1	1	0	0	0

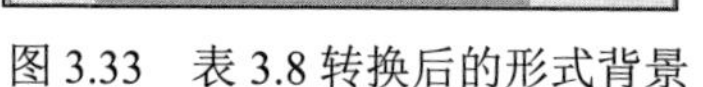

图 3.33　表 3.8 转换后的形式背景

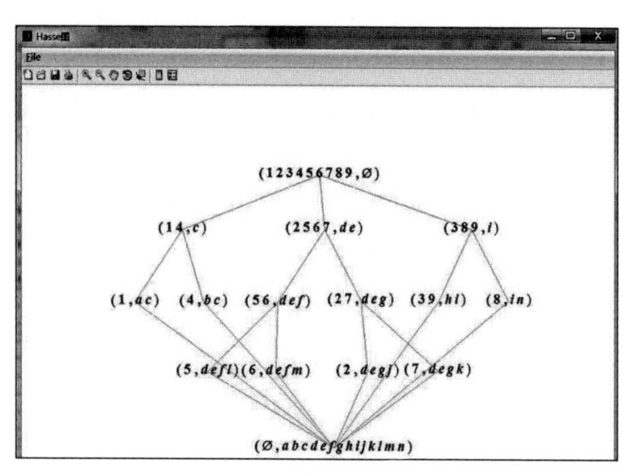

图 3.34　表 3.8 形式背景构造的概念格

从上面实验结果可以看到，构造概念格的过程中，会根据属性自动将概念进行分类，对于属性完全相同的概念被认为是同一个概念（如二氧化碳 1 和二氧化碳 2），专家可以根据这种情况删除或合并重复的概念。

在 COFCA 方法的帮助下，通过将构造的概念格的外延和内涵映射成本体中的类和属性，构造了一个新的本体模型，减少了人工的参与。从图 3.31 和图 3.34 中可以看出，构造出的概念格清晰地表达了本体概念的层次结构，根据节点的位置和连线关系可以客观地判断出概念间的层级关系和隐含关系，提高了本体构建的自动化程度及效率。

因此，本章提出的 COFCA 方法的主要优势是：①能够提高本体构建的自动化程度，通过将监控系统获得的不断变化的数据转换成形式背景，进而构造出概念格，利用映射规则将新增信息添加到本体中实现本体的更新；②概念格层次结构清晰，可以帮助本体构建人员修改本体中概念的分层情况，使本体更容易被用户理解；③本体中的概念以英文命名，在人工构造过程中可能出现不同名却同义的概念，而概念格的构造过程是根据属性来确定的，当两个概念的属性完全相同时才认为它们是同一概念，对本体的一致性检测及消除本体概念的重复率都有很大帮助。

3.5　基于语义相似度的本体概念更新

本体能够有效地处理领域知识的难以描述、共享、重用等问题，因此在各领域得到了普及。但本体发展中也面临着一些阻碍，本体的构建主要依赖于人为构建，并且资源有限，导致本体在构建过程中可能出错或丢失一部分实体及关系（Saia et al.，2016）。此外，在现实生活中，领域中的知识并不是一成不变的。随着信息的不断变化，已经构建好的本体也要进行及时的变更以满足用户对其的需求（Liu et al.，2013）。本体更新意味着本体中缺乏某些概念，为了使本体得到最大程度的利用，本体应尽可能地包含该领域的全部实体和关系。在本体概念更新的研究中，很多学者都着重研究概念的抽取，而对于新增概念和本体已有概念之间的语义关系研究较少。

目前，本体更新时添加新概念的方法大致可分为依靠专家人为添加或利用算法自动添加，人工添加的方法效率低且容易出错（Ngom et al.，2016）。为了减少对领域专家的人为依赖，促进本体应用领域的信息化、自动化建设，有学者提出通过计算概念间的语义相似度完成新概念的添加，从而实现本体更新。如周运等（2011）通过建立关键词-文档矩阵，然后计算关键词和本体概念间的欧式距离。利用欧式距离反映概念间的相似度，将有最高相似度值的关键词插入到本体中，完成本体新概念的添加。知网作为一种典型的中文语义词典，已经被广泛用于语义相关度计算的研究中。知网中描述语义的基本单位是义原，主要通过计算义原相关度和义原关联度来获取概念间的语义相关度。如张硕望等（2017）提出了一种利用知网和搜索引擎相结合的方法，来计算概念之间的语义相似度，充分考虑了知网严谨的体系结构及搜索引擎不断更新的优良特性。WordNet 作为一种语义资源，也被广泛应用于度量概念间的语义相似度，并且主要用于解决英文本体更新中概念相似度的度量问题，适用于本书所构建的本体。最早一批使用 WordNet 语义资源的是于 1985 年由普林斯顿大学认识科学实验室在心理学教授 Miller 的指导下建立的一个知识工程，是一个基于英文的词汇语义网络系统（Miller，2002）。WordNet 根据词汇之间的语义关系将词汇组织起来，为每一个术语提供了一种层次结构，相当于一个巨大的词汇网络，适用于度量语义相似度。本章将借助于 WordNet 语义词典给出一种改进的综合多因素的相似度计算模型，并在分析研究改进相似度算法的基础上，给出了一种本体概念更新方法。

3.5.1　WordNet 简介

WordNet 是基于认知语言学，并且被广泛使用的大型英文词汇数据库，几乎涵盖了各领域内所有的概念及关系。其中主要包括 3 个数据库，分别为名词库、动词库、形容词和副词库（Taieb et al.，2014）。

与传统词典有所不同，WordNet 按照词义将不同的词汇以集合的形式组织起来，采用同义词集合的形式表示特定语义概念。并且针对每一个同义词集都有一个简短的词义描述及该同义词集存在的语义关系记录（Bijaksana et al.，2016）。如名词 person 的第一个词义用如下同义词集表示：{person, individual, someone, somebody, mortal, soul}，在该集合中所有词汇都具有同一个含义。同上，person 的所有同义词集构成了其所能表达的全部词义。

WordNet 将同义词集按照上下位、整体与部分、同义、反义、因果、近似、蕴涵等语义关系连接起来，形成树状或网状结构。所谓上下位关系，即 is-a 关系或 kind-of 关系，是概念之间最基本的语义关系，用来体现概念间的层次（张思琪，2016）。如 carrot is a kind of vegetable，则称 carrot 是 vegetable 的下位概念，vegetable 是 carrot 的上位概念。整体与部分关系也属于常见的语义关系，被称为 part-of 关系，如 keyboard is a part of computer，即 keyboard 属于 computer 的一部分，其中 keyboard 被称为部分词，computer 为整体词。同义关系属于同义词集合内部的关系，集合内的词汇互为同义词。反义关系主要用于副词或形容词之间。

本书所使用的 WordNet 2.1 版中共有 155 327 个独立词汇和 117 597 个概念，其中名词形式的词汇有 117 097 个，同义词集为 81 426 个，分别占总量的 70%左右（Wei et al.，2015）。WordNet 2.1 版是基于 Windows 系统上的最新版本，该版本的各数据统计如表 3.9 所示。

表 3.9　WordNet 2.1 版的数据统计

词性	同义词集合/个	单词数目/个	单词-概念对数目/个
名词	81 426	117 097	145 104
动词	13 650	11 488	24 890
形容词	18 877	22 141	31 302
副词	3 644	4 601	5 720
总数	117 597	155 327	207 016

3.5.2　传统的相似度算法

语义相似度可以被理解为两个术语在分类体系中的相近程度，是判断概念间关系的重要依据，可根据给定本体的分类体系计算两个概念间的语义距离或者利用大型语料库统计共现率来度量概念间的语义相似度（王栋等，2009）。通常参照具有一定分类体系的通用本体，如 WordNet、MeSH、SNOMED CT，用一个数值定量表示相似度。WordNet 是目前使用最广且最大的英文词汇本体，国内外许多学者依据 WordNet 提出了大量相似度算法，大致分为 4 类，即基于路径、基于信息量、基于特征、基于多因素（贺元香等，2013；张思琪等，2017；Gao，2015）。

1. 基于路径的算法

基于路径的基本思想是考虑两个概念在分类树中的位置，并利用一个关于二者路径距离的函数来定义相似度（张沪寅等，2015）。Rada 把本体看成有向图，概念间主要通过 is-a 关系相互关联（Rada et al.，1989）。一个简单的相似度度量方法就是计算概念在本体中基于 is-a 关系的最短距离，通过计算距离的倒数得到语义相似度，概念间的距离越远，相似度则越低，语义距离定义为

$$\mathrm{Dis}_{\mathrm{Rada}}(c_1,c_2)=\min\left|\mathrm{path}(c_1,c_2)\right|=\mathrm{len}(c_1,c_2) \tag{3.2}$$

Hao 等（2011）提出从概念间的距离和深度两个角度计算相似度，但无法区分最小公共父类处于同一层次的概念对之间的相似度，降低了算法的准确性。Wu 等（1994）考虑了最小公共父节点的深度，针对 Rada 的方法作出了进一步改进，提高了算法结果的准确性。相似度计算公式定义为

$$\mathrm{Sim}_{\mathrm{Wu}}(c_1,c_2)=\frac{2H}{H_1+H_2+2H} \tag{3.3}$$

式中，H 表示最小公共父节点在层次树中所处的深度；H_1、H_2 分别为两个概念到最小公共父节点的最短距离。

2. 基于信息量的算法

基于信息量的算法是 Resnik 于 1999 年提出的，通过统计概念及其下义词在语料库中出现的频率来表征概念的信息量，概念出现的次数越高，所拥有的信息量则越少（Resnik，1999）。为了克服基于语料库计算信息量可能出现的数据稀疏等问题，Seco、Sánchez 等提出基于本体结构的内在 IC 计算模型，他们认为越具体的概念信息量越高（Seco et al.，2004；Sánchez et al.，2011）。对于两个给定的概念，Resnik 认为相似度主要取决于二者共享信息的程度，共享的信息越多越相似，可以通过式（3.4）计算两个概念的相似度。

$$\mathrm{Sim}_{\mathrm{Resnik}}(c_1,c_2)=\mathrm{IC}[\mathrm{LCS}(c_1,c_2)] \tag{3.4}$$

$\mathrm{LCS}(c_1, c_2)$为 c_1、c_2 的最小公共父节点；$\mathrm{IC}(c)$用来计算概念 c 拥有的信息量。

1998 年，Lin 对 Resnik 提出的基于信息量的方法进行了改进，Lin 认为概念间的相似度不仅取决于二者共享的信息量，还和概念本身所携带的信息量有关（Lin，1998），计算公式为

$$\mathrm{Sim}_{\mathrm{Lin}}(c_1,c_2)=\frac{2\mathrm{IC}[\mathrm{LCS}(c_1,c_2)]}{\mathrm{IC}(c_1)+\mathrm{IC}(c_2)} \tag{3.5}$$

Jiang 等（1997）将概念间的距离计算转换为信息量的计算，提出了通过计算信息量表征语义距离，再利用距离的倒数来映射语义相似度，语义距离定义为

$$\mathrm{Dis}_{\mathrm{Jiang}}(c_1,c_2)=\mathrm{IC}(c_1)+\mathrm{IC}(c_2)-2\mathrm{IC}[\mathrm{LCS}(c_1,c_2)] \tag{3.6}$$

3. 基于特征的算法

基于特征的算法是假设采用一组特征描述一个概念，概念的相似度通过考虑两个概念所共同具有的特征来度量。二者拥有的共同特征越多，不同特征越少，二者越相似。特征集的定义至关重要，它包括本体中可以获取到的信息，如同义词集、概念定义、概念间的关系等（Zhu et al.，2016）。有学者提出一种综合概念关系类型、强度、信息量、节点密度等多个因素的计算模型，相似度计算的准确性虽有一定提高，但计算复杂性过高（吕欢欢等，2013）。Tversky（1977）用一个非对称函数评估概念间的语义相似度，公式定义为

$$\mathrm{Sim}_{\mathrm{Tversky}}(c_1,c_2)=\frac{|\psi(c_1)\cap\psi(c_2)|}{|\psi(c_1)\cap\psi(c_2)|+k|\psi(c_1)/\psi(c_2)|+(k-1)|\psi(c_2)/\psi(c_1)|}\tag{3.7}$$

式中，$\psi(c_1)$，$\psi(c_2)$分别对应概念 c_1 和 c_2 的特征描述集；k 是调整因子，取值为[0, 1]。

4. 基于多因素的混合算法

基于多因素的混合算法综合考虑了影响相似度计算的多种结构化因素，如路径长度、深度、局部密度等（郑志蕴，2016）。有学者根据概念各自所处的层次及概念本身的属性综合度量相似度，但忽略了对概念之间层次结构的考虑（Abdul-Ghafour et al.，2014）。Zhou 等（2008）综合了前人在基于信息量和基于路径方法基础上的研究成果，提出了一种混合算法，提高了计算结果的准确性。相似度计算公式为

$$\begin{aligned}\mathrm{Sim}_{\mathrm{Zhou}}(c_1,c_2)=1-k\left\{\frac{\log[\mathrm{len}(c_1,c_2)+1]}{\log[2(\mathrm{depth\_max})-1]}\right\}\\-(1-k)\{[\mathrm{IC}(c_1)+\mathrm{IC}(c_2)-2\mathrm{IC}(\mathrm{LCS}(c_1,c_2))]/2\}\end{aligned}\tag{3.8}$$

式中，k 是一个调整参数，用来控制各部分的贡献度。

目前，基于距离的相似度算法主要依据概念之间的距离或深度计算相似度，计算模型简单但考虑因素过于单一。基于信息量的方法通过语料库引入了概念的语义信息，但忽略了概念的层次信息，且不同的语料库计算结果可能不同。基于特征的方法考虑了概念共同拥有的特征，忽略了二者在本体树中的层次结构与特征的计算相对复杂。近年来，混合算法逐渐引起许多学者的重视，为了得到更为精确的计算结果，综合考虑了多种影响因子，但在算法性能及效率方面难以达到平衡。

以上语义相似度计算模型只着重考虑了概念间的层次结构或者概念所拥有的信息量，未能将二者有效融合起来，从而导致一些有用信息的丢失，在一定程度上影响了算法结果的准确度。接下来将借助于 WordNet 语义词典给出一种改进综合多因素的相似度计算模型。

3.5.3　基于 WordNet 的改进相似度计算

传统的基于路径、深度的相似度算法计算过程比较直观，复杂性低，并且依赖于预先构建好的概念间的层次网络图，有关相似度计算的影响因素考虑较少，导致计算结果出现偏差。基于信息量的相似度算法在理论上相对完善，但忽略了概念的层次信息，同时依赖于语料库中的统计信息，数据稀疏问题较严重。针对传统的相似度算法所存在的一些缺陷，将依据 WordNet 的分类体系结构及一些统计信息，在基于路径的算法基础上，给出一种改进的相似度算法。

图 3.35 是 WordNet 概念分类体系中的一个片断，图中每个节点代表一个同义词集合，即概念。WordNet 根据概念的词义信息将所有概念按照树状结构组织起

来，使概念之间具有一定的语义联系，利用其中的层次结构能够有效度量概念之间的相似度。概念之间的语义关系通过一个有向箭头连接表示，箭尾对应上位概念，箭头对应下位概念。下位概念继承了上位概念的全部特征，但又具有自身特有的性质，使其区分于其上位概念及兄弟概念。

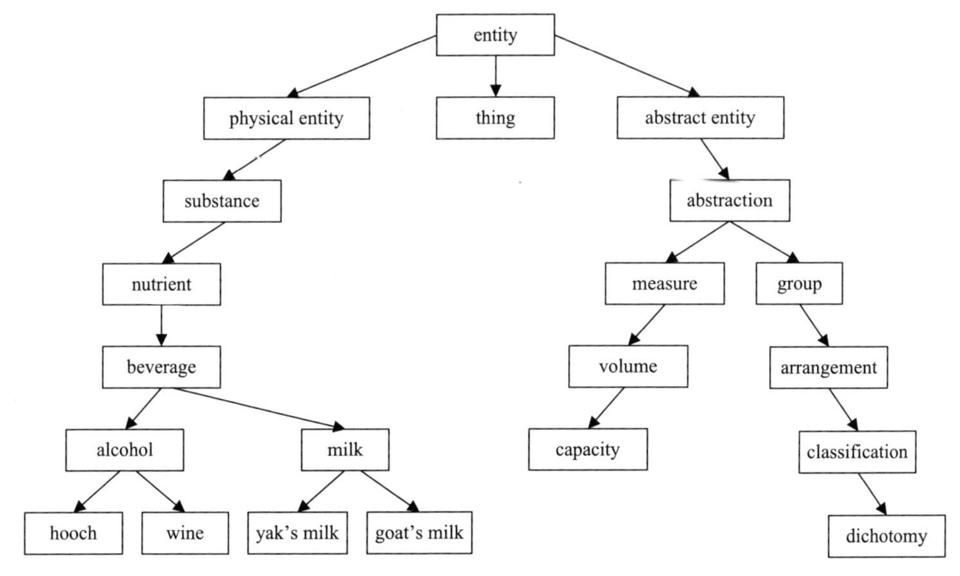

图 3.35　WordNet 分类片断

基于 WordNet 的相似度计算通过 WordNet 的分类结构或概念统计信息映射得到一个数值，以此表示概念之间的语义相似度。接下来参照图 3.35 中的分类片断，具体计算一些概念对实例的相似度，进一步比较分析传统的基于路径、基于深度、基于信息量及混合相似度计算所存在的问题。例如，对于概念对（yak's milk, goats' milk）和（yak's milk, wine），yak's milk 和 goats' milk 都属于 milk，而 wine 属于 alcohol，实际应用中就要求 Sim(yak's milk, goats' milk)>Sim(yak's milk, wine)，但是对于 Rada、Leacock 等只考虑路径因素的相似度算法得出的结果却是相等的（Leacock et al.，1998）。同样地，计算 Sim(milk, alcohol)和 Sim(yak's milk, goats' milk)，Sim(hooch, wine)，由于最短路径都为 2，得到的相似度值也一样。Wu 等尝试利用概念的深度解决这种缺陷。Wu 认为在分类体系中，下层结点比上层结点更具体、更详细，因此处于较大深度的下层概念对相似度也越大，从图 3.35 中可看出 hooch、wine 作为 alcohol 的子概念，所处位置更深，因此，Sim(hooch, wine)>Sim(milk, alcohol)。尽管考虑节点深度，算法的性能有所提高，但是对于许多处于同一层次的概念，算法仍会失效，如计算 Sim(yak's milk, goats' milk)和 Sim(hooch, wine)。为了解决同等路径和深度所引起的算法失效问题，Resnik、Lin、Jiang 等引入了概念的信息量，每个概念都具有各自的信息量，如 milk 的信息量为 9.296，alcohol 的信息量为 7.91。利用信息量计算相似度，算法思想是概念拥有的相同信息越多越相似，有学者通过计算两个概念的最小公共父节点所携带的信息量来反应二者的相似度，所以 Sim(yak's milk, goats' milk)<Sim(hooch, wine)。但是对于概念对（goats' milk, hooch）和（milk, alcohol）的最小公共父节点都是 beverage，基于 Resnik 的方法得到的结果仍是相同的。Lin、Jiang 等进一步考虑概念自身所携带的信息量，避免了 Resnik 方法的缺陷，但却没有利用概念分类体系中最有效的距离信息及层次信息。对于最小公共父节点都为根节点 entity 的概念对，Resnik、Lin 方法得到的相似度值都为 0，如 Sim(beverage, dichotomy)、Sim(beverage, capacity)。

通过以上对传统语义相似度算法的优劣性分析，在基于路径的相似度算法的基础上，充分考虑 WordNet 本体结构特征，利用信息量和深度弥补只考虑路径信息所带来的缺陷和局限，给出了一种结合路径距离、深度及信息量的混合算法。相似度算法的计算模型定义为

$$\mathrm{Sim}_{\mathrm{stru}}(c_1,c_2)=\frac{1}{1+\mathrm{len}(c_1,c_2)\dfrac{\mathrm{depth}(c_1)+\mathrm{depth}(c_2)}{2\,\mathrm{depth}[\mathrm{LCS}(c_1,c_2)]}\mathrm{e}^{-\alpha\{\mathrm{IC}[\mathrm{LCS}(c_1,c_2)]\}}} \tag{3.9}$$

式中，α 为调整因子，取值为[0, 1]，α 的值可通过多次实验确定；$\mathrm{LCS}(c_1, c_2)$为 c_1 和 c_2 的最小公共父节点，$\mathrm{IC}(c)$用来计算概念 c 拥有的信息量。

改进后相似度算法的核心是利用概念间的最短路径及各自的深度信息表征二者之间的区别，同时又利用最小公共父节点的深度和信息量作为二者的共性表示。从而避免了不同概念对距离、深度相同时所导致的相似度值相等的问题，比如，距离相同的概念对（milk, alcohol）、（yak's milk, goats' milk）、（hooch, wine）不会得到同样的相似度值。当概念间的距离相等时，若二者共享的信息越多则越相似。改进后的算法通过将层次信息和信息量二者结合起来，保留了 WordNet 的结构信息和层次信息，概念对越具体、距离越近、信息量越高的概念，相似度值越大，避免了基于路径或基于信息量所带来的缺陷，有利于提高计算结果的准确性。

3.5.4　基于改进相似度算法的本体更新方法

与 WordNet 分类体系中的概念不同，本体中的概念一般都有属性描述。属性特征提供了一定程度的语义信息，对概念加以区分和关联。概念间拥有的共同属性越多，不同属性越少，二者越接近；若拥有的属性完全不同，则意味着两个概念毫无联系（丁博等，2016）。有效利用属性的语义相似度，能够改善本体概念相似度算法的性能。Jaccard 相似度系数从统计学的角度来衡量两个样本集的相似程度（俞婷婷等，2016），计算模型为

$$J(A,B)=\frac{|A\cap B|}{|A\cup B|}=\frac{|A\cap B|}{|A|+|B|-|A\cup B|} \tag{3.10}$$

$J(A, B)$取值范围为[0, 1]，属性相似度的理论依据是拥有的共同属性越多概念越相似，因此借鉴 Jaccard 系数计算属性间的相似度，计算公式为

$$\mathrm{Sim}_{\mathrm{prop}}(c_1,c_2)=\frac{\log\left(\left|\mathrm{Prop}_{c_1}\cap\mathrm{Prop}_{c_2}\right|+1\right)}{\log\left(\left|\mathrm{Prop}_{c_1}\right|+\left|\mathrm{Prop}_{c_2}\right|-\left|\mathrm{Prop}_{c_1}\cap\mathrm{Prop}_{c_2}\right|+1\right)} \tag{3.11}$$

式中，Prop_{c_1}，Prop_{c_2} 分别表示两个概念各自的属性集；$\mathrm{Prop}_{c_1}\cap\mathrm{Prop}_{c_2}$ 表示二者所共同拥有的属性。

通过将属性相似度和基于 WordNet 本体结构的结构相似度进行合并得出综合相似度，综合相似度计算模型为

$$\mathrm{Sim}(c_1,c_2)=\gamma\mathrm{Sim}_{\mathrm{stru}}+(1-\gamma)\mathrm{Sim}_{\mathrm{prop}} \tag{3.12}$$

式中，γ 作为权重因子可通过实验进行调整。

基于语义相似度的本体概念更新方法（semantic similarity-based ontology concept update method，SSOCUM）的基本思想是对于一个新概念，依据 WordNet 语义词典计算其与本体中已有概念的结构相似度，然后通过计算概念间属性相似度对结构相似度进行补充和修正。最后根据二者加权得到的相似度计算结果，对新概念进行分类。

SSOCUM 方法的具体应用如下。

输入：新概念 c，概念-属性矩阵 $\boldsymbol{X}$。

输出：与新概念 c 最相似的本体概念 c_best。

1）从 $\boldsymbol{X}$ 中任选一个概念 c'，计算 c 与 c'的结构相似度。

$$\mathrm{Sim}_{\mathrm{stru}}(c, c')=\frac{1}{1+\mathrm{len}(c_1,c_2)\dfrac{\mathrm{depth}(c_1)+\mathrm{depth}(c_2)}{2\,\mathrm{depth}(\mathrm{LCS}(c_1,c_2))}\mathrm{e}^{-\alpha\{\mathrm{IC}[\mathrm{LCS}(c_1,c_2)]\}}}$$

2）从 $\boldsymbol{X}$ 中分别获取概念 c 和 c'所在行向量，记为 $\mathrm{Prop}_c=\{p_1, p_2,\cdots, p_n\}$，$\mathrm{Prop}_{c'}=\{p'_1, p'_2,\cdots, p'_n\}$，并计算 c 与 c'的属性相似度。

$$\mathrm{Sim}_{\mathrm{prop}}(c, c')=\frac{\log\left(\left|\mathrm{Prop}_c\cap\mathrm{Prop}_{c'}\right|+1\right)}{\log\left(\left|\mathrm{Prop}_c\right|+\left|\mathrm{Prop}_{c'}\right|-\left|\mathrm{Prop}_c\cap\mathrm{Prop}_{c'}\right|+1\right)}$$

3）计算概念 c 与 c'的综合相似度。

$$\mathrm{Sim}(c, c')=\gamma\mathrm{Sim}_{\mathrm{stru}}+(1-\gamma)\mathrm{Sim}_{\mathrm{prop}}$$

4）反复执行步骤 1）～步骤 3)，直至 $\boldsymbol{X}$ 中所有概念循环完毕，得到 c 的综合相似度集合 ComSim[]。

5）比较 ComSim[]中的元素大小，确定相似度最大值对应的概念 c_best。

通过以上算法的执行，找到与新概念 c 最相似的本体概念，本体概念产生一个新节点，新概念将自动加入到本体。

3.5.5 实验及结果分析

1. 相似度算法实验及结果分析

为了验证改进相似度算法计算结果的准确性，将采用一些公共的标准数据集评估改进相似度算法与传统相似度算法的性能。MC30（Miller et al.，1991）、RG65（Rubenstein et al.，1965）、WS353（Finkelstein，2002）、WS353-Sim（Agirre et al.，2009）、SimLex666（Hill et al.，2015）都是最常使用评估相似度算法的数据集，用三元列表的形式来描述，每一对词汇都对应一个人工判断的相似度值。RG65是于1965年最先提出的数据集，由51名专家以[0，4]为相似度取值范围，对65对词汇进行语义相似度评估得到的。MC30是由30名专家以RG65中的30对词汇为实验对象，重新进行相似度评估而来的。WS353是近几年被广泛使用的一个数据集，包含353对词汇，该数据集不仅考虑到词汇间的语义相似度，同时还涉及语义相关性的考量。WS353-Sim是由专家从WS353中选取的一个子集而产生的。SimLex666是目前发布的最新的一组数据集，其涵盖的词汇范围更加广泛。

实验将采用以上5种数据集进行相似度算法性能的比较测试，使结果更加全面、客观。针对前面所分析的传统相似度算法及改进后的算法，分别计算其计算结果与5个标准数据集中人工判断值之间的皮尔森相关系数。皮尔森相关系数用来度量人工判断和算法计算结果之间的线性相关程度，相关系数的绝对值越大，表明算法准确度越高（Adhikari et al.，2016）。结果如表3.10所示，相关系数越高，也就是值越接近于1，则相似度算法的计算结果越接近于人工判断结果。

表3.10　标准数据集相关系数比较

项目	MC30	RG65	WS353	SimLex666	WS353-Sim
Rada	0.913	0.882	0.373	0.549	0.59
Leacock	0.927	0.927	0.308	0.599	0.577
Resnik	0.913	0.937	0.347	0.519	0.634
Wu	0.865	0.87	0.252	0.563	0.526
Lin	0.888	0.831	0.294	0.568	0.522
Jiang	0.617	0.645	0.227	0.299	0.326
Zhou	0.927	0.927	0.311	0.598	0.583
Our	0.977	0.981	0.404	0.606	0.688

从表3.10中可以看出，改进算法在MC30和RG65数据集上得到的皮尔森相关系数都达到了0.9以上，算法性能明显提高。但在其余数据集的效果却没有很好，原因可能是其余数据集的概念对样本数较多，影响了算法性能。但从整体上看，改进算法计算结果和人工判断结果之间的相关程度仍高于其他算法。由此得

出，在基于路径的基础上，又融合了深度和信息量因素，综合考虑了概念的层次信息和统计信息，对于相似度计算结果的准确度有一定的改善。

2. SSOCUM 算法实验及结果分析

以人工构建好的煤矿领域通风系统本体为实验对象，通过比较在通风系统本体上利用 SSOCUM 算法与人工添加概念的结果是否相符，并借助 Java WordNet Interface（JWI）开发包、Protégé 4.3、Eclipse 等工具来验证 SSOCUM 的有效性和准确性。

为了保证实验结果的准确性，首先对本体中的概念进行预筛选，剔除掉 5 个顶层核心类，这些类的层次关系基本依赖人为确定。接下来利用 SSOCUM 分别对本体中所有概念重新分类，具体的实验步骤如下。

1）针对收集到的其余 123 个概念及 104 个属性，建立相应的概念-属性矩阵 $\boldsymbol{X}$，片段如图 3.36 所示，第一列列举了本体中所有的概念，第一行涵盖了本体中概念所具有的所有属性，1 表示概念拥有该列属性，0 表示概念不具有该列属性。

2）从矩阵 $\boldsymbol{X}$ 中选取概念 c，利用 SSOCUM 算法计算得到本体中与 c 最相似的概念 c_best。

3）根据概念 c 和 c_best 的属性集合关系，判断二者的上下位关系，得出 c 在本体树中的节点位置。

4）重复步骤 1）～步骤 3），直到 $\boldsymbol{X}$ 中的概念全部选取完，最后将 SSOCUM 算法得到的结果与人工添加新概念的结果进行比较。

A	B	C	D	E	F	G
	hasCasualty	hasName	hasOperation	isWorkingOn	hasDepartment	isInspecting
BlastingAccident	1	0	0	0	0	0
FloodAccident	1	0	0	0	0	0
RoofAccident	1	0	0	0	0	0
PumpStationDriver	0	1	1	1	1	1
PipelineInspector	0	1	1	1	1	1
Support	0	0	0	0	0	0
AirDoorManagementWorker	0	1	1	1	1	0
AirDuctWorker	0	1	1	1	1	0
DustMeasuringWorker	0	1	1	1	1	0
MethaneInspector	0	1	1	1	1	1
Conveyor	0	0	0	0	0	0
TransportationAccident	1	0	0	0	0	0
DrillingWorker	0	1	1	1	1	0
Anemometer	0	0	0	0	0	0
MethaneSensor	0	0	0	0	0	0
Breakdown	0	0	0	0	0	0
SafetyMonitoringWorker	0	1	1	1	1	0
LocalVentilatorInstaller	0	1	1	1	1	0
Unqualified	0	0	0	0	0	0
ElectromechanicalAccident	1	0	0	0	0	0

图 3.36　概念-属性矩阵（部分）

部分实验结果如表 3.11 所示。其中 c'表示本体中已有概念，c 表示待添加的新概念，Sim(c', c)为 c'和 c 之间的综合相似度。$\text{Prop}_{c'}$和 Prop_c 对应二者的属性集合，relation 为概念间的上下位关系，主要包括：父子关系 isSupClassOf 和 isSubClassOf，兄弟关系 isSibClassOf。

表 3.11　SSOCUM 算法实验结果

c'	c	Sim(c', c)	$\text{Prop}_{c'}$, Prop_c	relation
BlastingAccident	Accident	0.68	$\supset$	isSubClassOf
Worker	Person	0.81	$\supset$	isSubCalssOf
State	Damp	0.6	$\subset$	isSupClassOf
Ventilator	Device	0.51	$\supset$	isSubClassOf
Anemometer	Manometer	0.91	其他	isSibClassOf
Timer	MeasuringInstrument	0.76	$\supset$	isSubClassOf
MathaneSensor	Sensor	0.71	$\supset$	isSubClassOf
CO_2	CarbonDioxide	1.0	=	isEquClassOf
Tramcar	Artifact	0.61	$\supset$	isSubClassOf
Abnormal	BreakDown	0.7	其他	isSibClassof
Device	Aerial	0.6	$\subset$	isSupClassOf
ElectromicAnemometer	HotBulbAnemometer	0.73	其他	isSibClassof
Baffle	Artifact	0.65	$\supset$	isSubCalssOf
PumpStationDriver	LocalVentilatorDriver	0.63	其他	isSibClassof
Fire	Surroundings	0.5	$\supset$	isSubCalssOf
Accident	FireAccident	0.71	$\subset$	isSupClassOf
Thermometer	Barometer	0.9	其他	isSibClassof
TemperatureSensor	Sensor	0.71	$\supset$	isSubCalssOf
MeasuringInstrument	Tachometer	0.8	$\subset$	isSupClassOf

为了体现 SSOCUM 算法的分类效果，在实验过程中，以表 3.11 中几组数据为例说明。如 CO_2 作为一个待添加的新概念 c，属性集定义为 Prop_{CO_2} = {hasParameterValue[Double], hasConcentrationValue[Double]}，利用式（3.11）给出的相似度算法模型计算其与本体中已有概念的相似度值，发现其与概念 CarbonMonoxide 最相似，且相似度值为 1。并且二者具有同样的属性集定义，表明二者为同义概念，因此，将 CO_2 作为 CarbonMonoxide 的等价类加入到本体，与实际情况相符。ElectromicAnemometer 和 HotBulbAnemometer 都属于 Anemometer，所以二者具有较高的相似度（0.73），并根据属性关系最终为 HotBulbAnemometer 增加一个兄弟节点，符合主观判断。Timer 和 MeasuringInstrument（0.76）的相似度略小于 MeasuringInstrument 和 Tachometer（0.8），主要是由于语义距离、信息量的不同，改进计算模型能够有效地对其进行区分。State 和 Damp 直观上判断几乎无关，但通过引入属性相似度，有效地提高了计算结果与人工匹配度。根据实验结果，可以看出 SSOCUM 算法充分考虑本体概念间的相似度影响因素，计算结果准确性较高，更接近人工判定结果。并且能够满足本体新概念自动添加的应用需求，同时避免了冗余概念的加入，具有一定的实用价值。

3.6　本章小结

针对煤矿领域复杂的生产环境，本章通过对煤矿相关资料的分析，确定了本体建模对象，了解了煤矿各工种的作业流程，分析归纳并翻译其包含的情境信息，为本体建模奠定了知识基础。然后根据本章对本体建模方法与工具的比较，选择了适合煤矿领域本体建模的方法和工具，并得出了可供以后学者参考的煤矿安全生产领域构建本体的流程方法。接着经过对煤矿安全生产领域的知识、本体构建现状的分析，提取了本体要素，添加了本体的术语、属性及实例，并进行了本体模型的一致性检测，以保证应用本体不存在冲突，完成了煤矿综合监控系统本体模型、煤矿采煤工作面本体模型、煤矿掘进工作面本体模型、煤矿井下运输系统本体模型、通风系统本体模型的构建。最后利用 Protégé 工具将本体保存为 OWL 文件格式以便后期本体维护与推理应用。

接下来深入了解了形式概念分析用于本体构建的可行性，提出一种利用该技术来构建煤矿领域本体的半自动化方法 OCFCA。在掌握井下作业人员工作流程的基础上，分析其情景信息，抽象出构建本体需要的类、属性及实例，并利用本体建模工具 Protégé 构建了初始本体模型。将监控系统所获得的数据存储到关系数据库中，然后转换成形式背景，并通过概念格将本体可视化。最后通过实例验证了该方法的有效性，为本体的自动化构建提供了一种新思路。

为了实现本体概念的自动更新，减少对领域专家的过多依赖，给出了一种基于语义相似度的本体概念更新方法。首先，实现了一种基于 WordNet 的改进相似度算法，该算法在计算路径长度的基础上，综合考虑了概念的节点深度及信息量对相似度的影响。随后，为了弥补基于 WordNet 的相似度算法没有考虑概念属性所携带的语义信息不足的问题，加入属性相似度对其进行调整。最后，通过实验对比，验证了改进算法的计算结果与标准数据集之间的皮尔森系数高于传统算法，计算结果更接近于人的主观判断；并采用构建好的煤矿领域通风系统本体对 SSOCUM 算法进行实验分析，验证了 SSOCUM 算法有助于本体新概念的自动添加，并具有一定的准确性和有效性。

第4章　基于Jena的本体模型推理研究

应用Jena推理机对构建的本体模型进行推理，能够有效地发现煤矿井下隐含的危险信息。首先根据煤矿三大规程对作业人员、使用设备及工作环境等安全生产规定，分别制定针对作业人员操作规范的一般规则和针对井下重大事故及各种环境参数的核心规则，在此基础上，利用推理机将构建的本体模型与自定义规则相结合来进行推理，得到本体模型中潜藏的危险信息，实现对煤矿井下信息的检索与查询，保障安全生产的进行。

4.1　基于Jena推理规则的创建

通过领域本体特有的信息及特定的推理要求，首先自定义推理规则。利用Jena推理机对本体的OWL文档及规则进行推理，通过推理获取本体中隐含的信息。采用Jena推理机制对本体模型进行推理的步骤如下：①在构建本体模型的基础上，分析该本体中概念间的相关关系及隐含的危险因素，根据Jena的推理规则语法制定自定义规则；②通过Jena API和Java开发工具Eclipse及MySQL构建体模型及推理程序，自定义规则并结合通用规则进行推理，发现隐含的安全隐患，保障人员及设备的安全。

4.1.1　Jena推理规则的定义

Jena 2提供的规则推理引擎支持前向链、后向链及二者混合的推理执行模型。实际上，Jena包含两个规则引擎：一个前向链推理引擎，采用Rete算法；另一个是table datalog引擎。Jena推理机是一个Java程序开发工具包，不同的推理引擎配置可以通过一个独立的参数化推理机GenericRuleReasoner完成，GenericRuleReasoner可以交由用户进行配置，位于com.hp.hpl.jena.reasoner.rulesys.GenericRuleReasoner开发包。规则推理机还可以通过注册新的过程原语进行扩展，Jena现在的发布版本包括开始的一系列原语，它们对RDFS和OWL的实现来说已经足够并且是易于扩展的。

在Jena推理机对规则进行解析之前，规则首先被Jena定义为一个Java中的Rule对象，该对象的类位于com.hp.hpl.jena.reasoner.rulesys.Rule开发包中。Rule对象的属性有前提（body terms）、结论（head terms）和可选的名字、方向，其中每个前提或结论是一个条目（term，ClauseEntry），并且成分是一个三元组或是一个内嵌原语（Zidi et al.，2014）。简单的文本规则语法的非形式化描述如下。

```
Rule      :=bare-rule .
            or [bare-rule]
            or [ruleName : bare-rule ]
bare-rule:=term,...,term->hterm,...hterm//前向链推理规则
            or bhterm<-term,...term      //后向链推理规则
hterm     :=term
            or[bare-rule]
term      :=(node,node,node)              //三元组模式
            or (node,node,functor)        //扩展的三元组模式
            or builtin(node,...node)      //调用程序化原语
bhterm   :=(node,node,node)               //三元组模式
functor  :=functorName(node,...,node)     //结构化的文字表述
node     :=uri-ref                        //如 http://foo.com/eg
            or prefix:localname           //e.g. rdf:type
            or <uri-ref>                  //e.g. <myschema:myuri>
            or ?varname                   //变量名
            or'a literal'                 //字符串
            or'lex'^^typeURI              //预留字符串
            or number                     //e.g. 42 or 25.5
```

其中，前向链和后向链规则语法的区别只存在于混合式推理引擎中。扩展的三元组模式 functor 用于创建或插入结构化文字表示。functorName 可以是任意标识符的数据结构，与内嵌式程序化原语的执行无关，当以多个三元组定义简单的语义结构时使用，并且支持单个规则结合多个三元组的应用。

简言之，在使用 Jena 对自定义规则进行推理前需要将规则定义为一个三元组形式。例如，[rule-name (c1 R1 c2)(c2 R2 c3)->(c1 R3 c3)]，rule -name 表示规则的名称，R1、R2、R3 分别表示 c1 和 c2、c2 和 c3、c1 和 c3 之间的关系，其中 R3 由前面的推理公式得到，通过这种推理关系可以得出 c1 和 c3 之间原本隐含的关系。关系根据以上规则的形式能写出满足特定领域问题的自定义规则，可以更快速、有效地寻找到所需信息。

规则调用的程序化原语以 Java 对象的形式存储在注册表中。原语可以在规则的条件或结论部分使用，当原语在规则结论部分时，与绑定的变量相结合，原语将充当测试者的角色，返回真或假以表示规则是否匹配（Zheng et al.，2008）。当前的 Jena 规则能够支持的内嵌原语集如表 4.1 所示。

表 4.1　Jena 推理内嵌原语列表

内嵌原语	对应操作
isLiteral(?x)　notLiteral(?x) isFunctor(?x)　notFunctor(?x) isBNode(?x)　notBNode(?x)	检测一个声明是否为字符串、功能性字符串值或一个空节点
bound(?x...)　unbound(?x...)	检测所有声明是否为约束变量
equal(?x, ?y)　notEqual(?x, ?y)	检测 x 是否等于 y，即语义平等性检测

续表

内嵌原语	对应操作
lessThan(?x, ?y)，greaterThan(?x, ?y) le(?x, ?y)，ge(?x, ?y)	检测 x 是否大于、小于、大于等于、小于等于 y，只有当 x 和 y 的值为数值型或时间实例时应用
sum(?a, ?b, ?c) addOne(?a, ?c) difference(?a, ?b, ?c) min(?a, ?b, ?c) max(?a, ?b, ?c) product(?a, ?b, ?c) quotient(?a, ?b, ?c)	设置 c 为(a+b)、(a+1)、(a−b)、min(a, b)、max(a, b)、(ab)、(a/b)。这些原语不能以后向链执行，须按照固定顺序执行
strConcat(?a1, ...?an, ?t) uriConcat(?a1, ...?an, ?t)	连接声明中除最后一位的所有词汇，然后以词汇形式将最后的声明与一个平凡文字或 URI 节点绑定
regex(?t, ?p) regex(?t, ?p, ?m1, ...?mn)	将字符串(?t)的词汇形式与字符串(?p)的正则表达式模式相匹配，若成功则绑定前 *n* 项捕捉组与声明?m1... ?mn
now(?x)	把?x 绑定为一个数据，如时间日期对应为当前时间
mekeTemp(?x)	把?x 绑定为一个新建的空白节点
makeInstance(?x, ?p, ?v) makeInstance(?x, ?p, ?t, ?v)	把?v 绑定为一个空白节点，该节点为资源?x 的属性?p 的值，并可选择性的指定类型?t。该原语可用于后向链推理规则
makeSkolem(?x, ?v1, ...?vn)	把?x 绑定为一个空白节点，基于当前的?vi 声明的值产生该节点，因此相同的声明组合将产生相同的空白节点
noValue(?x, ?p) noValue(?x, ?p, ?v)	当模型中或明确的前向链推理中没有已知的三元组(x, p,)或(x, p, v)时结论为真
remove(n, ...) remove(n, ...)	删除促使前向链规则的第 *n* 个结论匹配的声明三元组。Remove 操作将删除其他结论规则，其中包括触发规则，而 drop 操作只是静态的删除表中的三元组
isDType(?l, ?t) notDType(?l, ?t)	检测字符串?l 是否为资源?t 定义的数据类型的实例
print(?x, ...)	标准输出每一个声明，常用于调试，一般不用做正式的输出工作
listContains(?l, ?x) listNotContains(?l, ?x)	检测?l 是否为且包含?x 元素的列表
listEntry(?list, ?index, ?val)	在 RDF 列表?list 中将?val 绑定到?index 入口
listLength(?l, ?len)	将?len 绑定为列表?l 的长度
listEqual(?la, ?lb) listNotLength(?l, ?len)	检测两个声明是否都为列表形式且包含相同元素
listMapAsObject(?s, ?p, ?l) listMapAsSubject(?l, ?p, ?o)	在规则条件部分使用，推理从列表?l 中获得的三元组，前一个原语为列表?l 中的每一个?x 添加三元组(?s, ?p, ?x)，后者添加(?x, ?p, ?o)
table(?p) tableAll()	声明在后向链引擎中所有包含属性?p（或所有）的目标被建表
Hide(?p)	隐藏包含谓语 p 的声明

4.1.2 煤矿领域本体推理规则的创建

煤矿主要工作地点称为采掘工作面，根据《职业安全卫生词典》规定，采掘工作面是回采工作面和掘进工作面的简称，其中回采工作面指的是采场向内进行采煤的煤壁，也称为采场。同时，为了在井田内进行有计划的开采而开凿一系列巷道进入矿体，实现通风、运输、行人和回采等工作，开凿中的巷道成为掘进工作面。因此，采掘工作面是煤矿生产过程中的一个重要组成部分，采掘工作的好坏不仅决定着煤矿生产能否顺利进行，同时也关系到广大矿工的生命、财产安全。由于采掘工作一般在地下进行，不安全因素众多，如各工种的不规范操作、机械设备的磨损毁坏以及环境信息的变化，采掘工作面是煤矿井下事故的多发地点。因此运用推理技术和制定的推理规则有助于从实例中挖掘出有用的信息，帮助煤矿管理人员对煤矿安全事故作出正确决策，能够有效减少矿井事故的发生。

煤矿井下工种、设备繁多，生产程序相对复杂，不同的工种需承担相应的工作职责。如以煤矿掘进工作面生产环境为例，掘进工作指的是为开采煤矿而开掘井巷的工作，也称为巷道掘进。通过矿工在掘进工作面进行各种作业，使得巷道不断向前延伸。当前普遍采用的巷道掘进方法主要包括爆破掘进和掘进机掘进两种。我国煤矿多结合两种掘进方法进行施工。其中，掘进机掘进是利用机械破岩（煤）、装岩（煤）以及运输的一种施工方法，掘进机主要包括煤巷掘进机和岩巷掘进机。在我国国有重点煤矿中，煤巷掘进主要使用悬臂式掘进机，但在岩巷掘进中，以悬臂式掘进机为主要设备的综掘法效果并不理想，所以我国煤矿岩巷掘进大部分采取钻爆法为主，以气腿式凿岩机和全液压钻车为主要设备的作业线。爆破掘进的施工方法主要包括钻眼、装药爆破、装岩运输及工作面支护等工序，这些工序组成了工作面的一个工作循环，每一个这样工作循环的完成就意味着巷道向前推进一段距离。钻眼是在煤层或岩层中钻凿一些炮眼以便放置炸药进行爆破，不同的地质使用不同的钻眼工具，如在岩层中采用风镐进行钻眼，而在煤层中使用的是手提式煤电钻。作为爆破掘进过程中的第一道重要工序，钻眼不仅影响煤矿工程质量、速度及劳动生产率，它对煤矿的安全生产也至关重要。针对不同的地理环境采用不同种类的爆破炸药，分为普通矿用炸药和煤矿安全炸药，因此采用的炸药对煤矿安全也非常重要。若在布置炮眼时不按照规定设置炮眼角度和炮眼深度，或者爆破时不严格按照爆破说明书认真操作，偷工减料甚至违章作业，那么很容易造成采掘工作面乃至整个煤矿的事故，导致矿工生命财产受到威胁。装岩工作是将爆破崩落的煤、岩装入运输工具内，清理巷道的工作，目前有人工装岩和机械装岩两种方式，但因人工装岩劳动强度大，费力且工作时间长，因此机械装岩是实现快速掘进的重要途径。运输工作是指利用人力或机械将材料、设备运送到指定工作地点，或将煤、矸运出工作面。运输工作对于煤矿合理调配工时、安排工序至关重要，因而机械化运输对提高煤矿生产率有举足轻重的作用。工作面支护是为维持巷道稳定、防止巷道变形或煤岩垮落而采取的保护措施。“支”主要保证支架有一定的承载能力，与工作面顶板压力相适应，“护”要求支架的架设能适应顶板易碎的特征，防止局部冒顶和小岩块掉落，二者相互联系相辅相成，将冒顶事故降到最低限度，保障工作面正常且安全地进行生产活动。煤巷掘进机可以完成破煤、装煤及将煤转载到运输设备上等任务。目前广泛使用的悬臂式掘进机集截割、装运、行走及操作等功能于一体，主要对不同地质如岩石、煤或半煤岩的巷道进行截割。掘进机具有安全、可靠、进度快且效率高的优点，协同相应的机械运输设备进行工作，能够从根本上加快煤巷掘进速度、提高劳动生产率。因此针对井下生产条件复杂，设备、环境参数多变等问题，根据本体及构建的规则对井下人-机-环信息及隐患信息进行推理，实现对煤矿井下各子系统信息的管理，并保证安全生产。

推理规则，是进行本体推理的必要条件。通过分析领域本体特有的信息以及特定的推理要求，构建自定义推理规则，通过推理获取本体中隐含的信息。本书采用 Jena 推理机制对本体模型进行推理，本体模型推理实现的步骤如前所述。

利用 Jena 推理机对本体的 OWL 文档进行推理。推理机针对 OWL 描述的本体模型只能推理出一些简单的类别关系，为了提高本体的逻辑推理能力，获取更多的隐含知识，主要依据煤矿三大规程制定推理规则库。

煤矿三大规程《煤矿安全技术操作规程》《作业规程》及《煤矿安全规程》中分别就井下不同情境信息制定了安全生产规定，如《煤矿安全技术操作规程》主要就各工种如钻眼工、爆破工、人力转载工等制定了安全技术操作规程。该规程的制定是井巷掘进施工是否符合规定作业程序和操作要领的重要标准。为了保障工程质量、提高掘进效率，针对不同的工种都制定了详细的操作规程。《作业规程》则为现场施工提供技术指导，在现场安全生产中具有重要作用；《煤矿安全规程》对井工部分的开采、通风、瓦斯及粉尘防治、防灭火、防治水和露天部分的采剥、运输及煤矿安全生产领域的职业危害进行了规程制定。2016 年 3 月 29 日发布了新版《煤矿安全规程》，并于 2016 年 10 月 1 日起正式实施，为煤矿安全生产提供了新的要求、新的指南和新的规范，本书在原版《煤矿安全规程》的基础上，添加了修订后的新版规程要求。

自定义规则具有更高的灵活性，根据三大规程对井下环境和人员的规定，构建了适用于煤矿安全生产领域本体模型推理的特殊规则，在实现规程信息形式化的基础上，确保井下安全生产的进行。为了提高推理的效率，分别依据不同的规程制定了不同危险级别的规则集，主要将自定义规则划分为两种：一般规则（按工种构建）和核心规则（按事故构建）。

1. 推理过程的实现

（1）基于 OWL 的推理过程实现

根据构建的自定义规则，通过 Jena 提供的前向链 RETE 引擎进行推理。将构建的采煤工作面本体模型与绑定了规则的推理机相结合，创建实例，通过推理发现隐含的信息。推理实现的过程如下。

1）一般规则的推理过程。

在本体中构建一个 ExplosiveWorker 的实例 Wang，它具有的属性是 Wang isWorkingOn Place1 和 Wang is NotWearing SafetyHelmet1，Place1 是 WorkingPlace

的一个实例，SafetyHelmet 1 是安全帽（SafetyHelmet）的一个实例，则实例 Wang 的 OWL 描述如下。

```
<ClassAssertion>
   <Class IRI="#ExplosiveWorker"/>
   <NamedIndividual IRI="#Wang"/>
</ClassAssertion>
(定义爆破工的一个实例 Wang)
<ClassAssertion>
   <Class IRI="#WorkingPlace"/>
   <NamedIndividual IRI="#Place1"/>
</ClassAssertion>
(定义工作地点的实例 Place1)
<ClassAssertion>
   <Class IRI="# SafetyHelmet "/>
   <NamedIndividual IRI="# SafetyHelmet1"/>
</ClassAssertion>
(定义安全帽的实例 SafetyHelmet1)
<ObjectPropertyAssertion>
   <ObjectProperty IRI="#isWorkingOn"/>
   <NamedIndividual IRI="#Wang"/>
   <NamedIndividual IRI="#Place1"/>
</ObjectPropertyAssertion>
(定义对象属性：Wang 工作在工作地点 Place1)
<ObjectPropertyAssertion>
   <ObjectProperty IRI="#isNotWearing"/>
   <NamedIndividual IRI="#Wang"/>
   <NamedIndividual IRI="# SafetyHelmet1"/>
</ObjectPropertyAssertion>
(定义对象属性：Wang 现在没有戴安全帽)
```

结合规则 1 进行推理，Wang 在某个工作地点进行爆破工作时没有戴安全帽，违反了煤矿安全操作规程，因此，推理后的结果是：Wang 现在的状态（hasState）是危险（Dangerous）的。推理后的 OWL 描述如下。

```
<ObjectPropertyAssertion>
   <ObjectProperty IRI="#hasState"/>
   <NamedIndividual IRI="#Wang"/>
   <NamedIndividual IRI="#Dangerous"/>
</ObjectPropertyAssertion>
```

2）核心规则的推理过程。

在本体中构建一个作业人员（ProfessionWorker）的实例 Lily，它具有的属性是 Lily isWorkingOn ReturnAirway1 和 ReturnAirway1 hasGasConcentrationValue 0.02f，ReturnAirway1 是 ReturnAirway（回风巷）的一个实例，则实例 Lily 的 OWL

描述如下。

```
<ClassAssertion>
    <Class IRI="#ProfessionWorker"/>
    <NamedIndividual IRI="#Lily"/>
</ClassAssertion>
```

（定义作业人员的一个实例 Lily）

```
<ClassAssertion>
    <Class IRI="#ReturnAirway"/>
    <NamedIndividual IRI="#ReturnAirway1"/>
</ClassAssertion>
```

（定义回风巷的实例 ReturnAirway1）

```
<ObjectPropertyAssertion>
    <ObjectProperty IRI="#isWorkingOn"/>
    <NamedIndividual IRI="#Lily"/>
    <NamedIndividual IRI="#ReturnAirway1"/>
</ObjectPropertyAssertion>
```

（定义对象属性：Lily 工作在回风巷中）

```
<DataPropertyAssertion>
    <DataProperty IRI="#hasGasConcentrationValue"/>
    <NamedIndividual IRI="#ReturnAirway1"/>
    <Literal datatypeIRI="&xsd;float">0.02</Literal>
</DataPropertyAssertion>
```

（定义数值属性：回风巷中现在的瓦斯浓度值为 0.02）

结合规则 3 进行推理，Lily 在回风巷 1 工作时，环境中的瓦斯浓度为 0.02，超过了规定值，因此，推理后的结果是：Lily 现在的状态（hasState）是危险（Dangerous）的。推理后的 OWL 描述如下。

```
<ObjectPropertyAssertion>
    <ObjectProperty IRI="#hasState"/>
    <NamedIndividual IRI="#Lily"/>
    <NamedIndividual IRI="#Dangerous"/>
</ObjectPropertyAssertion>
```

（2）推理案例分析

这里以实例 DengYY 为例进行推理分析。表 4.2 为部分实例、属性名称及对应中文标签。

表 4.2　部分实例、属性名称及对应中文标签

实例/属性名称	中文标签
DengYY	邓瑶瑶
ChenRQ	陈瑞庆
isWorkingOn	工作于

续表

实例/属性名称	中文标签
isWorkingTogetherWith	共同工作
hasCO2ConcentrationValue	二氧化碳浓度百分比
hasO2ConcentrationValue	氧气浓度百分比
DowncastAir	进风流
hasState	状态

实例 DengYY，有属性 isWorkingOn 和 isWorkingTogetherWith，且其值分别为 ChenRQ、DowncastAir，DowncastAir 有属性 hasCO2ConcentrationValue 和 hasO2ConcentrationValue，其值分别为 0.5、15。根据表 4.2 所示实例名称、属性名称及其对应的中文标签，此 Model 表示邓瑶瑶与陈瑞庆共同工作于进风流，进风流的二氧化碳体积浓度百分比为 0.7，氧气体积浓度百分比为 15。图 4.1 为 OWL 语言描述实例 DengYY 的表示图，表示语句如下。

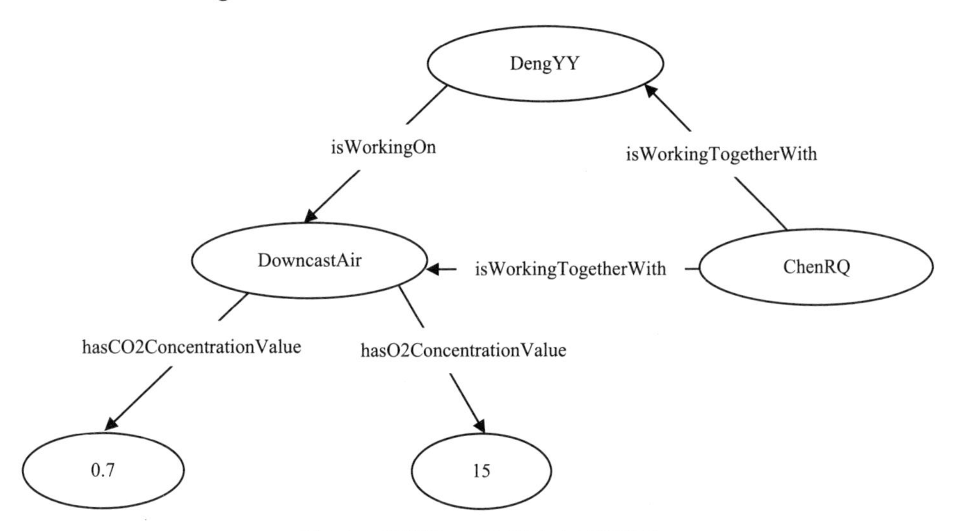

图 4.1　实例 DengYY Model 表示图

```
<rdf:Description rdf:about="O#DengYY">
    <untitled-ontology-42:isWorkingOn rdf:resource="#DowncastAir"/>
    <untitled-ontology-42:isWorkingTogetherWith rdf:resource=
"#ChenRQ"/>
    <rdf:type rdf:resource="O#DrillingWorker"/>
    <rdf:type rdf:resource="http://www.w3.org/2002/07/owl#Named
Individual"/>
</rdf:Description>
```

根据《煤矿安全规程》，二氧化碳体积浓度百分比应不大于 0.5%，氧气体积浓度百分比应不小于 20%，所以此时的语句如下。

```
    [rule1:(?x rdf:type O:DrillingWorker)(?y rdf:type O:DowncastAir)
(?x O:isWorkingOn ?y)(?y O:hasO2ConcentrationPercentage ?z)lessThan
(?z 20%)->(?x O:hasState O:Dangerous)]
    [rule2:(?x rdf:type O:DrillingWorker)(?x O:isWorkingOn ?y)(?y
rdf:type O:DowncastAir)(?y O:hasCO2ConcentrationPercentage ?z)great
Than(?z 0.5%)->(?x O:hasState O:Dangerous)]
```

推理得出邓瑶瑶和陈瑞庆都添加了一个属性 hasState，且其值为 Dangerous，根据表 4.2 所示实例名称、属性名称及其对应的中文标签，即推理可以得出隐含信息，邓瑶瑶和陈瑞庆都处于危险状态。

图 4.2 为推理后实例 DengYY Model 表示图。

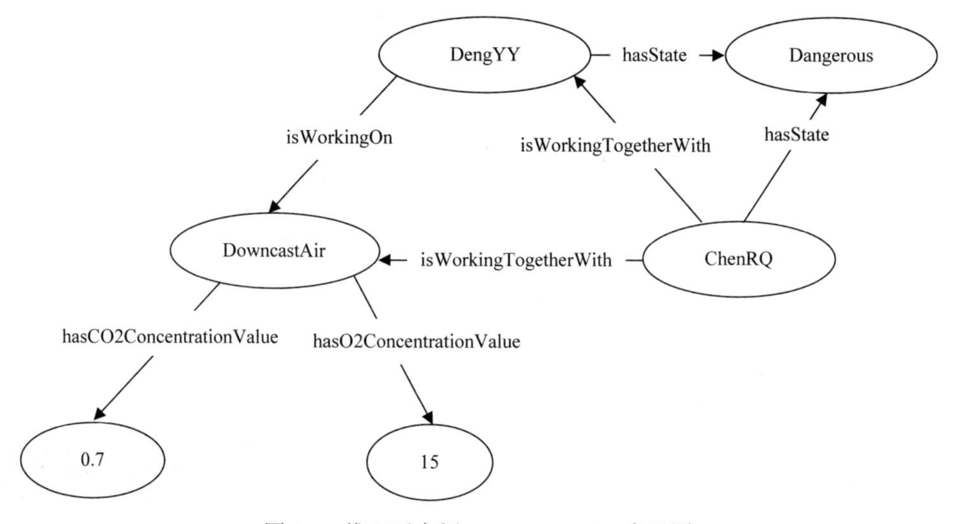

图 4.2　推理后实例 DengYY Model 表示图

如下为推理后 OWL 语言描述实例 DengYY 的表示语句。

```
    <rdf:Description rdf:about="O#DengYY">
        <untitled-ontology-42:isWorkingOn rdf:resource="#DowncastAir"/>
        <untitled-ontology-42:isWorkingTogetherWith rdf:resource=
"#ChenRQ"/>
        <untitled-ontology-42:hasState rdf:resource="O#Dangerous"/>
        <rdf:type rdf:resource="O#DrillingWorker"/>
        <rdf:type rdf:resource="http://www.w3.org/2002/07/owl#Named
Individual"/>
        <rdf:type rdf:resource="http://www.w3.org/2002/07/owl#Thing"/>
    </rdf:Description>
```

2. 采煤工作面推理规则

这里针对煤矿采煤工作面，进行本体推理规则库设计，通过推理获取隐含的危险信息，实现煤矿采煤工作面生产安全事故的预防。其中，《煤矿安全技术操作规程》中对不同的工种制定了不同的操作规程，保证了采煤过程中各操作人员工作的安全进行。根据三大规程及 Jena 推理规则语法结构设计了采煤工作面的一些推理规则，按照规程中对作业人员的操作规定制定了一般规则（见表 4.3）。

表 4.3　采煤工作面本体的规则描述

推理规则	描述
规则 1	钻眼过程中禁止使用已经瘫痪的钻眼设备
规则 2	严禁干式钻眼
规则 3	钻眼工要服装整齐，扎好衣袖，毛巾塞到工作服领口内系好纽扣，严禁戴手套钻眼
规则 4	禁止在进风量不正常的工作环境中进行钻眼工作
规则 5	停电状况下不能钻眼
规则 6	禁止使用不合格的爆破设备
规则 7	爆破工要随身携带发爆器钥匙
规则 8	在进行支护前，必须在已有的完好支护保护下，用长把工具敲帮问顶，摘除危岩和松动的煤帮
规则 9	破碎机启动时，严禁任何人在机体下工作
规则 10	在运转和行驶过程中，禁止注油和调整部件

针对发生在采煤工作面的事故，如顶板事故、瓦斯事故、矿尘事故等，根据《煤矿安全规程》中对煤矿井下环境的各种危险因素的规定，对不同的事故制定了核心规则。部分规则定义及其描述如下。

```
rule1:(?x rdf:type O:DrillingWorker)(?x O:isWorkingOn ?y)(?y rdf:type O:WorkingPlace)(?x O:isUsing ?z)(?z rdf:type O:DrillingDevice)(?z O:hasState O:Disabled)->(?x O:hasState O:Dangerous)
rule2:(?x rdf:type O:DrillingWorker)(?x O:isWorkingOn ?y)(?y rdf:type O:WorkingPlace)(?x O:takeMethod ?z)(?z rdf:type O:DryDrilling)->(?x O:hasState O:Dangerous)
rule3:(?x rdf:type O:DrillingWorker)(?x O:isWorkingOn ?y)(?y rdf:type O:WorkingPlace)(?x O:isWearing ?z)(?z rdf:type O:Gloves)->(?x O:hasState O:Dangerous)
rule4:(?x rdf:type O:ProfessionWorker)(?x O:isWorkingOn ?y)(?y rdf:type O:WorkingPlace)(?y O:hasEnvironment ?z)(?z rdf:type O:Wind)(?z O:hasState ?w)(?w rdf:type O:Abnormal)->(?x O:hasState O:Dangerous)
rule5:(?x rdf:type O:DrillingWorker)(?x O:isWorkingOn ?y)(?y rdf:type O:WorkingPlace)(?y O:hasEnvironment ?z)(?z rdf:type O:OffLight)->(?x O:hasState O:Dangerous)
rule6:(?x rdf:type O:ExplosiveWorker)(?x O:isWorkingOn ?y)(?y rdf:type O:WorkingPlace)(?x O:isUsing ?z)(?z rdf:type O:ExplosiveDevice)(?w rdf:type O:Unqualified)(?z O:hasSpecifications ?w)->(?x O:hasState O:Dangerous)
rule7:(?x rdf:type O:ExplosiveWorker)(?x O:isWorkingOn ?y)(?y rdf:type O:WorkingPlace)(?x O:isNotCarrying ?z)(?z rdf:type O:ExplosiveKey)->(?x O:hasState O:Dangerous)
rule8:(?x rdf:type O:EndMaintenanceWorker)(?x O:isWorkingOn ?y)
```

```
(?y rdf:type O:WorkingPlace)(?y O:hasEnvironment ?z)(?z rdf:type O:Acti-
vityRock)(?z O:hasState ?w)(?w rdf:type O:Abnormal)->(?x O:hasState
O:Dangerous)
      rule9:(?x rdf:type O:ProfessionWorker)(?x O:isUnder ?y)(?y rdf:
type O:CrusherMachine)->(?x O:hasState O:Dangerous)
      rule10:(?x rdf:type O:CrusherWorker)(?x O:isWorkingOn ?y)(?y
rdf:type O:WorkingPlace)(?x O:takeMethod ?z)(?z rdf:type O:Adjust
Component)->(?x O:hasState O:Dangerous)
```

以推理规则 1 为例，在 Protégé 建模软件中查询到（见图 4.3 和图 4.4），有一名叫 Jack 的钻眼工人，他所处的环境是 Place1，所使用的工具是一个钻眼设备，且这个设备是瘫痪的。通过推理规则 1 得出结论，这名工人所处的状态是危险的。

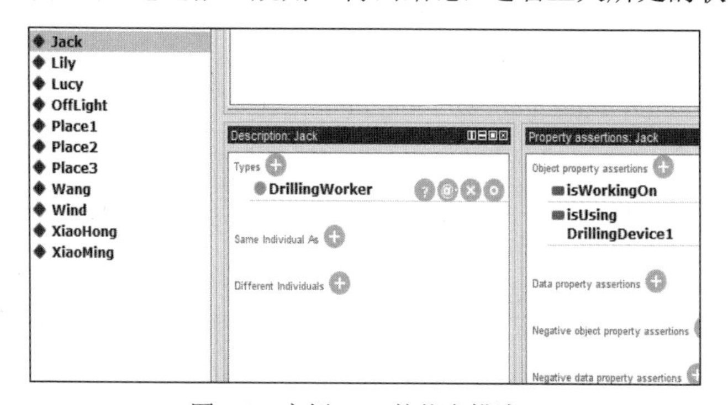

图 4.3　实例 Jack 的状态描述 1

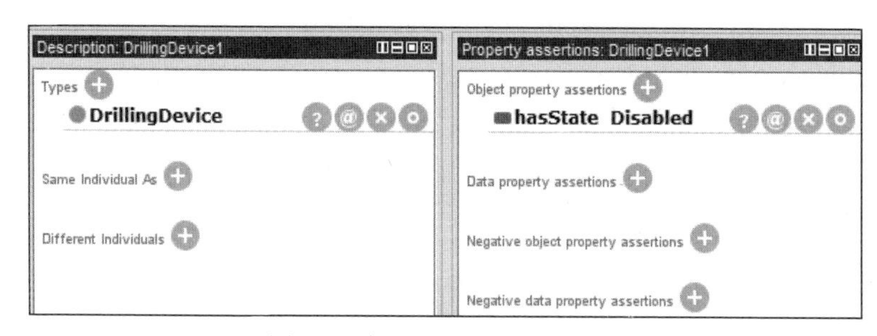

图 4.4　实例 Jack 的状态描述 2

采煤工作面的规则有很多，均存放在数据库采推理规则表中，规则数据库如图 4.5 所示。该数据库储存着有关于本体的各项规则，共有 3 个字段，分别为 ruleid、ruledef、rulespec，分别代表规则编号、规则定义、规则含义说明，其中规则编号是主键。

3. 掘进工作面本体推理规则

当掘进工作面本体利用本体编辑器 Protégé 建立起来之后，就需要定义相应的规则（见表 4.4），从已知的知识中发掘出隐含的知识，来完善本体，为推理分析打下基础。例如，前缀“fa:”的定义如下。

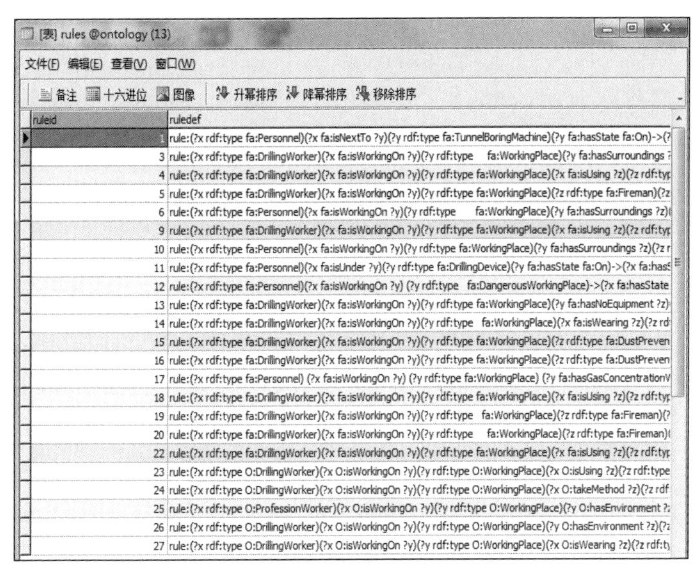

ruleid	ruledef
1	rule:(?x rdf:type fa:Personnel)(?x fa:isNextTo ?y)(?y rdf:type fa:TunnelBoringMachine)(?y fa:hasState fa:On)->(?
3	rule:(?x rdf:type fa:DrillingWorker)(?x fa:isWorkingOn ?y)(?y rdf:type fa:WorkingPlace)(?y fa:hasSurroundings ?
4	rule:(?x rdf:type fa:DrillingWorker)(?x fa:isWorkingOn ?y)(?y rdf:type fa:WorkingPlace)(?x fa:isUsing ?z)(?z rdf:typ
5	rule:(?x rdf:type fa:DrillingWorker)(?x fa:isWorkingOn ?y)(?y rdf:type fa:WorkingPlace)(?z rdf:type fa:Fireman)(?z
6	rule:(?x rdf:type fa:Personnel)(?x fa:isWorkingOn ?y)(?y rdf:type fa:WorkingPlace)(?y fa:hasSurroundings ?z)(
9	rule:(?x rdf:type fa:DrillingWorker)(?x fa:isWorkingOn ?y)(?y rdf:type fa:WorkingPlace)(?x fa:isUsing ?z)(?z rdf:typ
10	rule:(?x rdf:type fa:Personnel)(?x fa:isWorkingOn ?y)(?y rdf:type fa:WorkingPlace)(?y fa:hasSurroundings ?z)(?z r
11	rule:(?x rdf:type fa:Personnel)(?x fa:isUnder ?y)(?y rdf:type fa:DrillingDevice)(?y fa:hasState fa:On)->(?x fa:has
12	rule:(?x rdf:type fa:Personnel)(?x fa:isWorkingOn ?y) (?y rdf:type fa:DangerousWorkingPlace)->(?x fa:hasState
13	rule:(?x rdf:type fa:DrillingWorker)(?x fa:isWorkingOn ?y)(?y rdf:type fa:WorkingPlace)(?y fa:hasNoEquipment ?z)
14	rule:(?x rdf:type fa:DrillingWorker)(?x fa:isWorkingOn ?y)(?y rdf:type fa:WorkingPlace)(?x fa:isWearing ?z)(?z rd
15	rule:(?x rdf:type fa:DrillingWorker)(?x fa:isWorkingOn ?y)(?y rdf:type fa:WorkingPlace)(?z rdf:type fa:DustPreven
16	rule:(?x rdf:type fa:DrillingWorker)(?x fa:isWorkingOn ?y)(?y rdf:type fa:WorkingPlace)(?z rdf:type fa:DustPreven
17	rule:(?x rdf:type fa:Personnel) (?x fa:isWorkingOn ?y) (?y rdf:type fa:WorkingPlace) (?y fa:hasGasConcentrationV
18	rule:(?x rdf:type fa:DrillingWorker)(?x fa:isWorkingOn ?y)(?y rdf:type fa:WorkingPlace)(?x fa:isUsing ?z)(?z rdf:typ
19	rule:(?x rdf:type fa:DrillingWorker)(?x fa:isWorkingOn ?y)(?y rdf:type fa:WorkingPlace)(?z rdf:type fa:Fireman)(?
20	rule:(?x rdf:type fa:DrillingWorker)(?x fa:isWorkingOn ?y)(?y rdf:type fa:WorkingPlace)(?z rdf:type fa:Fireman)(
22	rule:(?x rdf:type fa:DrillingWorker)(?x fa:isWorkingOn ?y)(?y rdf:type fa:WorkingPlace)(?x fa:isUsing ?z)(?z rdf:typ
23	rule:(?x rdf:type O:DrillingWorker)(?x O:isWorkingOn ?y)(?y rdf:type O:WorkingPlace)(?x O:isUsing ?z)(?z rdf:type
24	rule:(?x rdf:type O:DrillingWorker)(?x O:isWorkingOn ?y)(?y rdf:type O:WorkingPlace)(?x O:takeMethod ?z)(?z rdf
25	rule:(?x rdf:type O:ProfessionWorker)(?x O:isWorkingOn ?y)(?y rdf:type O:WorkingPlace)(?y O:hasEnvironment ?z
26	rule:(?x rdf:type O:DrillingWorker)(?x O:isWorkingOn ?y)(?y rdf:type O:WorkingPlace)(?y O:hasEnvironment ?z)(?z
27	rule:(?x rdf:type O:DrillingWorker)(?x O:isWorkingOn ?y)(?y rdf:type O:WorkingPlace)(?x O:isWearing ?z)(?z rdf:ty

图 4.5　采煤工作面推理规则

```
@prefix fa:http://www.semanticweb.org/administrator/ontologies/2015/3
/untitled -ontology-50#>
```

其作用域为整个规则文件，推理机中的规则解析器对其进行解析时将所有的“fa:”解析为一个完成的 URL。

表 4.4　掘进工作面本体的规则描述

推理规则	描述
规则 1	掘进时必须坚持湿式钻眼
规则 2	钻眼中，发现有钻头合金片脱落、钻杆弯曲或中心孔不导水等故障时，必须及时更换钻头或钻杆
规则 3	钻眼中，出现粉尘飞扬时要停止钻进
规则 4	钻眼时，钻杆下方不要站人，以免钻杆折断伤人
规则 5	接触爆破材料的人员应穿棉布或其他抗静电衣服，严禁穿化纤衣服
规则 6	使用刮板输送机运煤（矸）时，任何人不得站在输送机上或乘坐输送机
规则 7	在软岩条件下，锚杆机用高转速钻进，要调整支腿推力，防止糊眼
规则 8	提升物料前，发现牵引车数及重量超过规定严禁提升
规则 9	推车应匀速前进，严禁坐车滑行
规则 10	推车工必须头戴矿灯，集中精力，注意前方，严禁低头推车

根据《煤矿安全规程》和《掘进工作面一线技术工人》等规程书籍及关于煤矿安全生产的资料，就规程中提到的掘进钻眼工、掘进爆破工、人力装载工、砌碹支护工、锚杆支护工、锚索支护工、把钩信号工、人力推车工、人力运料工等工种制定了对应的一般规则，以及井下的各种环境因素、事故相关的规程制定为相应的核心推理规则，部分规则及其规则描述如下。

```
rule1:(?x rdf:type fa:DrillingWorker)(?x fa:isWorkingOn ?y) (?y rdf:type fa:WorkingPlace) (?y fa:hasSurroundings ?w) (?w rdf:type fa:HydrophilicExpansionRock) (?x fa:takeMethod ?z)(?z rdf:type fa:WetDrilling)->(?x fa:hasState fa:Dangerous)
rule2:(?x rdf:type fa:DillingWorker)(?x fa:isWorkingOn ?y)(?y rdf:type fa:WorkingPlace)(?x fa:isUsing ?z)(?z rdf:type fa:DrillingDevice) (?z fa:hasState fa:Disabled)->(?x fa:hasState fa:Dangerous)
rule3:(?x rdf:type fa:DrillingWorker)(?x fa:isWorkingOn ?y)(?y rdf:type fa:WorkingPlace)(?y fa:hasSurroundings ?z)(?z rdf:type fa:Dust) (?z fa:hasState fa:Flying)->(?x fa:hasState fa:Dangerous)
rule4:(?x rdf:type fa:Personnel)(?x fa:isUnder ?y)(?y rdf:type fa:DrillingDevice)(?y fa:hasState fa:On)->(?x fa:hasState fa:Dangerous)
rule5:(?x rdf:type fa:FireMan)(?x fa:isWorkingOn ?y)(?y rdf:type fa:WorkingPlace)(?x fa:isWearing ?z)(?z rdf:type fa: ChemicalFiber Clothes)->(?x fa:hasState fa:Dangerous)
rule6:(?x rdf:type fa: ManpowerShoveller)(?x fa:isWorkingOn ?y) (?y rdf:type fa:WorkingPlace)(?y fa:hasEquipment ?z)(?z rdf:type fa: Scraper Conveyer) (?x fa:isStandingOn ?z)->(?x fa:hasState fa:Dangerous)
rule7:(?x rdf:type fa: AnchorRopeSupportingWorker)(?x fa:isWorkingOn ?y)(?y rdf:type fa:WorkingPlace)(?y fa:hasEnvironment ?z)(?z rdf:type fa:HardRock) (?y fa:takeMethod fa:HighSpeed)->(?x fa:hasState fa:Dang erous)
rule8:(?x rdf:type fa: HookSignalman)(?x fa:isWorkingOn ?y)(?y rdf:type fa:WorkingPlace) (?y fa:hasEquipment ?z)(?z rdf:type fa: Car) (?z fa:isTransporting fa:goods) (fa:goods fa:hasState fa:Overweight) ->(?x fa:hasState fa:Dangerous)
rule9:(?x rdf:type fa: ManpowerPutter)(?x fa:isWorkingOn ?y)(?y rdf:type fa:WorkingPlace) (?y fa:hasEquipment ?z)(?z rdf:type fa: Car) (?x fa:isOn ?z)->(?x fa:hasState fa:Dangerous)
rule10:(?x rdf:type fa: ManpowerPutter)(?x fa:isWorkingOn ?y)(?y rdf:type fa: Pathway) (?x fa:hasState fa:bentingHead) ->(?x fa:hasState fa:Dangerous)
```

另外，还有很多掘进面的推理规则放在规则数据库中，下面举例说明掘进工作面规则推理过程。

```
[rule:(?x fa:isNextTo ?y)(?y fa:isPartOf ?z)(?z fa:hasState fa:On)->(?x fa:hasState fa:Dangerous)]
```

这条 Jena 推理规则分为条件部分和结论部分。(?x fa:isNextTo ?y)是指实例 x 在 y 的旁边，如 Lisa 在掘进机 TBM1 的掘进臂旁边；(?y fa:isPartOf ?z)说明了 y 是 z 的一部分，如 y 是掘进臂，z 是掘进机；(?z fa:hasState fa:On)说明了 z 的状态处于“On”，即工作状态；结论(?x fa:hasState fa:Dangerous)指出了 x 处于危险的状态。例如，Lisa 在掘进机 TBM1 的掘进臂旁边，掘进臂是掘进机的一部分，掘进机的工作状态是正在工作，可以推理出隐含知识是 Lisa 处于危险状态。

这样，通过构建掘进工作面本体的相应规则，推理机可以根据相应规则进行推理，分析出隐含的知识。

4. 煤矿通风与运输系统本体推理规则

下面主要依据煤矿三大规程制定通风系统和运输系统本体推理规则库，利用推理机和制定的推理规则从实例中挖掘出有用的信息，为煤矿事故预防提供一定的决策支持。通过本体和推理规则的创建，实现了异构系统间的知识共享，并为本体相关技术进一步应用在煤矿安全监测中奠定了基础。煤矿井下通风系统和运输系统情境信息复杂，包含多类工种、多种操作工具，针对不同的施工环境，采取的施工方法不同，使用的工具也不尽相同。根据各工种工作流程制定了相应的一般规则，除了工种、设备及操作方法外，还需要涉及情境信息，包括环境信息，如瓦斯 Gas、煤尘 CoalDust、风流 Wind、水流 Water、一氧化碳 CO、二氧化碳 CO_2、二氧化氮 NO_2、二氧化硫 SO_2、硫化氢 H_2S、氨 NH_3 及煤层、岩层等。

利用 Jena 推理机对本体及其自定义推理规则进行推理时，对于符合条件的实例通过推理可得到推理结果。如图 4.6 所示，实例 hoister 有两个基本属性，满足规则 rule:(?x rdf:type O:Hoister)(?x O:isTakingEmergencyBrake ?y)(?y rdf:type O:Hoist)(?x O:isUsing ?z)(?z rdf:type O:ServiceBrake)->(?x O:hasState O:Dangerous) 的条件，得出推理结果 hoister 的状态是危险的，这条规则表示严禁提升机司机用常用闸进行紧急制动。

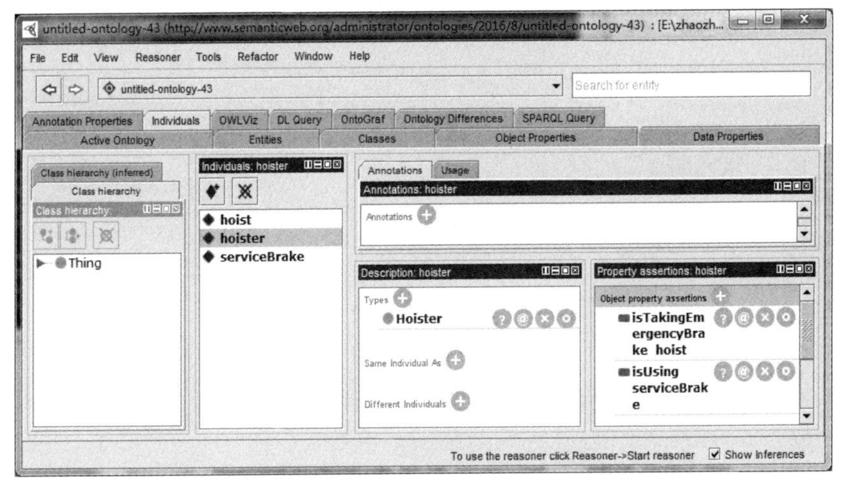

图 4.6　属性约束编辑页面

以下分别是煤矿井下运输系统和通风系统本体推理中所使用的部分推理规则（见表 4.5 和表 4.6）及其规则描述。

运输系统本体推理规则如下。

```
    rule1:(?x rdf:type O:BeltConveyerDriver)(?x O:isUsing ?y)(?y rdf:type O:BeltConveyer)(?z rdf:type O:Belt)(?z O:hasState ?w)(?w rdf:type O:OffTracking)(?x O:isTouching ?z)->(?x O:hasState O:Dangerous)
```

rule2:(?x rdf:type O:ElectricLocomotiveDriver)(?x O:isDriving ?y)(?y rdf:type O:ElectricLocomotive)(?y O:hasState ?z)(?z rdf:type O:On)(?x O:isAwayFrom ?y)->(?x O:hasState O:Dangerous)

rule3:(?x rdf:type O:HookWorker)(?x O:isStandingBetween ?y)(?y rdf:type O:Tramcar)(?x O:isPicking ?w)(?w rdf:type O:Hook)->(?x O:hasState O:Dangerous)

rule4:(?x rdf:type O:MiningMaintenanceElectrician)(?x O:isInspecting ?y)(?y rdf:type O:ElectricalEquipment)(?y O:hasState ?z)(?z rdf:type O:On)->(?x O:hasState O:Dangerous)

rule5:(?x rdf:type O:PowerDistributionWorker)(?x O:hasOperation ?y)(?y rdf:type O:High-voltageElectricalEquipment)(?x O:isSwitchingOn ?z)(?z rdf:type O:Disconnector)(?x O:isNotWearing ?w)(?w rdf:type O:InsulatingGlove)->(?x O:hasState O:Dangerous)

rule6:(?x rdf:type O:RailWorker)(?x O:isConstructing ?y)(?y rdf:type O:Rail)(?x O:isUsing ?y)(?z rdf:type O:Apparatus)(?z O:isTouching ?w)(?w rdf:type O:Cable)(?z O:hasState O:On)->(?x O:hasState O:Dangerous)

rule7:(?x rdf:type O:SkilledWorker)(?x O:isRiding ?y)(?y rdf:type O:BeltConveyer)(?y O:hasState ?z)(?z rdf:type O:On)->(?x O:hasState O:Dangerous)

rule8:(?x rdf:type O:StrongBeltConveyerDriver)(?x O:isDriving ?y)(?y rdf:type O:StrongBeltConveyer)(?x O:isCleaning ?y)->(?x O:hasState O:Dangerous)

rule9:(?x rdf:type O:TransportingMaterialWorker)(?x O:isUsing ?y)(?y rdf:type O:MaterialCar)(?y O:hasState O:Breakdown)->(?x O:hasState O:Dangerous)

rule10:(?x rdf:type O:WaterPumpWorker)(?x O:isStarting ?y)(?y rdf:type O:WaterPump)(?x O:isNotWearing ?z)(?z rdf:type O:InsulatingGlove)->(?x O:hasState O:Dangerous)

表 4.5　运输系统本体的规则描述

推理规则	描述
规则 1	严禁带式输送机司机处理输送带跑偏时用身体部位直接接触输送带
规则 2	严禁电机车司机在机车行驶中离开司机室
规则 3	严禁电机车司机站在两车之间进行摘挂钩操作
规则 4	严禁采掘维护电工在检查电气设备时带电作业
规则 5	配电工在操作高压开关合闸送电时必须戴绝缘手套
规则 6	轨道工进行施工作业时，所用的工具不准碰触电缆
规则 7	严禁人员乘坐带式输送机
规则 8	严禁强力带式输送机司机在输送机运行中清理输送机
规则 9	严禁运料工使用损坏失修的材料车
规则 10	水泵工启动水泵电动机时必须戴绝缘手套

表4.6　通风系统本体的规则描述

推理规则	描述
规则1	风门管理工操作风门时不准站在风门的后边，防止车撞风门伤人
规则2	严禁安全监测工行车时检查传输电缆
规则3	风筒工拆除独头巷道的风筒时，不得停风
规则4	通风木工在立眼中施工时，必须佩带保险带
规则5	掘进工作面临时停工时，不准停止局部通风机的运转
规则6	局部通风机安装工应在支护良好的地方安装通风机
规则7	灭尘工冲刷架线电机车巷道时，应事先与有关部门联系，切断架线电源
规则8	测风员测风时注意避开架空线，避免发生触电事故
规则9	巷道维修工在有架空线的巷道中进行巷修工作时，要首先切断架空线的电源
规则10	严禁瓦斯断电仪检修工在井下拆机带电修理瓦斯断电仪

通风系统本体推理规则如下。

```
rule1:(?x rdf:type O:AirDoorManagementWorker)(?x O:hasOperation ?y)(?y rdf:type O:AirDoor)(?x O:isBehind ?y)->(?x O:hasState O:Dangerous)
rule2:(?x rdf:type O:SafetyMonitoringWorker)(?x O:isWorkingOn ?y)(?y rdf:type O:WorkingPlace)(?y O:hasApparatus ?z)(?z rdf:type O:RunningVehicle)(?x O:isInspecting ?w)(?w rdf:type O:cable)->(?x O:hasState O:Dangerous)
rule3:(?x rdf:type O:AirDuctWorker)(?x O:isDismantling ?y)(?y rdf:type O:AirDuct)(?x O:isStopping ?z)(?z rdf:type O:Ventilator)->(?x O:hasState O:Dangerous)
rule4:(?x rdf:type O:VentilationCarpenter)(?x O:isWorkingOn ?y)(?y rdf:type O:VerticalHole)(?x O:isNotWearing ?z)(?z rdf:type O:SafetyBelt)->(?x O:hasState O:Dangerous)
rule5:(?x rdf:type O:LocalVentilatorDriver)(?x O:isWorkingOn ?y)(?y rdf:type O:DrivingWorkingFace)(?x O:isUsing ?z)(?z rdf:type O:LocalVentilator) (?z O:hasState ?w)(?w rdf:type O:Off)->(?x O:hasState O:Dangerous)
rule6:(?x rdf:type O:LocalVentilatorInstaller)(?x O:isWorkingOn ?y)(?y rdf:type O:WorkingPlace)(?x O:isInStalling ?z)(?z rdf:type O:LocalVentilator)(?y O:hasApparatus ?u)(?u rdf:type O:Support)(?u O:hasState ?v)(?v rdf:type O:Incomplete)->(?x O:hasState O:Dangerous)
rule7:(?x rdf:type O:DustExtinguishingWorker)(?x O:isWorkingOn ?y)(?y rdf:type O:LocomotiveRoadway)(?x O:isWashingOut ?y)(?y rdf:type O:LocomotiveRoadway)(?y O:hasApparatus ?z)(?z rdf:type O:AerialLine)(?z O:hasState ?w)(?w rdf:type O:On)->(?x O:hasState O:Dangerous)
rule8:(?x rdf:type O:WindMeasuringWorker)(?x O:isUsing ?y)(?y rdf:type O:WindMeasurementApparatus)(?x O:iaNextTo ?z)(?z rdf:type O:AerialLine)->(?x O:hasState O:Dangerous)
rule9:(?x rdf:type O:RoadwayMaintainer)(?x O:isWorkingOn ?y)(?y rdf:type O:Roadway)(?y O:HasApparatus ?z)(?z rdf:type O:AerialLine)(?z
```

```
O:hasState ?w)(?w rdf:type O:On)->(?x O:hasState O:Dangerous)
      rule10:(?x rdf:type O:GasBreakerMaintainer)(?x O:isMaintaining ?y)
(?y rdf:type O:GasBreaker)(?y O:hasState ?z)(?z rdf:type O:On)->(?x
O:hasState O:Dangerous)
```

在本体和规则库构建完成的基础上，推理系统从规则库中开始逐条执行模式匹配算法，直到合适的规则被触发。当进行到某条规则时，首先判断实例属性是否与第一个条件匹配；接着，推理模块判断是否与第二个条件匹配；同理，推理模块判断是否符合剩余条件。由此生成结论，从而找到了该本体中隐含的知识，推理的结果符合煤矿监测预警机制的要求。

4.2　基于证据理论的本体不确定性推理

煤矿井下环境复杂、情境信息难以描述，且危险因素众多具有不确定性，采用本体模型对煤矿领域建模，处理了煤矿领域知识难以描述、共享、重用的问题，并构建了相应的本体推理规则，从本体推理的角度实现井下安全状况的评判。鉴于依赖于传统的单一监测数据评判井下安全状况，造成的不确定性，以及本体推理中规则冲突的问题，引入证据理论对推理规则进行整合，消除规则之间的冲突，实现井下安全状况的全面评估。仿真结果表明，该方法具有较高的准确性，为井下环境评估提供了一种新思路、新方法。

4.2.1　基于本体推理的煤矿安全监测

基于规则的本体推理是利用推理机，将推理规则和已有的知识进行匹配，挖掘出新的知识，将煤矿安全监测看成一种诱发性的本体推理过程。例如，当传感器监测到某工作地点中有配电工在操作高压开关合闸送电时未戴绝缘手套，则推断出该配电工有危险。本书采用本体对煤矿领域建模，并制定了相关的推理规则，利用本体推理来监测井下作业环境的安全状况。传统的基于本体推理的煤矿安全监测中，仅依靠单一类型传感器或监测设备，接收到的监测数据具有不确定性，即利用单一规则推断井下安全状况，会导致监测结果即本体推理结果具有不确定性。例如，某井下作业场所，瓦斯传感器检测到瓦斯浓度为0.9%，推断出该地点存在较大危险；粉尘传感器采集到粉尘浓度为6mg/m^3，可能存在一般危险，但本体推理结果都为存在危险，显然两种传感器监测到的危险因素对于危险程度的判断并不一样，无法根据某一推理结果较为准确地评判其安全状况。

近年来，有关煤矿安全监测和评估的研究有很多。由于传统的本体推理只是针对单一传感器检测数据进行推理，存在推理结果不准确、精度低的问题（刘婷等，2017），且单一传感器可能出现失灵、误判，数据存在一定的不确定性，无法综合评估井下环境状况，从而导致监测结果不可靠、不确定。因此，很多学者开始运用模糊逻辑、证据理论、神经网络等信息融合技术评判煤矿井下环境。基本思想是通过无线传感器来采集信息，然后对多个传感器的检测数据进行融合，综合分析井下环境参数，实现对其安全状况的全面评估（张河翔，2012）。张从力等（2012）将改进的 LMBP 神经网络算法用于井下环境评估，有效提高了传统模型的训练速度。在实际应用中综合考虑了井下环境的 3 个主要影响因素，在一定程度上解决了井下环境评判不及时和不准确的问题。刘海波等（2012）将神经网络和证据理论相结合用于评估煤矿瓦斯突出等级，通过两次数据融合对危险等级作出评判，提高了井下危险因素评价的准确性。以上研究工作虽从整体上改善了煤矿安全评估水平，但矿井环境极其复杂且参数多变，仅依赖于传统的信息融合技术，无法建立全面、有效、明确的模型，且不能利用隐含信息进行推理。此外，大量新监测数据的持续收集，则需要模型不断进行训练和调整，在运算速度和精度方面很难达到平衡（刘诗源，2016）。

通过以上分析，目前关于井下环境评估缺乏一种既能描述煤矿环境的知识表示模型，又能全面获取环境信息，处理不确定性数据间的融合问题。D-S 证据理论又称 DS 理论或证据理论，由 Dempster 于 20 世纪 60 年代首次提出，其学生 Shafer 对其改进后形成了完善的融合不确定信息的理论（陈烨等，2014；宋亚飞，2014）。作为一种信息融合方法，证据理论不需要考虑先验知识和条件概率，同时为决策级不确定信息的表征与融合提供了强有力的工具，目前广泛应用于不确定推理、决策分析等领域（刘娟等，2013）。因此，本书将引入 D-S 证据理论对多条相关本体推理规则进行处理，消除规则之间的冲突，实现多种监测数据的融合，解决本体推理中存在的不确定性问题（徐守坤等，2016）。

4.2.2 改进的 D-S 证据理论

证据理论的核心是基本概率分配和 Dempster 合成规则。人们把问题域中所有互斥假设构成的集合称为识别框架 Θ，对于 Θ 中的任意子集即命题，如果满足 $m(\varnothing)=0$，$\sum_{A\subset\Theta} m(A)=1$，那么称 m 是 Θ 上的基本概率分配函数（basic probability assignment，BPA）。BPA 表示证据对该命题的支持程度。在此基础上，定义 Θ 下两个证据间的 Dempster 合成规则，如式（4.1）和式（4.2）所示。

$$m_{12}(A)=\begin{cases}\dfrac{\sum\limits_{B\cap C=A} m_1(B)m_2(C)}{1-k}, & A\neq\varnothing \\ 0, & A=\varnothing\end{cases} \tag{4.1}$$

$$k=\sum_{B\cap C=\varnothing} m_1(B)m_2(C) \tag{4.2}$$

式中，A、B、C 为 Θ 上的子集；m_1，m_2 为两各个证据源；$m_{12}(A)$表示 m_1、m_2 两个证据对命题 A 的联合支持程度；k 表示证据间的冲突大小，$0\leqslant k\leqslant 1$。当 $k=0$ 时，两证据完全不冲突，k 越大，冲突越大；当 $k=1$ 时，表示完全冲突。下面通过几个例子具体说明 D-S 证据理论存在的问题。

例 4.1　假定识别框架 $\Theta=\{A, B, C\}$，有两条证据：$m_1(A)=0.01$，$m_1(B)=0.99$；$m_2(B)=0.99$，$m_2(C)=0.01$。

由式（4.2）计算可得 $k=0.9999$，$m_{12}(A)=0$，$m_{12}(B)=1$，$m_{12}(C)=0$，尽管两个证据对命题 B 的支持度都非常低，但合成后对 B 的支持度却最高，显然不合常理。

例 4.2　假定识别框架 $\Theta=\{A, B, C\}$，有两条证据：$m_1(A)=0.4$，$m_1(B)=m_1(C)=0.3$；$m_2(A)=0.4$，$m_2(B)=m_2$, $m_2(C)=0.3$。

由式（4.2）计算可得 $k=0.66$，表明二者存在较大的冲突，然而 m_1、m_2 是两个完全一样的证据，不存在任何冲突。所以，仅用冲突因子 k 来反映证据间的冲突程度，存在一定的缺陷。

鉴于经典的 Dempster 合成规则在证据高度冲突的时候，会造成合成结果出现悖论，具有很大的局限性，有学者对其提出了改进方法，主要分为两类：改进组合规则和修正证据模型（Li et al.，2016）。修改组合规则的方法通常会破坏其本身所满足的交换律、结合律等优良性质且计算量大，不便于实际应用。修正证据模型的基本思想是根据证据之间的冲突程度来确定证据的权重，加权修正原始证据后再进行合成（Lin et al.，2016）。因此，为准确度量证据之间冲突大小，有学者尝试引入其他参数来修正冲突因子 k，比如引入距离函数。蒋雯等（2010）利用证据距离和冲突因子的算术平均数来表示冲突的大小，但仍存在一定的局限性，比如对于例 4.2 中两个相同的证据，其冲突因子本应为 0 却不为 0，不符合实际情况。张燕君等（2013）重新定义了冲突因子后，解决了此问题，但针对两个完全冲突的证据仍不能准确判断其冲突程度。

基于以上分析，出于更加全面、准确地度量证据间冲突程度的目的，接下来将引入彭颖等（2013）给出的扩展 Jousselme 距离函数，如式（4.3）所示，重新定义有关 m_i 和 m_j 的冲突因子，如式（4.4）所示。

$$d_{i,j}=\sqrt{\frac{\left\langle \vec{m}_i,\vec{m}_i\right\rangle+\left\langle \vec{m}_j,\vec{m}_j\right\rangle-2\left\langle \vec{m}_i,\vec{m}_j\right\rangle}{\left\langle \vec{m}_i,\vec{m}_i\right\rangle+\left\langle \vec{m}_j,\vec{m}_j\right\rangle}} \tag{4.3}$$

$$\mathrm{conf}_{i,j}=\begin{cases}\dfrac{d_{i,j}}{2}, & k=0\\ 0, & d_{i,j}=0\\ \dfrac{2k\cdot d_{i,j}}{k+d_{i,j}}, & k\neq 0 \text{且} d_{i,j}\neq 0\end{cases} \tag{4.4}$$

式（4.4）中，k 为证据理论中的冲突因子；$d_{i,j}$ 为 $\vec{m}_i$、$\vec{m}_j$ 之间的距离函数；$\mathrm{conf}_{i,j}$ 表示重新定义的 m_i、m_j 之间的冲突因子，$0\leqslant \mathrm{conf}_{i,j}\leqslant 1$，且满足冲突因子的如下性

质定义，能够充分反映证据之间的冲突程度。

1）$\text{conf}_{i,j}\in[0,1]$。

2）$\text{conf}_{i,j}=0$，当且仅当 $m_i=m_j$。

3）$\text{conf}_{i,j}=1$，当且仅当 m_i 和 m_j 的焦元满足$(\cup A_i)\cap(\cup B_i)=\varnothing$。

4.2.3 面向井下环境评估的本体不确定性推理应用

本体模型构建的目的是根据监测到人的行为、环境、设备的状态等信息，应用本体推理机进行推理，对作业环境的安全状况进行评判，以便及时采取措施，预防事故的发生。

利用本体扩展了对煤矿领域知识的形式化描述，解决了异构系统间知识共享的问题，并结合证据理论处理本体推理中的不确定性问题，完成井下安全状况的全面评估。基本思想是通过构建本体模型和相应的本体推理规则，形式化井下情境信息，根据监测到的环境信息，触发本体推理从而评估井下的安全状况。在推理过程中，根据对煤矿各危险源的辨识和等级评估等信息，按危险程度确定每条推理规则的置信度，利用证据理论对相关规则进行融合，综合考虑多种环境信息，全面评估井下环境的安全状况。如图 4.7 所示，表示的是根据监测到的环境信息，评估井下安全状况的推理流程图。

具体步骤如下。

步骤 1：利用本体描述井下情境信息，并制定相应的推理规则，保存到知识库中。

步骤 2：从传感器或监控设备中采集数据，构建相应的本体实例，保存在本体知识库中并触发本体推理。

步骤 3：推理引擎调用推理规则库，并根据对应推理规则的置信度，分别构造其 BPA 函数。

步骤 4：利用证据理论融合算法，整合相应的推理规则，得出推理结果。

步骤 5：根据推理得出的井下环境的安全状况等级，及时报警处理。

上述步骤 4 中，利用证据理论融合算法整合推理规则的具体过程如下。

1）检验规则之间是否存在冲突。两两计算，如规则 rule_i、rule_j，其对应的 BPA 函数为 m_i、m_j。利用式（4.4）计算 rule_i、rule_j 二者之间的冲突因子矩阵 ***conf***。设定阈值 p，若 $\text{conf}_{i,j}\geqslant p$，则认为规则之间存在冲突，跳转到 2)；若不存在证据冲突，则跳转到 6)。

2）利用式（4.4）计算每条规则与其他规则之间的冲突因子，构造冲突矩阵。

$$\boldsymbol{conf}=\begin{pmatrix} 0 & \text{conf}_{1,2} & \cdots & \text{conf}_{1,n} \\ \text{conf}_{2,1} & 0 & \cdots & \text{conf}_{2,n} \\ \vdots & \vdots & 0 & \vdots \\ \text{conf}_{n,1} & \text{conf}_{n,2} & \cdots & 0 \end{pmatrix}_{n\times n}$$

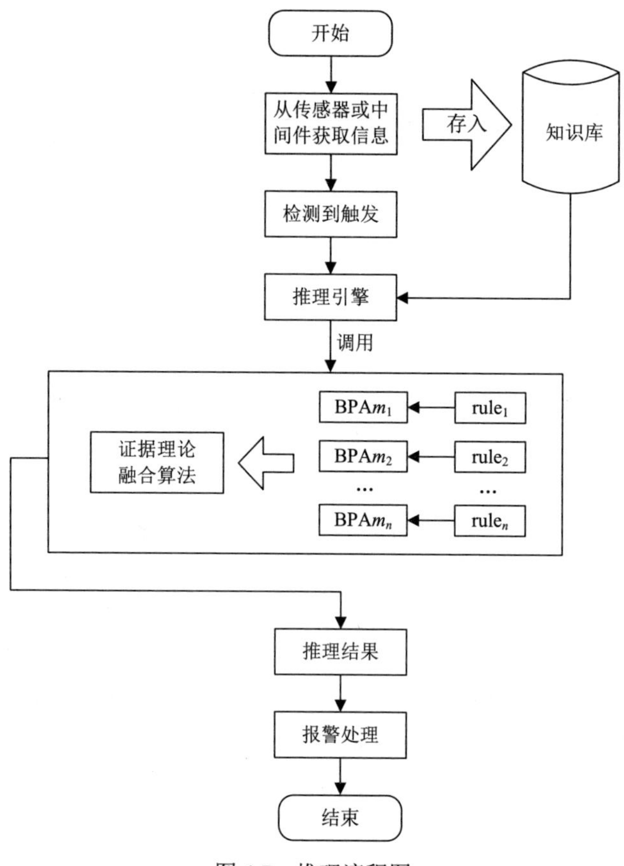

图 4.7　推理流程图

3）计算规则 rule_i 与其他规则之间的总支持度。

$$\sup_i = (n-1) - \sum_{j=1}^{n} \mathrm{conf}_{i,j}$$

4）计算规则 rule_i 的权值。

$$\omega_i = \sup_i \Big/ \sum_{j=1}^{n} \sup_j$$

5）计算规则 rule_i 的相对权值。

$$\alpha_i = \frac{\omega_i}{\omega_{\max}}$$

6）根据相对权重，对原有规则 rule_i 进行修正。

$$m_i^*(A_k) = \begin{cases} \alpha_i m_i(A_k), & A_k \neq \Theta \\ 1 - \sum m_i^*(A_k), & A_k = \Theta \end{cases}$$

7）采用 D-S 组合规则对相应规则的 BPA 函数进行组合，得到推理结果。

4.2.4　实验及结果分析

为了验证证据理论和本体推理相结合的井下环境评估方法的有效性，选取瓦斯、粉尘和风速 3 种相关参数进行实验分析，首先查阅了煤矿行业标准及相关文献，得出各参数与安全状况等级的对应关系，如表 4.7 所示。

表 4.7　等级划分

瓦斯浓度/%	粉尘浓度/(mg/m³)	风速/(m/s)	安全等级
>1.0	>10	>4 或<1	报警
0.6～1	7～10	3.5～4	危险
0.4～0.6	4～7	2.5～3.5 或 1～1.5	中等
<0.4	<4	1.5～2.5	安全

利用表 4.7 中的标准随机生成 200 组模拟数据对方法进行测试，如表 4.8 所示，实验的具体实现过程为：首先，建立煤矿领域本体模型，并分别构建有关瓦斯浓度、粉尘浓度、风速 3 种参数对应安全状况等级的推理规则；其次，利用模拟数据触发本体推理，通过对模拟数据进行归一化处理，确定其对应推理规则的置信度，构造 BPA 函数；最后，利用改进的冲突证据合成方法进行规则的整合，综合考虑 3 种环境因素，评估井下环境的安全等级。

表 4.8　测试数据

编号	瓦斯浓度/%	粉尘/(mg/m³)	风速/(m/s)	期望输出值
1	0.34	8.07	3.12	中等
2	0.77	7.11	2.89	危险
3	0.35	5.65	2.45	安全
4	0.80	4.16	3.25	危险
5	0.72	8.72	2.65	危险
6	0.2	9.65	1.02	安全
7	0.72	5.58	1.04	中等
8	0.91	8.69	2.63	危险
9	0.17	5.23	1.85	安全
10	0.95	0.01	0.53	中等
11	0.35	0.27	0.66	安全
12	0.29	0.54	0.94	中等
13	0.91	0.51	0.33	危险
14	0.57	0.09	0.17	安全
15	0.78	0.35	0.45	危险
16	0.98	0.14	0.36	中等

续表

编号	瓦斯浓度/%	粉尘/(mg/m³)	风速/(m/s)	期望输出值
17	0.12	0.85	0.42	中等
18	0.22	0.6	0.68	危险
19	0.85	0.34	0.54	危险
20	0.81	0.12	0.04	安全

实验结果表明，利用本体推理和证据理论相结合的评估方法，得出的结果与期望输出值基本相符，仅有 5 组数据偏离期望值，测试结果的准确率达到 97.5%，有较好的评判效果，能够满足煤矿的实际需求。观察实验结果中出现偏差的几组数据，都比较接近于某一等级分布的临界值。可见误差与等级划分较为粗略有很大关系，因此，可尝试进一步细化等级分布，使推理结果更加准确。实验结果证明，利用改进的证据理论对本体推理规则进行融合，综合考虑了井下多种监测信息，在一定程度上提高了评估的准确率。同时，改进的冲突证据合成方法有效避免了冲突规则所带来的负面影响，充分发挥了证据理论的优良特性，保证了信息的精确性。

4.3　本章小结

本章首先介绍了本体推理规则定义的基础知识。随后根据煤矿三大规程的规定分别制定了适用于采煤工作面、掘进工作面、井下运输系统、井下通风系统的自定义推理规则集，最后将添加实例的本体模型与构建的自定义推理规则嵌入到 Jena 推理机中进行推理来验证规则的正确性与有效性。

为了解决煤矿井下信息处理所存在的延迟和不确定性等问题，给出一种以本体推理为基础，结合证据理论进行数据融合的煤矿安全监测方法。该方法通过对煤矿井下情境信息进行形式化描述，解决了异构系统之间的概念共享问题。然后运用改进的证据理论方法对本体推理规则进行整合，消除规则冲突，实现煤矿安全状况的综合评估。在运输系统本体和推理规则构建完成的基础上，选取 200 组模拟数据进行实验验证，精度达到 97.5%，表明该方法具有一定的可行性，并且有效地提高了煤矿安全评估的准确率。

第5章　基于本体推理的煤矿安全监测系统

为进一步利用推理实现监测，构建了基于本体推理的安全监测系统。在系统中能够实现本体模型的维护与添加，并支持规则及规则库的检索预览功能，便于对参与推理的本体模型和规则库的实时更新。该系统优化了规则集，实现推理时优先进行核心规则的推理，以保障绝大多数井下工人的生命财产安全。该系统的构建为煤矿生产工作的顺利进行提供了保障，有利于煤矿企业向“零死亡”目标迈进，并为当前较为匮乏的煤矿安全生产领域的相关推理技术提供了研究方向。

5.1　系统分析

针对煤矿行业这样一个高危行业，如何应用历史煤矿安全事件快速获取应对当前突发事件的解决思路，是急需解决的关键问题。煤矿领域知识丰富，实时监测数据量大，煤矿智能推理系统为进一步提高煤矿安全工作的信息化水平，以及煤矿安全监测提供了一种新的途径。在建立煤矿井下各关键工作面本体库及推理规则库的基础上，采用本体建模及推理技术能及时识别井下隐藏的危险源，充分减少事故的发生。首先，综合分析井下环境参数、人员、设备等相关信息，建立煤矿安全生产领域的本体层次模型；其次，依据煤矿三大规程制定了规则库，在此基础上设计并实现了一个基于本体推理的煤矿安全监测系统。推理系统通过将本体模型与推理规则相结合，检查当前本体情境信息中是否存在隐患，从而利用历史事件对未来煤矿安全状况进行全面监测，并对危险事件进行预警，为煤矿安全生产提供保障。

5.1.1　可行性分析

可行性分析分为技术可行性分析、操作可行性分析和社会可行性分析。

1. 技术可行性分析

该系统开发主要涉及本体管理、规则管理、本体推理分析、用户管理4个部分，涉及关键技术的有本体管理与本体推理分析两部分。

（1）本体管理

本体管理的重要部分是本体建模，目前对于本体建模有很多发展较成熟的建模工具及建模方法，根据煤矿企业安全生产的实际情况，选择七步法结合骨架法的建模方法和Protégé建模工具。

目前，本体的应用广泛，各领域的专家、学者都在进行领域本体的研究，目的在于通过构建领域本体模型解决相关问题。一方面，通过开发本体建模工具来提高本体建模效率，以及实现更加智能的本体建模技术。目前使用较为广泛且得到较高认可的本体建模工具是斯坦福大学开发的Protégé编辑器，该编辑器中集成了FaCT++推理机，FaCT++推理机实现了基于Tableaux算法的推理，并支持整型、字符串型等类型数据的推理，可以实现本体模型的一致性推理验证。另一方面，通过设计建模方法达到更好地实现本体构建工程的目的，其中使用较为普遍的建模方法就包括七步法和骨架法，因此，本体建模的实现并不会受技术制约，本体建模在技术上是可行的。

（2）本体推理分析

基于本体推理分析的煤矿安全监测系统的开发是基于 JavaEE 集成开发环境Eclipse、Tomcat服务器，涉及Java语言、SSH框架技术、Jena推理机等。

Eclipse的功能非常强大，支持也十分广泛。Eclipse是几乎囊括了目前所有主流开源产品的专属Eclipse开发工具，因此，此系统的开发在Eclipse上进行不会受开发环境的限制。

Tomcat技术先进、性能稳定、免费开源，深受Java编程人员的喜爱，并得到了部分软件开发商的认可，成为目前比较流行的Web应用服务器，Tomcat服务器在中小型系统和并发访问用户不多的场合下被普遍使用，是开发和调试JSP程序的首选，因此，Tomcat服务器发展的成熟度及专业人士的认可度完全可以满足该系统开发的要求。

Java是一种可以撰写跨平台应用程序的面向对象的程序设计语言。Java技术具有卓越的通用性、高效性、平台移植性和安全性，应用非常广泛，拥有全球最大的开发者专业社群。同时，由于Java语言本身的语法极其严格，这将促使程序员的代码软件结构规范性极强。Java提供的服务JDBC、JSP、SSH框架等在现实应用中都以其特点获得有需求的开发人员的青睐。因此，Java是该系统开发的良好选择。

Jena推理机提供了DIG接口，允许后台使用不同的推理引擎，也就表示，在Jena中也可以使用Racer、Pellet、FaCT++这些推理机。因此，Jena作为目前针对本体常用推理机中功能最强大的一个，选择Jena作为推理机是技术可行的。

综合用到的所有平台、工具、技术等均是技术可行的，因此，系统的开发过程是技术可行的。

2. 操作可行性分析

此系统的操作可行性主要从以下3个方面来反映：

1）用户界面简洁友好、易操作，只需熟悉系统便可进行操作，而不需花费大量时间进行系统操作的培训，具有很强的操作可行性。

2）本体建模需要熟练掌握 Protégé 编辑器的使用，而 Protégé 编辑器功能强大，需要花费大量时间进行专业的学习，考虑到煤矿领域本体模型基本上不会有大的变化，即不需要进行大幅更新，因此不会很大程度降低整个系统的操作可行性。

3）如果需要更新规则库，需要操作人员掌握自定义推理规则的格式要求，但自定义推理规则的设计涉及很多细节性问题，需要积累一定的经验才能够熟练运用，但由于规则的设计是根据煤矿三大规程等相关规范进行的，而煤矿这些规范会不时地进行修订或重新制定新的规范文件，因此规则库的更新在某种程度上降低了系统的操作可行性。

3. 社会可行性分析

煤矿工业信息化发展空间很大，由于其属于高危产业，生产安全事故频发，因此对于生产的安全性要求极高，此系统作为煤矿企业生产安全事故的预防性系统，可以有效减少煤矿事故的发生，因此具有高度的社会可行性。

综合以上各主要方面的可行性分析、研究得出，此系统是可行的。

5.1.2　需求分析

为了开发出真正满足用户需求的产品，首先必须知道用户的需求。对需求的深入理解是系统开发工作获得成功的前提条件。

1. 功能分析

该系统主要通过煤矿井下监测监控设备（传感器），监控煤矿各工作面（环境因素、人员、机械等）状况，建立相应的本体库，并根据《煤矿安全规程》《作业规程》和《煤矿安全技术操作规程》这三大规程及 Jena 推理规则语法结构设计推理规则，结合本体和推理技术实现煤矿对各工作面及其上的实体进行安全推理。推理功能的实现主要依赖两大因素：本体和规则。一旦通过推理得到危险信息，立即报警以保证煤矿的安全生产。经过调研分析，系统应包括以下功能。

（1）本体管理

通过 Protégé 构建有关煤矿领域的本体库，并根据需求不断更新、完善，最终建立完善的本体库。

1）本体构建。本体模型的构建是进行推理的一大要素，并且本体模型是本体推理系统功能测试、验证的基础。通过 Protégé 编辑器构建有关煤矿领域本体，并对其属性等要素进行设置，然后建立相关本体间的关系，最后通过 Protégé 自带插件 FaCT++推理机对本体模型进行一致性检验。

2）上传本体。选择本地创建或其他方式获取的本体文件，上传至系统，供推理使用。

3）删除本体。删除系统中已经过时、不存在等无用的本体文件，保持系统中本体文件的有效性。

4）更新本体。对于后期需要发生变更的本体，可通过计算相似度，根据输出概念间的关系，完成对相应本体的更新。

（2）规则管理

通过在本体推理系统添加、删除规则及管理规则文件，实现规则库及规则对应数据库的更新。

1）规则库管理。由于煤矿三大规程等安全生产规范会不断地补充完善，新规范的制定、旧规范的修订都会要求规则库的更新，即规则的添加和删除操作，以保持规则库的有效性。

① 添加规则。新规范的制定需要对应地添加新的规则，再根据自定义推理规则格式要求，通过系统添加自定义推理规则，并进行相应的描述，最终将规则保存到数据库中。

② 删除规则。已有的自定义推理规则需要随着规范的修订进行更新，因此需要删除过时的规则，以免降低系统使用的效率。

2）规则文件管理。根据矿井地质条件（每层稳定程度、地质构造复杂程度等）、瓦斯涌出量等将规则分类保存在对应的规则文件中，例如，根据矿井瓦斯涌出量高低分为高瓦斯矿井和低瓦斯矿井。以此来保证规则分类明确，提高效率。

① 创建规则文件。根据矿井分类创建对应的规则文件来存储相应的自定义推理规则。

② 向指定规则文件中添加规则。根据规则文件所对应矿井类型添加相应的自定义推理规则。

（3）推理分析

通过本体建模以及根据煤矿三大规程设计的自定义推理规则，实现相应的本体知识推理，得出隐含危险信息。

1）选择本体以及对应的规则文件进行推理，利用推理结果进行安全预警。

2）下载推理结果，以备后用。为数据整理分析保存充足的数据。

2. 性能分析

1）磁盘容量。可存储信息量不小于 1000 份推理结果报告。

2）数据传输速率。实时信息的传输延迟要求降到最低。

3. 可靠性和可用性分析

系统在一年内不能出现 5 次以上故障；在任何时候，主机及备份机上的本体推理系统至少有一个是可用的，且在半年内，任何一台计算机上该系统不可用的时间不能超过总时间的 3%。

4. 约束

创建本体只能使用专业的本体建模工具 Protégé，并严格按要求添加本体属性、本体关系等，要确保本体模型符合要求，还需使用 FaCT++或其他推理机对其进行一致性检验，否则本体文件可能不可用。添加自定义推理规则时，需要严格遵守规则的自定义格式要求，并且符合煤矿实际数据的要求，否则规则不可用。

5. 可移植性

由于系统使用 Java 语言编写，利用其“一次编译，到处运行”的突出优势，可以在不同的操作系统上运行。

5.1.3　角色分析

本系统的使用者是系统的管理员和煤炭企业安全监测者，本节首先陈述用户的大致功能需求。

1）系统管理员可以利用 Protégé 软件进行本体库的建立、更新及持续化到数据库。

2）系统管理员可以在管理系统中直接创建、更新规则库及存储规则库到数据库。

3）煤炭企业监测者可以使用 Jena 推理机进行相应的推理，得出一些推理结果。

根据分析总结出系统总的数据流图，图 5.1 说明了基本的数据流。

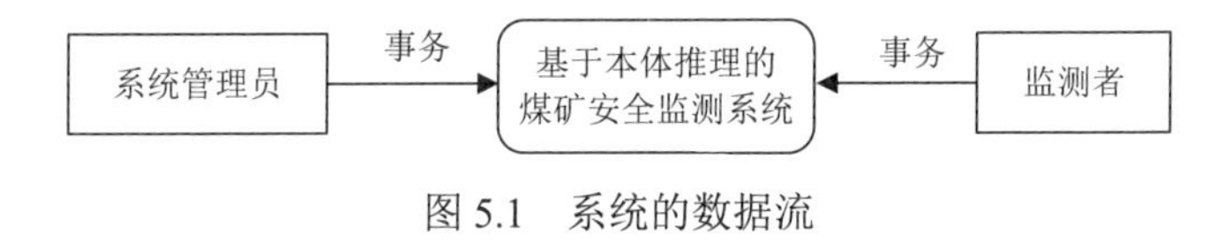

图 5.1　系统的数据流

1. 角色定义

本系统采用面向对象分析作为主要的系统建模方法，使用统一建模语言（unified modeling language，UML）作为建模语言。

（1）危险信息监测者

监测者是实时监控煤矿状况的用户，主要工作是输入查询项目查询异常情况。当遇到异常情况时，系统将报告给监测者。如果监测者发现异常情况，监测者可以将异常情况提交给系统并记录（见图 5.2）。当然，监测者可以根据已有本体进行显性知识查询。

（2）系统管理员

系统管理员是维护系统本体库、规则库和系统运行平台的管理者，根据相应的功能需求设置 3 个子系统，用户进入系统管理界面可进行相应的选择。系统管理员拥有较高的系统访问权限，其用例图如图 5.3 所示。

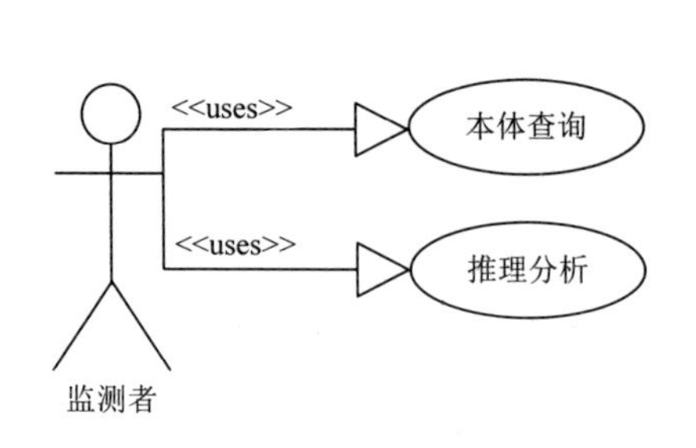

图 5.2　监测者用例图

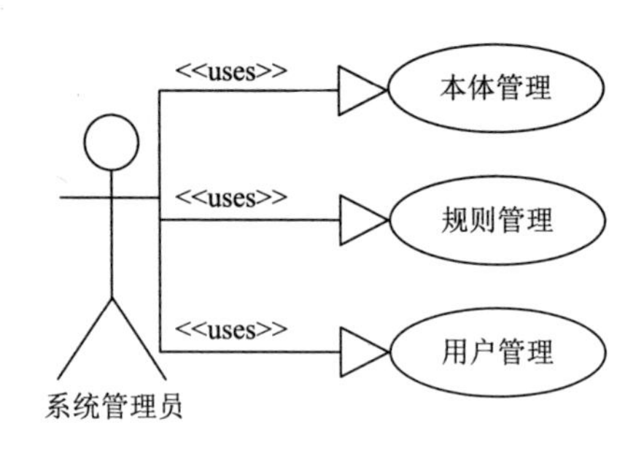

图 5.3　系统管理员用例图

2. 角色需求分析

（1）监测者需求分析

系统为客户端监测者提供服务的对象主要是安全监测工作人员，提供的功能有用户注册及登录、用户查询安全状况、系统报告异常情况及简单处理。

用户打开系统进行注册，注册成功后进行登录。登录成功后可以选择异常监控功能或者本体查询。如果进入本体查询模块，系统将提供给用户知识查询的功能。如果用户进入异常监控模块，用户查询相应项目的安全监测状况及系统根据推理规则自动报告安全状况，如若发现异常及时报告，如图 5.4 所示。

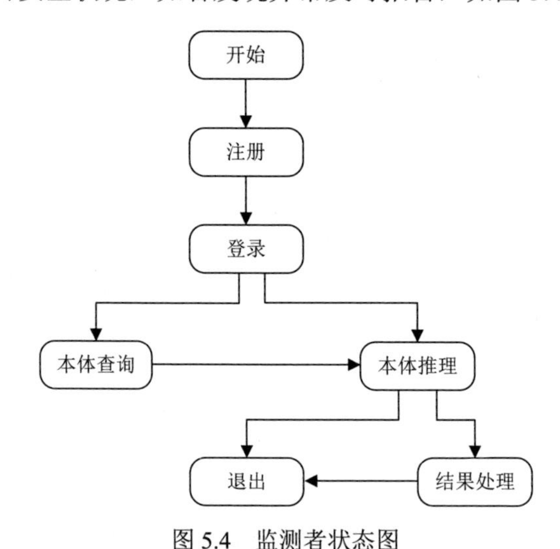

图 5.4　监测者状态图

（2）系统管理员需求分析

系统为管理员提供的服务主要位于服务器端，将为系统维护工程人员提供本体库更新、规则库更新、平台管理等服务。用户打开系统进行用户注册，信息验证，如若成功，则登录系统。登录后，进入服务选择界面，可选的有本体库管理、规则设置、系统平台检测和管理。选择相应的功能选项，用户可以使用相应的服务。运行过程中系统的各个时间段的状态如图 5.5 所示。

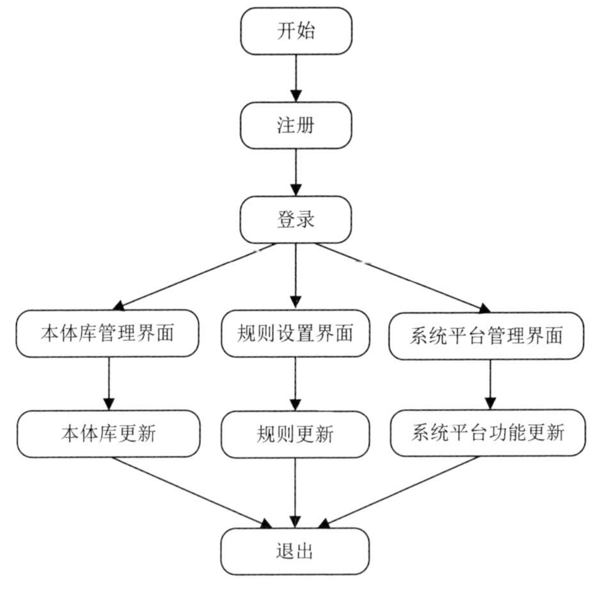

图 5.5　系统管理员状态图

5.2　系统设计

系统开发的架构模型如图 5.6 所示，主要包括 4 层：展现层负责向用户直观

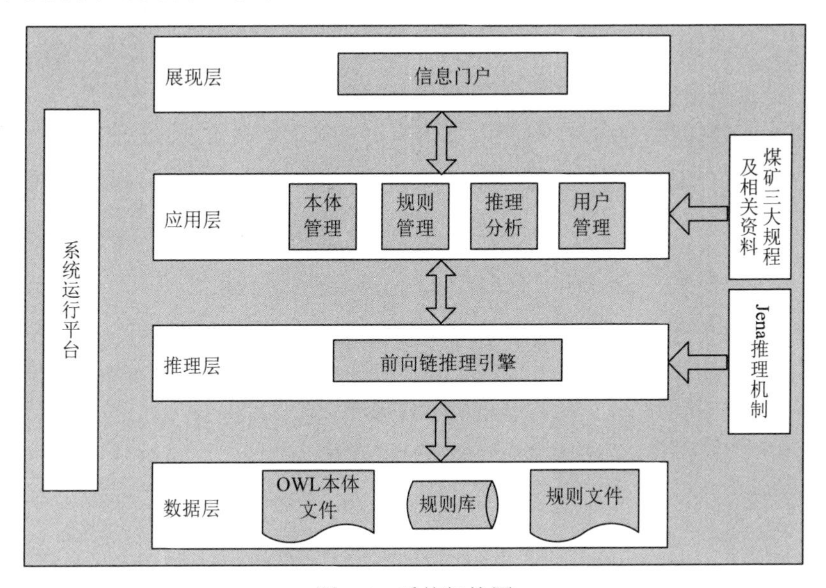

图 5.6　系统架构图

地展示系统所涵盖的功能模块，提供可视化服务及结果输出；应用层为用户提供交互操作，如通过浏览煤矿三大规程及相关资料，直接构建本体模型及规则，也可对系统中已上传的本体或规则进行修改、查看及推理分析；推理层引入 Jena 推理机制，对基于 RDF 模型的本体及规则文件进行读取、查询等操作，通过将模型和推理器绑定进一步实现推理；数据层提供数据库存储模式，具有一定的可移植性，本系统使用 MySQL 关系数据库保存数据，并将数据库文件直接存储到主机磁盘上。

5.2.1 系统模块概述

经过需求分析可知，系统的功能模块如图 5.7 所示。

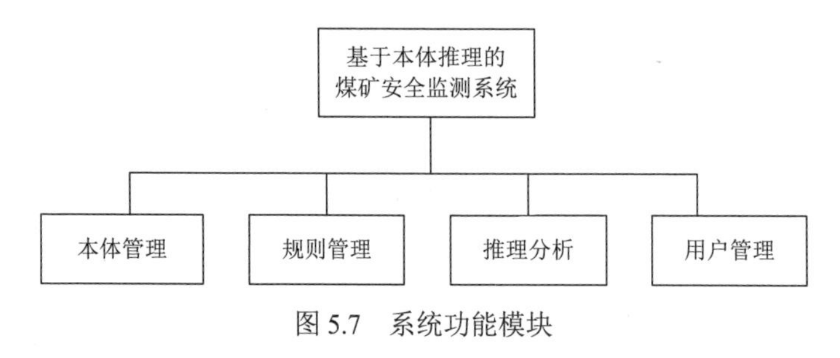

图 5.7　系统功能模块

1. 本体管理模块

打开系统时，首先要进行注册和登录。登录完成之后用户可以进行相应的操作，其中首要的是对本体进行查询和修改。系统内建有多个本体，包含煤矿各大层面，采煤工作面只是其中之一。系统需要有能打开界面内的本体，查看本体内的具体数据，查看某工作面的具体属性。若有本体不适应现有的煤矿生产，可对本体进行修改、更新和删除操作。要求本体数据都保存至计算机内一个固定文件夹，对其进行增删改查都会影响该文件夹内文件。本体管理模块设计如图 5.8 所示。

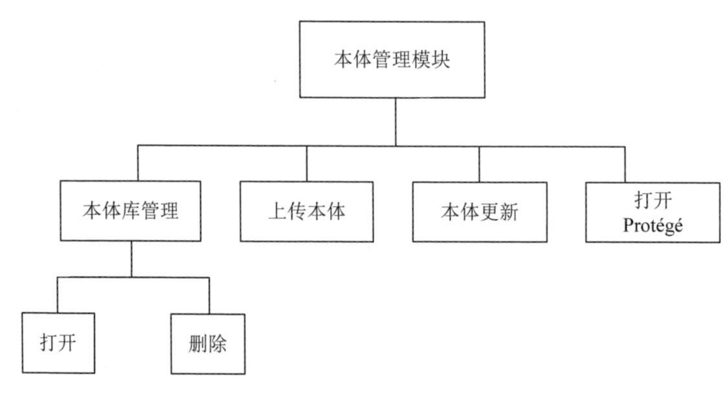

图 5.8　本体管理模块

2. 规则管理模块

规则管理模块首先是建立在本体的基础上，相应的规则建立需要依赖本体内的属性进行手动添加。本模块需要对规则的添加进行展示，相应的规则要有相应的标示，规则形成一个规则库。建立与本体相对应的规则文件，添加规则库中的规则，最后实现推理。规则管理模块设计如图 5.9 所示。

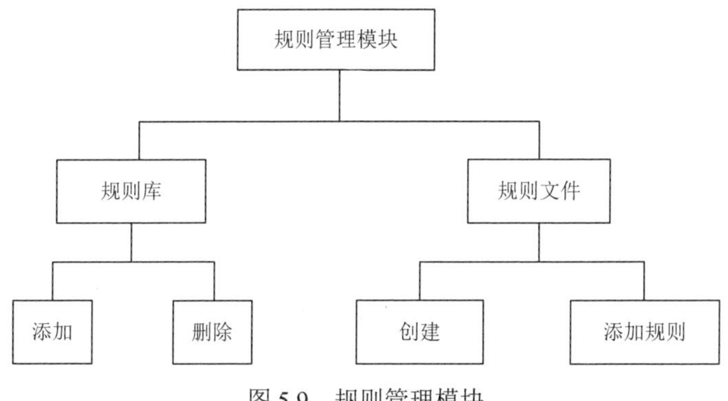

图 5.9　规则管理模块

3. 推理分析模块

利用 Jena 推理机的后台处理，基于本体模型和推理文件实现最后的推理。推理内容要简洁、清晰。推理模块需要借助本体管理模块和规则管理模块操作。推理模块设计如图 5.10 所示。

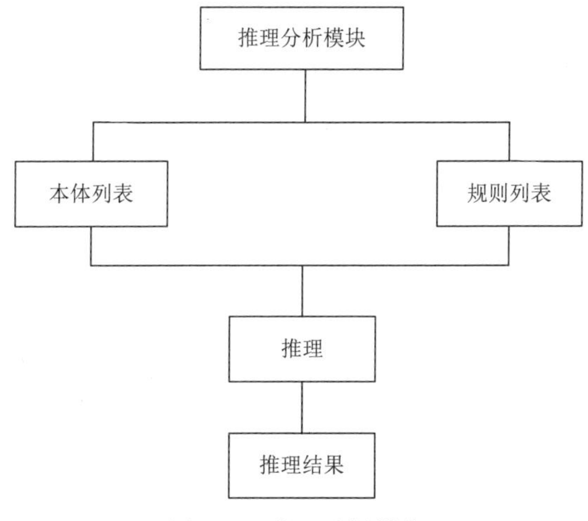

图 5.10　推理分析模块

4. 用户管理模块

注册完成后，首先要登录，登录界面的进入需要之前注册的用户名和密码，并且正确填写才可进入，否则提示拒绝进入。进入后会显示一系列的界面，此时用户可以进行许多相应的功能操作。可以在本界面上查询一些用户资料，可以查询用户表中的有关操作，并可根据权限大小，对操作进行修改和删除。用户管理模块设计如图 5.11 所示。

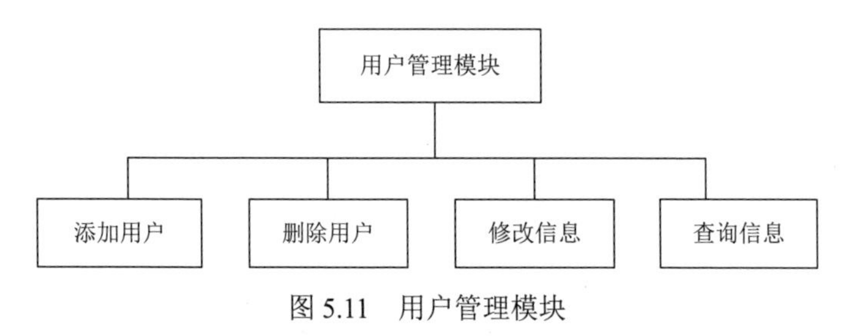

图 5.11　用户管理模块

本书设计的基于本体推理的煤矿安全监测系统的基本子模块已经介绍完了。相关子模块之间需要进行相互的连接，系统也需要与数据库相连，系统内写入的数据可以同步至存储空间和数据库。同时也可以在管理员权限下查询。

5.2.2　详细设计

系统的详细设计对于开发十分重要。基于相关的本体建模软件，Jena 推理机构成它们所要的局部结构。同时通过详细设计，这些功能性软件能够达到系统的使用要求，让用户满意。

1. 本体管理模块设计

系统管理员通过注册、登录进入主界面，再进入本体管理界面。打开本体编辑软件，构建本体后，保存成 OWL 文件同时保存至数据库和存储空间。本体的相关属性就可以在该界面的本体管理中进行查看。图 5.12 为本体管理模块的详细设计。

（1）构建本体

通过界面内的本体编辑软件 Protégé，可在其内构建本体，添加相关属性。构建本体一定要谨慎详细，如若本体构建有缺陷会影响之后的推理。同时应熟读软件操作方法，规范构建本体。

（2）查询本体

构建好本体后，相关的 OWL 文件会存入存储空间，相关的属性会添加进数据库，在界面上提供了本体查询功能。可以通过记事本打开本体文件，查看其中的相关属性。Jena 开发包提供本体操作接口，用户能对 OWL 本体进行查询操作。

使用其接口中的模式工厂创建对象，该空本体需要导入本体 OWL 文件，如此即可对本体进行查询。

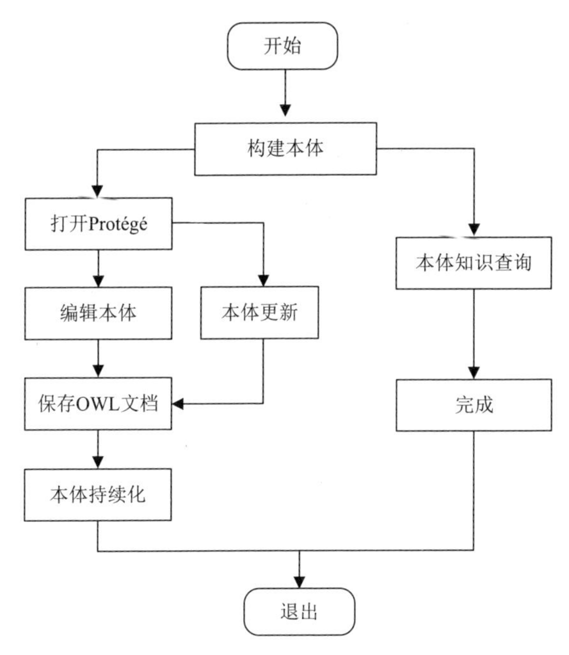

图 5.12　本体管理模块详细设计

（3）更新本体

如若进行本体更新，需通过计算新增概念的相似度，得到概念间的语义关系，再进入 Protégé 对本体进行修改。

2. 规则管理模块设计

基于本体推理的煤矿安全监测系统需要正确建立与本体相关的规则文件，规则文件中规则的规范性是至关重要的，这涉及能否进行正确的推理。尤其在煤矿这个高危险的工作环境中，需要一个稳定性高的推理预警机制，这就需要建立重要的规则。规则管理模块的服务对象是管理员，管理员进入系统后选择进入规则模块，可以看到一个规则库，每一条规则都有其依赖的本体，在这个规则库中，可以进行添加和删除操作，规则库中的每条规则都有其相应的标示，以免含糊不清添加错误。管理员进入规则文件子模块，可以自定义产生一个空的规则文件，规则文件需要一个文件前缀，这也是依赖于本体的。建立规则文件后，需要选择规则库中的相对应规则，充实规则文件（请注意添加相关的规则，不可添加错误），这就形成了一个规则文件，存储至数据库中和存储空间中，必要时可通过规则文件管理界面，用记事本打开规则文件，对其中的规则进行小的修改。详细设计如图 5.13 所示。

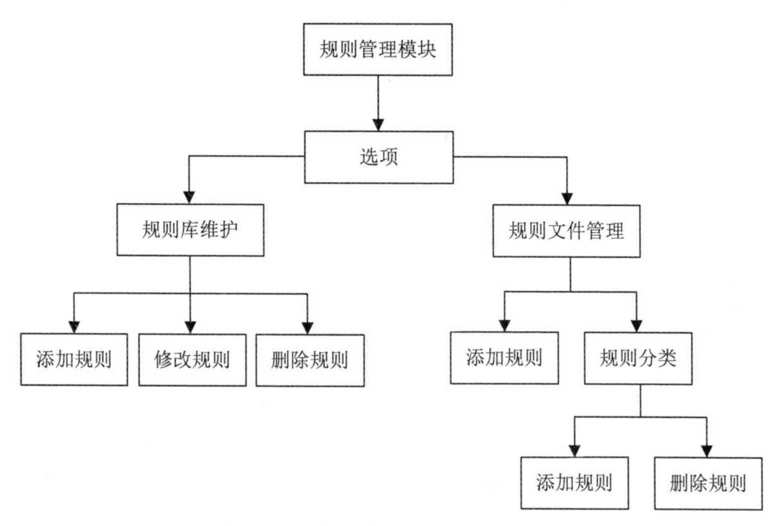

图 5.13　规则管理模块详细设计

3. 推理分析模块设计

推理分析模块需要基于相应的本体和规则文件，利用Jena推理机中的开发包，实现最后的推理。管理员进入系统选择相应的本体和规则文件进行推理，得出结果查询分析，达到预警机制。使用 Jena 提供推理接口读入本体数据，创建用户规则解析器和推理模型。推理分析模块的详细设计如图 5.14 所示。

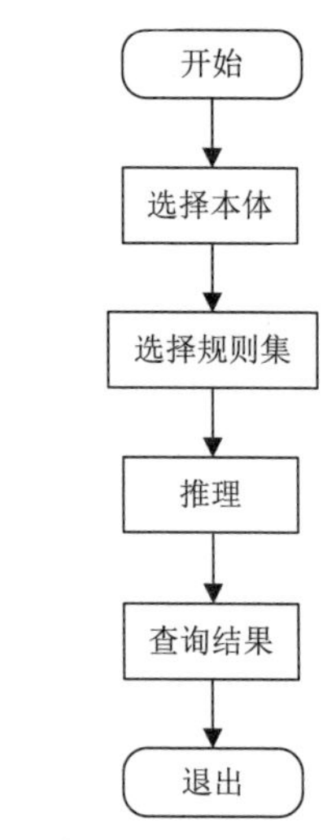

图 5.14　推理分析模块的详细设计

4. 用户管理模块设计

作为客户端的监测者可以打开煤矿安全监测系统，在这种情况下，首先要进行的任务就是注册，注册成功才可以接着进行下面的工作。注册成功后，系统会保留注册的一些重要信息，不可以进行重复注册。注册成功并登录后会进入用户管理界面。用户管理模块设计如图 5.15 所示。

5. 数据库设计

（1）本体数据库

构建本体生成的 OWL 文件是储存于计算机磁盘内存储空间的，在系统运行后，通过界面上的操作，调用服务至后台，解析相应的文件。本体 OWL 文件的调用是通过系统进行的，界面上本体库的数据与储存空间中的一致。本体文件存储情况如图 5.16 所示。

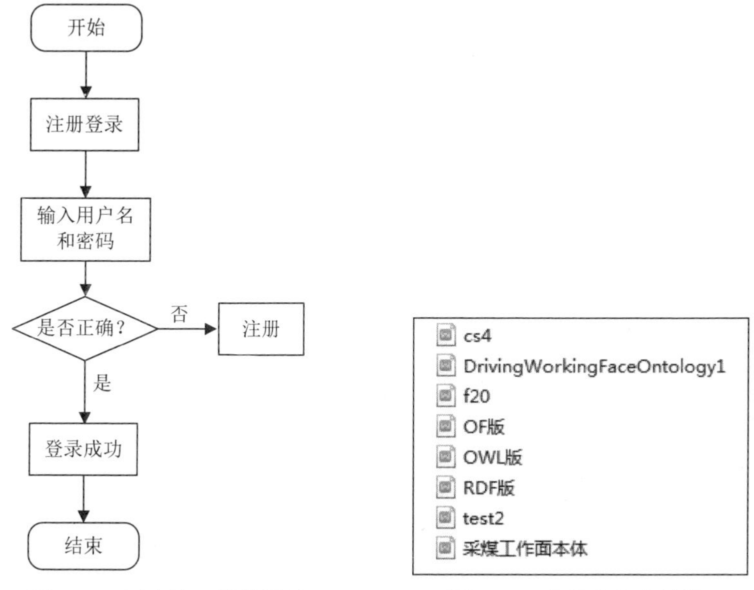

图 5.15　用户管理模块设计　　图 5.16　本体文件存储情况

（2）规则数据库

规则数据库含有一张表，其中存储有关于本体的各项规则，表中有 3 个字段，分别为 ruleid、ruledef、rulespec，代表规则编号、规则定义、规则含义说明，其中规则编号是主键。规则数据库如图 5.17 所示。

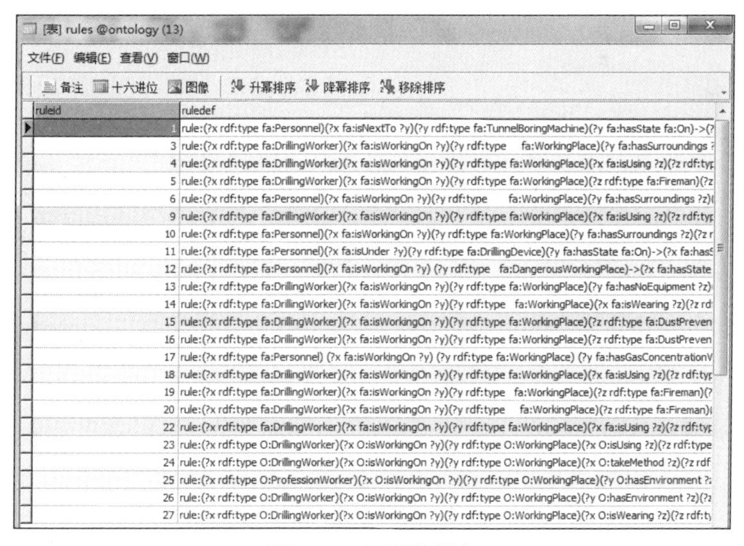

[表] rules @ontology (13)

文件(F) 编辑(E) 查看(V) 窗口(W)

备注　十六进位　图像　升幂排序　降幂排序　移除排序

ruleid	ruledef
1	rule:(?x rdf:type fa:Personnel)(?x fa:isNextTo ?y)(?y rdf:type fa:TunnelBoringMachine)(?y fa:hasState fa:On)->(?
3	rule:(?x rdf:type fa:DrillingWorker)(?x fa:isWorkingOn ?y)(?y rdf:type fa:WorkingPlace)(?y fa:hasSurroundings ?
4	rule:(?x rdf:type fa:DrillingWorker)(?x fa:isWorkingOn ?y)(?y rdf:type fa:WorkingPlace)(?x fa:isUsing ?z)(?z rdf:typ
5	rule:(?x rdf:type fa:DrillingWorker)(?x fa:isWorkingOn ?y)(?y rdf:type fa:WorkingPlace)(?z rdf:type fa:Fireman)(?z
6	rule:(?x rdf:type fa:Personnel)(?x fa:isWorkingOn ?y)(?y rdf:type fa:WorkingPlace)(?y fa:hasSurroundings ?z)(
9	rule:(?x rdf:type fa:DrillingWorker)(?x fa:isWorkingOn ?y)(?y rdf:type fa:WorkingPlace)(?x fa:isUsing ?z)(?z rdf:typ
10	rule:(?x rdf:type fa:Personnel)(?x fa:isWorkingOn ?y)(?y rdf:type fa:WorkingPlace)(?y fa:hasSurroundings ?z)(?z r
11	rule:(?x rdf:type fa:Personnel)(?x fa:isUnder ?y)(?y rdf:type fa:DrillingDevice)(?y fa:hasState fa:On)->(?x fa:has
12	rule:(?x rdf:type fa:Personnel)(?x fa:isWorkingOn ?y) (?y rdf:type fa:DangerousWorkingPlace)->(?x fa:hasState
13	rule:(?x rdf:type fa:DrillingWorker)(?x fa:isWorkingOn ?y)(?y rdf:type fa:WorkingPlace)(?y fa:hasNoEquipment ?z)(
14	rule:(?x rdf:type fa:DrillingWorker)(?x fa:isWorkingOn ?y)(?y rdf:type fa:WorkingPlace)(?x fa:isWearing ?z)(?z rd
15	rule:(?x rdf:type fa:DrillingWorker)(?x fa:isWorkingOn ?y)(?y rdf:type fa:WorkingPlace)(?z rdf:type fa:DustPreven
16	rule:(?x rdf:type fa:DrillingWorker)(?x fa:isWorkingOn ?y)(?y rdf:type fa:WorkingPlace)(?z rdf:type fa:DustPreven
17	rule:(?x rdf:type fa:Personnel) (?x fa:isWorkingOn ?y) (?y rdf:type fa:WorkingPlace) (?y fa:hasGasConcentrationV
18	rule:(?x rdf:type fa:DrillingWorker)(?x fa:isWorkingOn ?y)(?y rdf:type fa:WorkingPlace)(?x fa:isUsing ?z)(?z rdf:typ
19	rule:(?x rdf:type fa:DrillingWorker)(?x fa:isWorkingOn ?y)(?y rdf:type fa:WorkingPlace)(?z rdf:type fa:Fireman)(?
20	rule:(?x rdf:type fa:DrillingWorker)(?x fa:isWorkingOn ?y)(?y rdf:type fa:WorkingPlace)(?z rdf:type fa:Fireman)(
22	rule:(?x rdf:type fa:DrillingWorker)(?x fa:isWorkingOn ?y)(?y rdf:type fa:WorkingPlace)(?x fa:isUsing ?z)(?z rdf:typ
23	rule:(?x rdf:type O:DrillingWorker)(?x O:isWorkingOn ?y)(?y rdf:type O:WorkingPlace)(?x O:isUsing ?z)(?z rdf:type
24	rule:(?x rdf:type O:DrillingWorker)(?x O:isWorkingOn ?y)(?y rdf:type O:WorkingPlace)(?x O:takeMethod ?z)(?z rdf
25	rule:(?x rdf:type O:ProfessionWorker)(?x O:isWorkingOn ?y)(?y rdf:type O:WorkingPlace)(?y O:hasEnvironment ?:
26	rule:(?x rdf:type O:DrillingWorker)(?x O:isWorkingOn ?y)(?y rdf:type O:WorkingPlace)(?y O:hasEnvironment ?z)(?z
27	rule:(?x rdf:type O:DrillingWorker)(?x O:isWorkingOn ?y)(?y rdf:type O:WorkingPlace)(?x O:isWearing ?z)(?z rdf:ty

图 5.17　规则数据库

（3）规则文件数据库

规则文件数据库中有一张属性表，表中的 3 个属性分别是 rfileid、rfilename、ruri，代表文件号、文件名称、文件前缀，其中文件号是主键。规则文件数据库如图 5.18 所示。

rfileid	rfilename	ruri
1	Family.rules	http://www.semanticweb.org/
5	TBM.rules	http://www.semanticweb.org/
11	TBM0110.rules	http://www.semanticweb.org/
14	core rules	http://www.semanticweb.org/
15	general rules	http://www.semanticweb.org/
21	ceshi.rules	http://www.semanticweb.org/
23	test1.rules	http://www.semanticweb.org/

图 5.18　规则文件数据库

（4）用户数据库

用户数据库中有一张表 user，用于储存用户信息，其属性有用户号、用户名、密码、备注，其中用户号为主键。用户数据库如图 5.19 所示。

id	password	user	role
1	1	admin	(Null)
2	1	1	(Null)
3	1	admin1	(Null)
4	1	admin1	(Null)
5	1	admin1	(Null)
6	1	admin1	(Null)
7	1	admin1	(Null)
8	1	admin1	(Null)
9	1	admin1	(Null)
10	123	yyz	(Null)
11	2	2	(Null)

图 5.19　用户数据库

5.3　系统实现

通过构建基于本体推理的安全监测系统，实现了对本体模型信息的查询与检索，并对井下作业人员出现不安全行为或周边发现危险隐患时进行指导与预警，保证设备及作业人员的安全，为煤矿的安全生产提供基本保障。本系统分为用户模块和管理员模块两大部分，用户模块实现的主要功能有：初始本体列表、本体更新、规则列表管理、规则文件管理、推理分析功能。管理员模块实现的主要功能有：添加用户功能、删除用户功能、查询用户功能。其中，用户模块实现功能为系统核心部分。

5.3.1　注册登录界面

煤矿安全监测系统需要先进行个人注册再登录以维护系统的安全性，注册与登录的信息存储于数据库中的 user 表，并且煤矿单位作为用户需要对管理员与普通监测员用户进行权限限制，如图 5.20 和图 5.21 所示。

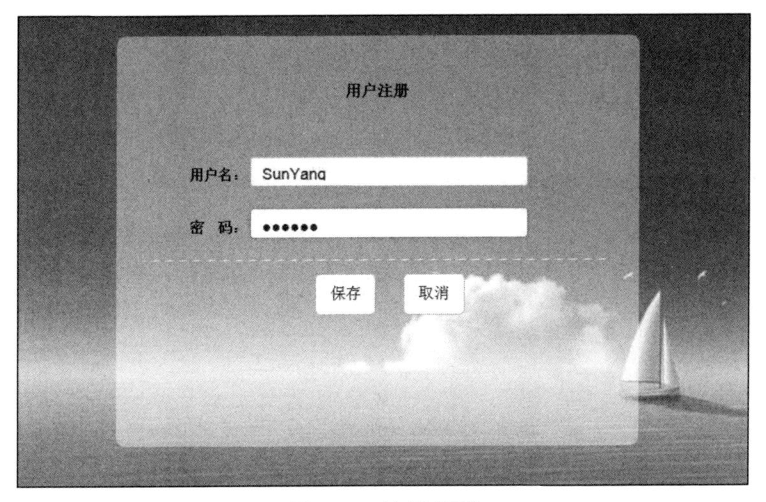

图 5.20　注册界面

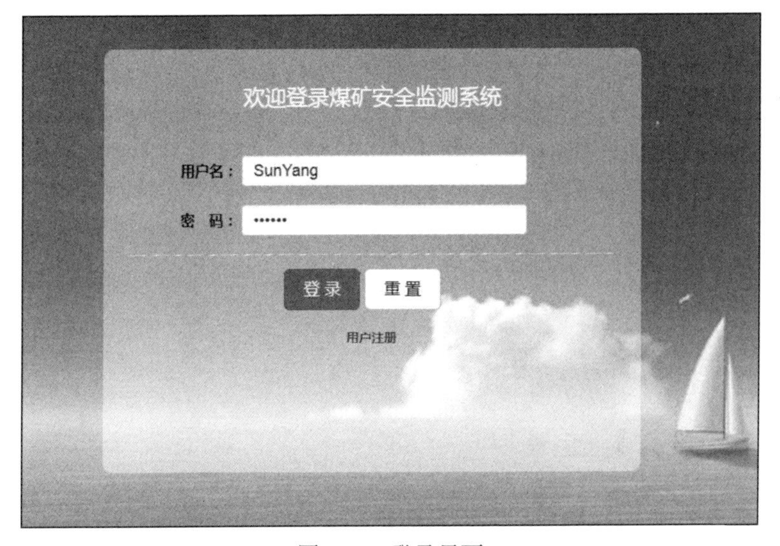

图 5.21　登录界面

5.3.2　系统主界面

进入系统主界面后，可以看到本体管理、规则管理、推理分析、用户管理 4 个模块，可分别进入其中进行操作处理。

1. 本体管理界面

在本体管理界面（见图 5.22）可单击“本体管理”按钮进入本体列表子模块，进入后有本体库，可以对其中的本体进行打开和删除操作，操作之后，相应的响应会同步至存储空间和数据库。若要添加本体可单击“选择文件”按钮，选择合适的本体文件名称和路径寻找本体，单击“上传”按钮上传至本体库，相应数据也会进入数据库。“打开本机本体建模软件”按钮是用来打开 Protégé 程序的功能快捷键，可用来修改本体中的一些可能需要更新的细节。

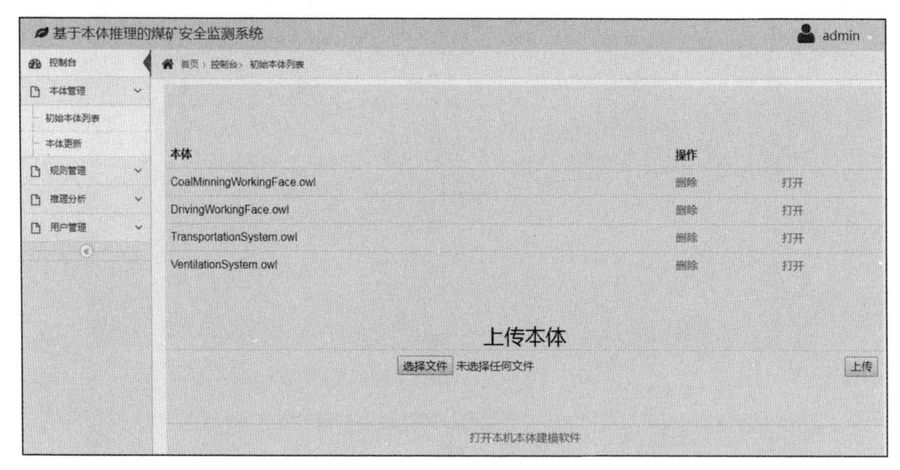

图 5.22　本体管理界面

用户可实现本体“概念-属性”文件的上传与删除，并通过计算概念间的语义相似度，辅助完成本体新概念的添加，如图 5.23 所示。

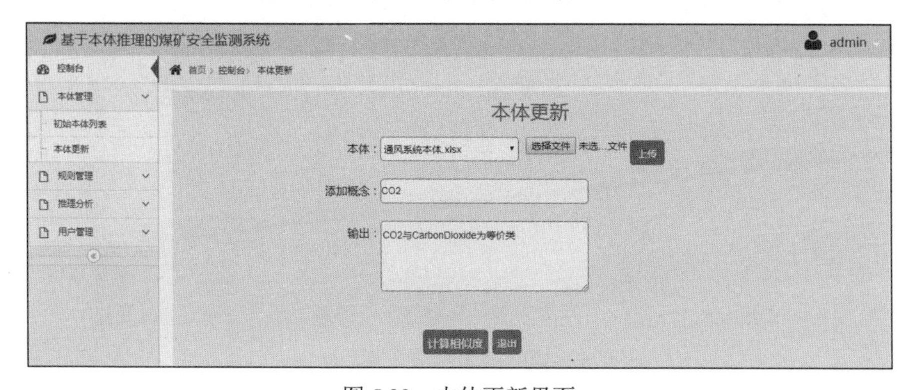

图 5.23　本体更新界面

将本体中的“概念-属性”以表格的形式存储在 Excel 文件中，根据实际需求选择所需更新的本体，在添加概念后的文本框中输入待添加的概念及其属性，通过计算相似度，输出本体中与待添加概念相似度最大的本体概念及概念间的语义关系。完成相似度计算之后，根据输出概念间的关系，打开 Protégé 建模软件，将新增加的概念及属性添加到相应本体中，实现对本体的修改与更新。

2. 规则管理界面

规则管理模块中有 3 个子模块，分别是规则列表、规则文件、规则库。

规则列表子模块中有添加规则、删除规则操作（见图 5.24）。添加规则时，需输入规则定义和规则说明，规则定义是定义和上传的一些本体规则，规则说明是说明某条规则属于哪个规则文件和本体。因为规则的修改较为简单，可进行的规则操作只有删除。若要修改，可先删除之后，再添加正确规则。添加规则时需要正确填写规则定义和规则说明，保存即可。

图 5.24　规则列表子模块

可对规则文件子模块中的文件进行打开和删除操作（见图 5.25），打开文件后，可对其包含的规则进行简单的修改。添加规则文件需要正确填写规则文件名称和文件前缀，文件前缀需要和本体相对应，只有文件前缀与本体文件中的前缀相对应，在填充规则后才能正确推理。

图 5.25　规则文件子模块

在规则库子模块中，首先输入待添加的规则文件名称，选择相应的规则，添加至规范的规则文件中，如图 5.26 所示。

3. 推理分析界面

进入推理分析模块后有本体列表和规则文件列表，该模块结合 Jena 推理机和推理规则，对本体实例进行前向链推理，获取本体中隐含的信息，准确地判断煤矿井下人员、设备、环境的安全状况，并显示推理结果。如图 5.27 所示，在推理机工作前，选中本体文件及对应的规则文件，实现本体模型的推理，从而正确地判断人员及设备的状态，保障煤矿的安全生产。

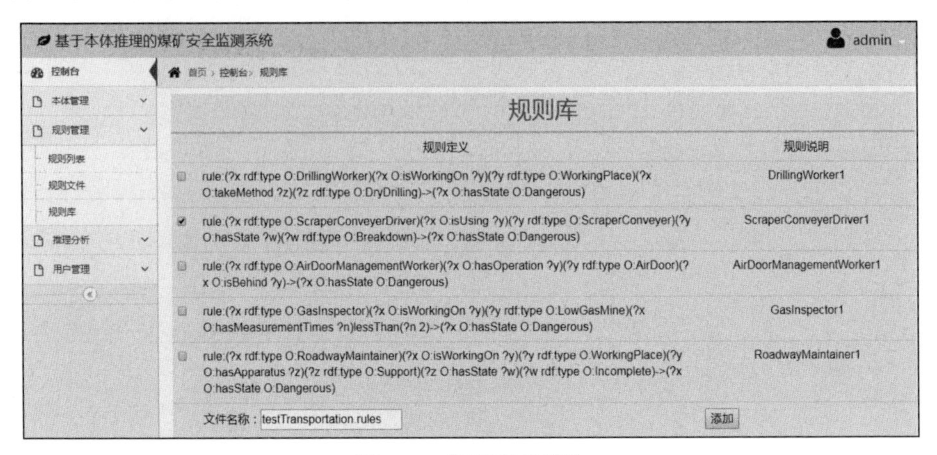

图 5.26　规则库子模块

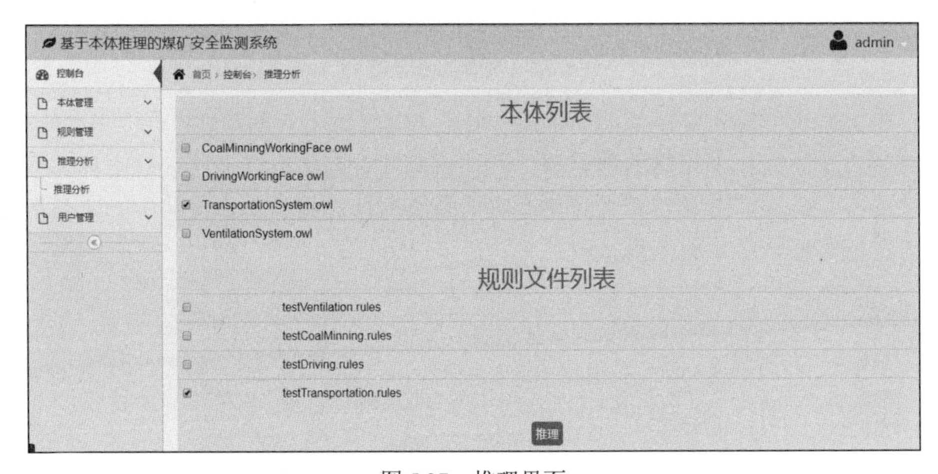

图 5.27　推理界面

4. 用户管理界面

用户管理界面（见图 5.28）主要是对注册用户的信息进行修改、删除、查询操作，且可添加新用户，通过输入用户名、用户类型可查询用户信息。管理员在这个界面可以实现对用户的用户名和密码进行修改和删除操作，可对系统使用成员权限作出部署和取消。操作后，系统将响应传送到后台，在数据库中进行相应的更新。

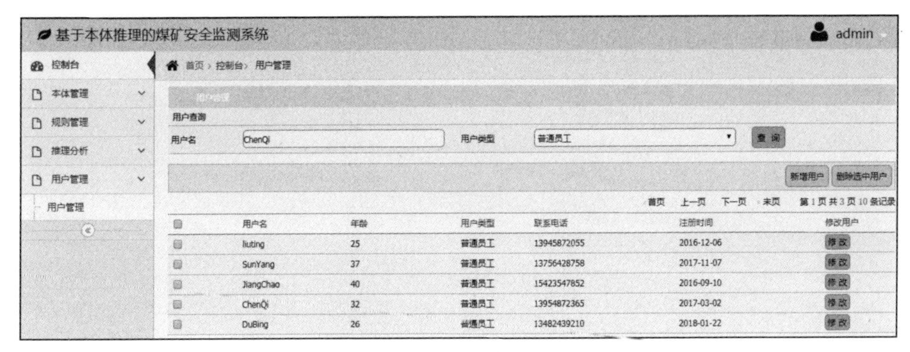

图 5.28　用户管理界面

5. 推理结果分析

本体推理的两大功能是检查本体的一致性、获取隐含知识。获取隐含知识是在基于现有显式说明领域知识的基础上，根据用户定义的规则推理出隐含的知识，这些隐含知识包括一些概念、属性和它们之间的关系。

通过建立本体模型，检测该本体的一致性及可满足性，并构建自定义规则，经过 Jena 推理引擎进行推理得到结果，最终以领域知识的形式返回至用户。这里反馈的知识信息包含两大部分：显式知识和隐含知识。

（1）显式知识

显式知识是本来就包含在用户创建的本体中的知识，经由用户的请求，引擎查询本体将知识反馈至用户。例如，在掘进工作面本体中，煤矿企业管理者想得知掘进工作面系统中哪些掘进机正在工作，或者将实时更新掘进面的瓦斯浓度值提供给监测者，这些知识通过查询本体模型即可直接获取，本体只需返回至用户即可。

（2）隐含知识

隐含知识只用通过推理引擎将特定本体和用户自定义的规则绑定在一起，然后通过推理算法进行模式匹配，间接获取本体中本来不存在的知识。通过建立本体模型和相关的规则，获取本体模型中相关的隐含知识。这些隐含信息基于井下工作地点，利用推理从而生成预警机制，达到工人注意安全规范的目的。例如，根据选择的本体及对应的规则文件（选择本体 TransportationSystem.owl 与规则文件 testTransportation.rules）进行推理后，系统自动反馈推理结果，如图 5.29 所示，每一条推理结果对应一条安全状况评估，提示处于危险的实例。

本书设计的基于本体推理的煤矿安全监测系统还涉及本体的半自动建模部分，使用 Godin 算法可以实现煤矿领域本体模型建立的半自动化，极大地加快了工作效率。本系统操作简单易懂，功能较为完善，用户界面简单明了。实现了对煤矿领域井下环境的全面监测预警，大幅减少事故的发生，并且系统具有良好的运行效率，能够达到提高生产率的目的，赢得竞争优势。

图 5.29　推理结果界面

5.4　本章小结

本章在前文基础上，设计并实现了一个基于本体推理的煤矿安全监测系统，进一步将本体推理技术用于解决煤矿领域面临的实际问题。通过推理及时监测出设备及人员的状态，从而确保煤矿井下工作人员的生命、财产安全，为煤矿的安全生产提供了基本保障。本章先对系统进行了详细的可行性和需求分析，并从用户的角度对角色进行了需求分析；接着对设计的煤矿安全监测系统的基本框架进行了介绍，具体阐述了该系统的模块设计及流程；最终完成了该系统的构建，并对系统实现的各个功能模块的界面进行了说明。

第6章　基于本体的煤矿安全知识图谱研究

目前，国内外相关领域的学者已对煤矿安全问题进行了大量的研究，并不断为改善煤矿安全形势提供新的思路和方法，但仍缺乏对煤矿安全知识结构体系全面系统的分析。煤矿安全知识图谱的构建能够有效地打通数据烟囱，将多维度数据紧密联系起来，更好地分配资源，为合理决策做全面支撑和辅助。本章将基于煤矿瓦斯监控系统、煤矿采煤工作面、煤矿掘进工作面、通风与运输系统4个本体对煤矿领域的知识平台进行构建与设计，并通过使用科学知识图谱对煤矿预警进行分析，进而为煤矿安全预警智能推理系统的研发和改善提供参考，为煤矿安全生产提供保障。

6.1　知识图谱

知识图谱的概念源于2003年美国国家科学院组织的一次以“mapping knowledge domains”为主题的研讨会（侯海燕，2008）。于2005年由陈悦和刘则渊在我国首次提及，在2012年由Google公司首先提出并将其应用于Google搜索，目前，Google已经建立的知识图谱拥有12亿实体，约75亿条关系。

6.1.1　知识图谱的定义

知识图谱（knowledge graph/vault）又称为科学知识图谱，是结构化的语义知识库，用于以符号形式描述物理世界中的概念及其相互关系（陈悦等，2005）。其基本组成单位是“实体-关系-实体”三元组、实体及其相关属性值对，实体间通过关系相互联系，构成网状的知识结构。

知识图谱在图书情报界又称为知识域可视化或知识领域映射地图，通过将应用数学、图形学、信息可视化技术、信息科学等学科的理论和方法与计量学引文分析、共现分析等方法结合，并利用可视化的图谱形象地展示学科的核心结构、发展历史、前沿领域及整体知识架构，达到多学科融合目的的现代理论，为学科研究提供切实的、有价值的参考（Chen et al.，2012）。

总而言之，本质上知识图谱是一种揭示实体之间关系的语义网络，可以对现实世界的事物及其相互关系进行形式化的描述。模式层构建在数据层之上，主要是通过本体库来规范数据层的一系列事实表达（陈曦，2017）。本体是结构化知识库的概念模板，通过本体库形成的知识库不仅层次结构较强，并且冗余程度较小。

6.1.2 知识图谱的应用

目前，随着智能信息服务应用的不断发展，知识图谱已被广泛应用于智能搜索、智能问答、社交网络、个性化推荐等领域。尤其是在智能搜索领域中，用户的搜索请求不再局限于简单的关键词匹配，搜索将根据用户查询的情境与意图进行推理，实现概念检索。与此同时，用户的搜索结果将具有层次化、结构化等重要特征。知识图谱能够使计算机理解人类的语言交流模式，从而更加智能地反馈用户需要的答案。与此同时，通过知识图谱能够将 Web 上的信息、数据及链接关系聚集为知识，使信息资源更易于计算、理解及评价，并且形成一套 Web 语义知识库，以最小的代价将互联网中积累的信息组织起来，成为可以被利用的知识。

通过知识图谱，不仅可以将互联网的信息表达为更接近人类认知世界的形式，而且可以产生大量的智能应用，如可以为营销系统提供潜在用户，为专家系统提供决策数据，给律师、医生、公司 CEO 等提供辅助决策意见。提供更智能的检索方式，是一种更好的组织、管理和利用海量信息的方式。

6.2 知识图谱的构建与设计

知识图谱主要有自顶向下（top-down）与自底向上（bottom-up）两种构建方式。自顶向下指的是先为知识图谱定义好本体与数据模式，再将实体加入知识库。该构建方式需要利用一些现有的结构化知识库作为其基础知识库，例如，Freebase 项目就是采用这种方式，它的绝大部分数据是从维基百科中得到的。自底向上指的是从一些开放链接数据中提取出实体，选择其中置信度较高的加入到知识库，再构建顶层的本体模式（徐增林等，2016）。本书采用自底向上的方式来构建煤矿知识图谱，并根据数据的特征、数量及未来的可扩展性对其进行整体设计与实现，主要包括整体架构设计、知识抽取流程设计、本体设计、知识存储等部分。

6.2.1 整体架构设计

知识图谱的架构包括知识图谱自身的逻辑结构及构建知识图谱所采用的技术（体系）架构。逻辑结构将知识图谱划分为两个层次：数据层和模式层。在知识图谱的数据层，知识以事实为单位存储在图数据库；模式层在数据层之上，是知识图谱的核心（刘峤等，2016）。在模式层存储的是经过提炼的知识，通常利用本体库来管理知识图谱的模式层，借助本体库对公理、规则和约束条件的支持能力来规范实体、关系及实体的类型和属性等对象之间的联系（张德政等，2017）。

接下来从知识图谱构建的角度介绍知识图谱的一般技术（体系）架构。知识图谱的构建过程是从原始数据出发，采用一系列自动或半自动的技术手段，从原始数据中提取出知识要素（即事实），并将其存入知识库的数据层和模式层的过程。这是一个迭代更新的过程，根据知识获取的逻辑，每一轮迭代包含3个阶段，即信息抽取、知识融合和知识加工。

具体设计如图6.1所示。

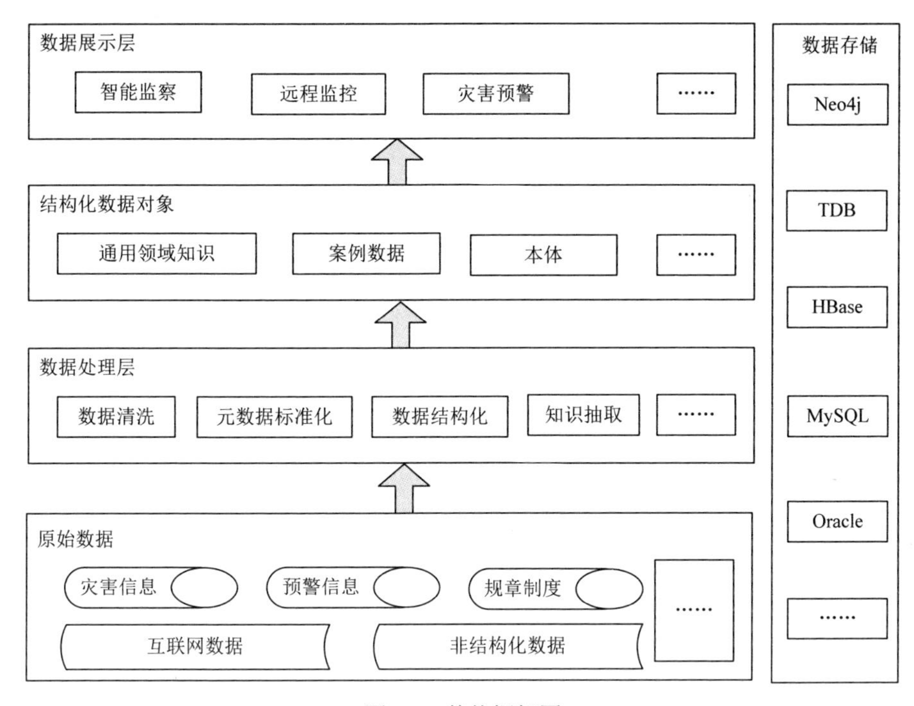

图6.1　整体框架图

1. 数据采集

由于煤矿特殊的作业环境，其数据量庞大、类型多、数据源复杂，因而采用客户端的方式对其进行原始数据的采集，这样可以在数据采集过程中启动多个客户端，并能够使用数据采集接口向下一个流程传输数据。不仅可以有效地针对不同的数据源做不同的处理，而且可以提高整个数据采集过程的效率。

2. 知识抽取

针对煤矿安全预警中数据开源多的特点，从不同数据源的异构数据中经识别、理解、筛选、归纳等过程将知识提取出来，把具有时效性、逻辑性、有一定含义、经过加工处理、有指导意义的数据存储在知识库中。

（1）实体抽取

对采集的不同来源的数据进行处理，能将正确描述事实世界的物体抽象为对象，并对实例化的数据进行抽取进而构建为实体（Liu et al.，2016）。与此同时，将实体的属性也进行识别抽取，形成一个完整的实体对象。

（2）实体消歧

为了融合不同来源数据抽取的实体，需要对实体进行消歧处理。主要是计算两个相同名称实体之间的相似性。通过对实体所具有的属性进行分析，一些基本属性可以用来确定实体的身份，其他一些属性只能用来做相似性的特征，最后通过实体属性来对相同名称的实体进行消歧。

（3）本体映射

将第 3 章提到的煤矿瓦斯监控系统本体模型、煤矿采煤工作面本体模型、煤矿掘进工作面本体模型、煤矿通风与运输系统本体模型进行整合，集成煤矿领域本体，实现一个更大的信息和知识池以支持新研究。与此同时，也可以将从数据中抽取出的实体与已有的本体进行映射。通过本体映射实现不同数据库的相互理解，解决语义异构问题。

（4）实体对齐

由于海量异构数据中实体可能会出现命名不明确、一个实体使用多种文字进行描述的情况，针对上述情况，需要进行实体对齐，即将同一实体的不同描述文字统一用一种解释描述。这是数据成为高质量知识的必要过程。

（5）关系建立

通过人工、半自动化或自动化的方式对数据中抽取的实体和已有本体的属性进行关联分析，建立实体与实体、本体与本体之间的关联关系。

（6）知识质量控制验证

为提高知识质量，需要对抽取的知识进行质量控制，采用人工标注、校验、核对及半自动化方法对已形成的知识进行二次抽取。当然，与此同时，也可以对已形成的知识进行人工补充、修改、删除等。

3. 知识加工

通过知识抽取，可以从原始语料中提取实体、关系与属性等知识要素。再经过知识融合，可以消除实体指称项与实体对象之间的歧义，得到一系列基本的事实表达。然而，事实本身并不等于知识，要想最终获得结构化、网络化的知识体系，还需要经历知识加工的过程。

知识加工主要包括 3 个方面的内容，即本体构建、知识推理和质量评估。

4. 图数据存储

由于基于知识图谱的数据特殊的结构类型，需要对知识的存储采取一些措施。这里对知识的存储采用图数据存储方式。图数据可以完整地体现知识图谱的关系特征，在数据检索、查询、更新与维护过程中，图数据库也有着先天的优势。如在数据的遍历过程中，知识图谱中拥有大量的实体节点及海量的关系，对比关系数据库针对大量数据进行查询需使用多表联查的方式，使用图数据库不仅可以通过图的检索来实现，而且可以大大提升查询效率（Hodge，2005）。

6.2.2　知识抽取流程设计

知识抽取的关键流程涉及 4 个模块，即数据导入、知识抽取、RDF 解析及数据存储。具体流程如图 6.2 所示。

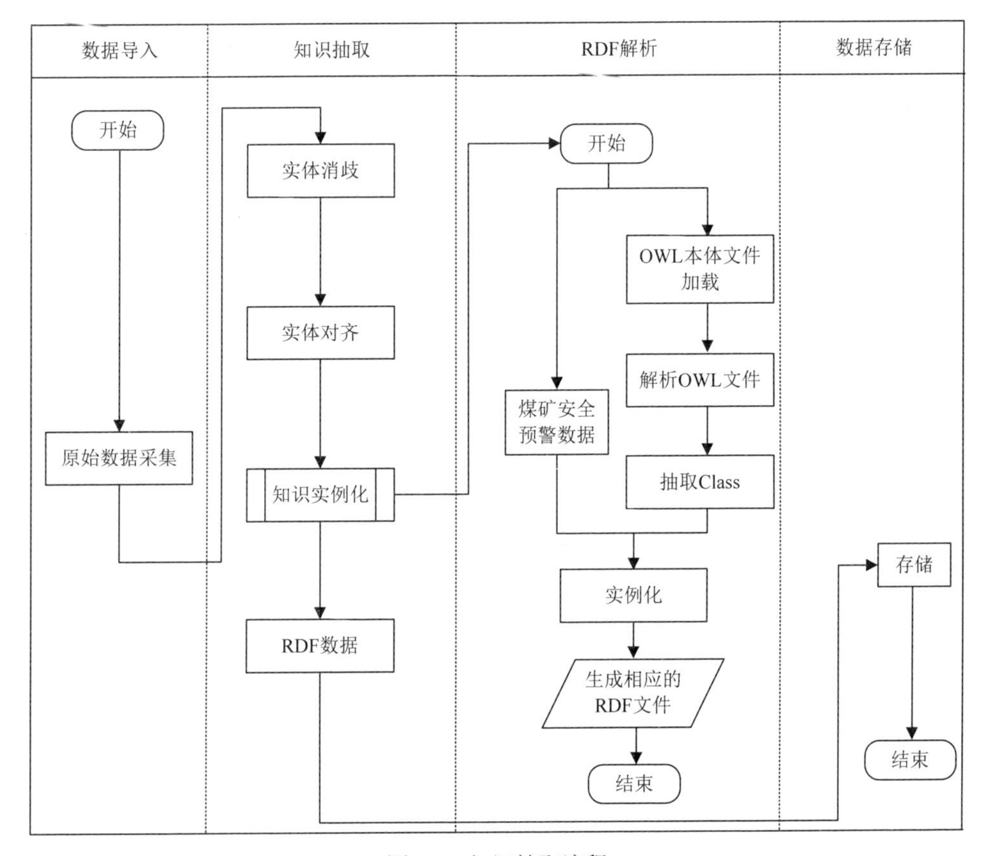

图 6.2　知识抽取流程

流程介绍如下。

1）通过客户端从结构化、半结构化或非结构化数据中采集原始数据，抽取实体、关系及实体属性等知识要素。

2）对实体、关系与属性等知识要素进行知识融合，消除概念的歧义，剔除冗余和错误概念，将知识实例化，从而确保知识的质量。

3）在知识实例化的子流程中加载 OWL 本体文件并对本体进行解析，抽取本体中的 Class 数据进行实例化，然后生成相应的 RDF 文件。

4）将实例化后的 RDF 文件传输到存储模块进行存储。

6.2.3 本体设计

在本书第 3 章中已分别从煤矿瓦斯控制系统、采煤工作面、掘进工作面、通风与运输系统 4 个方面进行本体模型构建与设计，由于 W3C 的本体协议可以帮助更好地继承和融合一些现有本体，因此，能够在此基础上设计基于煤矿安全的领域本体，并根据已获取数据的关联程度和依赖程度对数据进行概念抽象，进而对其进行补充并添加相应的关联规则关系。

在上述本体设计完成后，将本体保存为 OWL 文件，为后续的数据实例化、本体推理等过程提供统一的语言规范。

6.3 基于 Jena 的知识抽取

资源描述框架（resource description framework，RDF）是一种用于描述 Web 上资源的标记语言（Fang et al.，2011)。RDF 是知识图谱技术中普遍采用的一种规范协议，具体格式有 JSON-LD、RDF/XML、Turtle 等，本书使用 RDF/XML 来完成知识图谱的构建，并选用 Jena 来解析 RDF 及操作本体。

6.3.1 本体存储

本体存储由 TDB 实现，TDB 是基于内存的数据库系统，在数据存储方面具有速度快、操作方便、支持高并发并行读取等优点；支持多个 OWL Model 的原子性操作，可以通过 Model 名称进行访问，且 Model 的操作都是在内存中进行的。基于 TDB 的 OWL 本体管理实现主要依赖 Jena-core 和 Jena-tdb 两个包进行相应 API 的调用。TDB 数据库的创建主要使用内部提供的静态类 TDB Factory 来执行，且使用 TDB 导入本体文件主要是通过 Jena 提供的 OWL 解析器提取其 Model，在数据库中设置 Model 名称来进行维护。在 TDB 中对本体的操作都可以使用其内置函数进行。

6.3.2 RDF 生成

RDF 文件的生成依赖于 Jena-core 包提供的 API 操作，将原始数据中相应的数据作为参数添加到一个空的 Model 中，然后基于已设计好的 OWL 文件对数据进行实例化操作。

6.4 基于 Neo4j 的知识存储

对煤矿安全相关数据进行一系列处理后，将原始数据表示成具有节点、关系和属性的数据结构，形成领域知识图谱的图数据。在知识图谱的数据存储中，图数据库不论在数据结构、数据检索方面，还是在图计算等方面都有很好的性能支持。

6.4.1 Neo4j 介绍

Neo4j 是一个典型的 NOSQL 图数据库，其存储的是结构化的图数据。Neo4j 在数据库中代替传统表格，以网络的方式进行存储，同时能够支持丰富的图计算，是一个高性能、高可用的图计算引擎（王红，2017），其主要特点如下。

1）支持事务开发。操作 Neo4j 和修改数据都可以在一个事务内进行，确保数据在存储修改过程中的一致性（Narendra et al.，2013）。

2）具有图数据检索能力。支持 Cypher 语言检索数据，该语言是专门针对图数据进行操作的数据库语言，同时也提供了完整的 API 支持。

3）提供丰富的访问方式。Neo4j 支持多种方式进行访问，可以利用 API 的嵌入式开发，将数据库的操作嵌入到系统应用中执行（王余蓝，2012）；支持 Rest 框架访问，可以通过 HTTP 的方式来操作数据库；支持 JDBC 的方式连接数据库，并且提供了绑定驱动的方式动态执行相应操作的方法。

4）具有图形界面。可用桌面客户端来进行服务管理，通过浏览器访问方式来操作数据库。

6.4.2 知识图谱存储

本书对知识图谱的存储，首先是对生成的 RDF 文件进行解析，抽取出其包含的三元组，使用 Jena 提供的解析器对数据进行解析，将解析后的三元组动态封装成 Cypher 语句，通过绑定驱动的方式操作图数据库进行存储操作，存储后通过 Neo4j 提供的界面进行浏览和访问（项灵辉，2013）。

6.5 知识图谱绘制的方法、步骤和工具

随着信息可视化的发展，绘制科学知识图谱的各种工具亦纷至沓来。知识图谱的绘制需要综合运用文献计量、统计分析、数据挖掘、信息可视化、社会网络分析和信息分析等领域的研究方法，大致可分为文献计量方法、统计分析方法、数据挖掘方法三大类。

6.5.1 文献计量方法

科学知识图谱属于科学计量学，因此必然能够使用文献计量学的方法（侯海燕，2008），主要包括如下方法。

1. 引文分析方法

引文分析是利用各种数学、统计学方法和比较、归纳、抽象、概括等逻辑方法，对科学期刊、论文、著者等各种分析对象的引用与被引用现象进行分析，以便揭示其数量特征和内在规律的一种文献计量分析方法。引文分析大致有如下 3 种类型。

1）引文数量研究，主要用于对科学家、出版物和科学机构的定性和定量评估。

2）引文结构（网状或链状关系）研究，主要用于揭示科学的发展与联系。

3）引文主题（相关性）研究，主要用于揭示科学的结构及进行信息检索。

2. 共引分析方法

共引分析法始于 Small 在 1973 年提出的以文献为单位的共引分析，是将一批文献（或著者、期刊）作为分析对象，利用聚类分析、多维标度等多元统计分析方法，借助计算机，把众多的分析对象之间错综复杂的共引网状关系简化为数目相对较少的若干类群之间的关系，并直观地表示出来的过程。之后，共引概念推广到与文献相关的各种特征对象上，从而形成各种类型的共引概念，如词的共引、文献共引、著者共引、期刊共引、主题共引和类的共引等。自 White 和 Griffth 于 1981 年提出著者共引分析以来，其理论发展也已经比较成熟，除了可以反映科学的知识结构外，还被用来研究科学交流模式和信息检索中知识结构的可视化。另外，期刊共引的引入并运用于期刊及学科领域的研究，主题和类共引的引入并运用于领域分析，乃至利用共引理论来探讨科学范式等，都将共引分析理论研究提高到新的高度。

3. 耦合分析方法

与共引分析相对应的是耦合分析。几篇文献具有相同的参考文献就形成了文献耦合关系，具有相同参考文献的文献数称为耦合强度。耦合分析包括文献耦合分析、期刊耦合分析、作者耦合分析、学科耦合分析等，分别表示文献、期刊、作者、学科之间具有主题和内容相似性，可作为相关文献分析、作者群体分析和学科演化分析等的依据。

4. 词频分析方法

词频分析是以齐普夫定律为理论基础进行文献内容分析的方法。词频分析可分为标题关键词词频分析、摘要词频分析、内容词频分析、引文词频分析和混合词频分析等。词频分析大量应用于科学前沿主题领域及其发展趋势等的研究。

5. 共词分析方法

共词分析属于内容分析法的一种。它的原理主要是对一组词两两统计它们在同一篇文献中出现的次数，以此为基础对这些词进行聚类分析，生成共词文献簇，进而分析这些词所代表的学科和主题的结构变化。利用共词分析法及其相关的可视化方法可以进行深入的主题分析，系统而直观地了解学科结构和发展状况，并进行学科发展预测。

6. 链接分析方法

链接分析是利用图计算、拓扑学和文献计量学等方法，对网络链接文档、自身属性、连接对象、连接网络等进行分析的方法。链接分析涉及的文档包括页面、目录、域名和站点。在理论上，链接分析与文献计量学中的引文分析高度相似。

链接分析运用拓扑学知识通过分析链接网络来研究网络结构，结合社会网络分析可以研究和绘制网络信息知识图谱，展示网络信息、知识分布结构和演化规律等。

6.5.2　统计分析方法

科学知识图谱构建的实用统计分析方法主要是多元统计分析。多元统计分析是经典统计学的分支，在多个对象或指标相互关联的情况下分析其统计规律。“维度降低技术”是多元统计分析的一个特征，从几何学看这个过程是将高维空间的目标投影到低维空间，其中主要包括如下两方面。

1. 因子分析

因子分析是用少数几个因子来描述许多指标之间的关系，即将较密切的几个变量归为同一类，每一类变量成为一个因子，以较少的几个因子来反映原资料的大部分信息。

2. 多维尺度分析

通过低维空间展示作者（文献）之间的联系，并利用平面距离来反映作者（文献）之间的相似度。多维尺度分析的图形显示结果更加直观和形象，因子分析则更容易确定各个学术群体的边界和数目，因此多维尺度分析需要同时借助因子分析的结果进行知识图谱的绘制。

6.5.3　数据挖掘方法

数据挖掘是指从大量的数据中通过算法提取，挖掘未知、有价值的模式或规律等知识的复杂过程。科学知识图谱的绘制使用了很多数据挖掘方法，常用的方法有聚类分析、数据可视化和社会网络分析等。

1. 聚类分析

聚类分析是将物理或抽象的对象集合分成相似对象类的过程。簇是数据对象的集合，同一个簇中的对象彼此相似，而不同的簇彼此相异。文献聚类分析是聚类分析技术在引文分析中的具体应用。处理方法是将文献通过分词、去停用词等方法转化为词向量，并将每个词条赋予不同的权重，这样一篇文献就可以由词条权重值组成的特征向量来表示，所有文献将组成特征向量空间模型，在该模型中使用聚类分析技术进行引文分析。

2. 数据可视化

数据可视化也称为信息可视化，是指将抽象数据用图形、图像等可视化形式表示出来，以利于分析数据、发现规律和支持决策的过程。常用的可视化算法如下。

1）自组织特征映射网络（self-organizaing feature map，SOM）是一种基于神经网络的算法，它把高维数据映射到低维空间进行聚类，并保持一定的拓扑有序性。

2）寻径网络图谱（path finder network，PFNET）是对不同的概念或实体间联系的相似或差异程度进行评估，应用图论中的原理和方法生成一类特殊的网状模型。

3. 社会网络分析

社会网络分析（social network analysis）也称为结构分析，是将社会结构界定为一个网格，这个网格由成员之间的联系进行连接。社会网络分析聚焦于成员之间的联系而非个体特征，并把共同体视为“个体的共同体”，即视为人们在日常生活中建立、维护并应用的个人关系的网络。社会网络分析方法被证明可以成功地研究科学合作网络和互联网所得到的可视化网络，并被用于展示科学计量学的合作网络结构与发展。

6.5.4 知识图谱的绘制步骤

早在 1997 年，White 等将文献计量可视化的步骤归纳为 5 点；针对新环境下的知识可视化，Brner 等（2003）将其分为 6 个部分，即提取数据、定义分析单元、选择方法、计算相似度、布局知识单元和解释分析结果。Cobo 等（2011）则将其分为 7 个部分，即数据检索、处理、网络提取、标准化、作图、分析和可视化。目前可将知识图谱绘制过程细化为 8 个部分，具体内容如图 6.3 所示。

1. 样本数据检索/获取

样本数据的检索/获取是绘制知识图谱的前提和基础。大型文献数据库的建立并提供网络访问，可以较大批量地下载数据，为样本获取提供方便。最常用的数据库有 WOS、Cnki、Science Direct 等，也有 Google Scholar、CiteSeer 等网络数据库。已有许多研究对各类数据库的功能、收录范围、覆盖广度、质量做了对比分析，结果表明文献数据库都各有特色，特别是新兴的网络数据库具有新的功能，如 CiteSeer 实现了基于语境的引文分析功能。

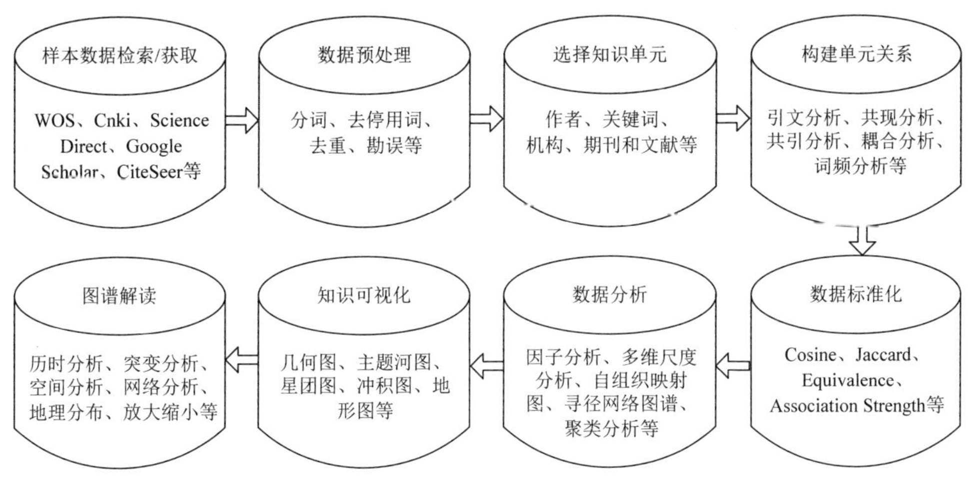

图 6.3　知识图谱绘制的一般流程

2. 数据预处理

知识可视化的质量、合理性和可靠性很大程度上依赖于所用数据的精确性和全面性。即使最权威、公认质量很高的 WOS，也存在数据著录格式和遗漏的问题。从数据库检索出原始数据需要经过系列预处理才能分析，如改正字符错误、统一或增补国家和机构名等。另外，为进行历时或分时段的对比分析需要对数据进行分段处理；如果样本数据过大，需要进行有代表性的抽取，如选择高被引论文、机构或发文最多的作者等。

3. 选择知识单元

知识单元是知识处理的基本单位。在知识可视化过程中，常见的知识单元有关键词、题名、作者、机构、刊名、分类号、学科等，目前也扩展到摘要、参考文献和全文之中；另外，也有两种或两种以上的单元结合进行可视化分析（如共词与共被引结合），来达到更好的效果。不同的知识单元具有不同的作用，例如，期刊图谱可以获取学科的全貌，也能对各学科的定位及其关系进行可视化处理，还能微观分析特定学科。而文献这一层面使用最广，被用于知识评价、知识检索、学科结构等多方面。作者单元最典型的应用包括：通过作者共引来推断学科知识结构与流派，利用合作网络可视化学者与地域间的合作交流。利用关键词知识单元构建语义网，这些词来自论文的标题、摘要、关键词或全文，组成的图谱可明晰特定领域的研究内容、未来的研究趋势等。

4. 构建单元关系

知识单元关系分析中，Small 可视化引文分析的语境，具体分析学术论文中施引部分中相邻文本的语义（对被引文献的态度和喜好）；分为全局和局部、学科间和学科内两个层次对比分析出现的词语语义特点。Small 也将共引中的语境分析运用于学科间知识交流的可视化；他认为通过分析引文上下文的关键术语可以了解作者引用时的动机和想法，跨学科引证主要体现施引者"类比"和"表达不确定性"两种语义。从 20 世纪 90 年代起，对全文文本的统计分析与文献计量研究的相互借用与结合已有初步探索，Glenisson 等认为全文文本挖掘与文献计量结合是一种可行的方法，文献计量可视化适合结构方面的分析；全文挖掘能提供额外的信息，扩展、改进、描述和解释文献计量形成的结构图。Vaneck 认为术语图（比论文关键词更广）是通过展示术语间的联系来可视化特定学科领域的结构，术语需要人工选择或领域专家判断，存在的缺点是主观性强、费时费力；他提出一种术语的自动识别新方法，以运筹学为例，所产生的术语图通过该领域专家分析表明方法非常理想。借鉴 H 指数思路，Schubert 提出基于 H 指数相似度的期刊聚类可视化算法，通过实证分析，认为其结果能对现有的学科分类方法进行补充和完善。Ahlgren 对比文献耦合和论文文摘抽词这两种知识图谱关系构建方法，具体使用《信息检索》期刊上的 43 篇论文为样本，由业内专家对其进行人工分类，通过 Cosine 对原始数据标准化。无论是耦合强度和文摘词干频次的排序，还是由两种方法形成的聚类结果，两种方法的相似度都很低；两种方法形成的聚类结果与专家得出的分类结果相似度也不高。在后续的研究中，Ahlgren 使用同样的样本和方法，对 5 种知识单元间的关系（包括两种基于文本术语、一种基于引证关系的文献耦合、两种文本和耦合相结合）进行了实证分析；具体应用 Rand 指数对比了这些方法形成的分类与人工分类的相似性，相似算法使用一阶和二阶两种。结果表明通过这些自动的可视化分类可达到较高的准确度；基于二阶算法，一种基于文本和基于混合方法的效果最好。Jarneving 对比了在研究前沿可视化中，文献共引和耦合两种方法；以 JCR 中环境科学高被引的 50 种期刊的 73 379 篇论文为例，对比了使用两种方法形成的聚类与内容。Brner 对比讨论了用不同方法，综合、及时地洞察学科知识，并提议使用语义网作为已有知识关系分析的可行替代和补充；详细例证对比了 3 种用来描述和了解学科知识的方法，即问卷调查、文献库中的引文数据和个人书目记录。

5. 数据标准化

在数据分析之前，通常需要先将数据标准化（normalization），之后利用标准化后的数据进行数据分析。数据标准化也就是统计数据的指数化。为便于可视化，简单进行频次计算的单元数据，往往需要标准化与简化。标准化常常通过数据间的相似度测量，主要有两大类：一是集合论方法（set-theoretic measures），包括 Cosine、Pearson、Spearman、Ochiai 和 Jaccard 指数；二是概率论方法（probabilistic measure），主要有合力指数（association strength）和概率亲和力指数（probabilistic affinity）。Van 从理论和实证分析都得出第二类方法更适合于共现的知识单元分析。

6. 数据分析

为发现知识间的关系，更好地展示各单元，需要将样本数据进行进一步处理，即简化分析：因子分析、多维尺度分析、自组织映射图（SOM）及寻径网络图谱（PFNET）。此外，还有聚类分析（cluster）、潜在语义分析（latent semantic analysis）、力导向图（force directed placement，FDP）、三角法（triangulation）、最小生成树法和特征向量法（eigenvector）等。

7. 知识可视化

处理后的知识需要在人机界面中有效、精确地展示。早在 1996 年 Shneiderman 以“整理现状、引导未来”为目标，规范了信息可视化框架。在此基础上，Brner 等对知识可视化提出具体要求：具有理解大量数据样本的能力；减少可视化过程时间；对复杂数据集具有良好的理解展示能力；揭示未引起注意的关系与知识；数据集能同时从多个角度展示；结果成为有效的知识决策源。知识单元及其关系可以通过不同模拟来可视化展示，如几何图、战略图、冲积图、主题河图、地形图、星团图、簸幅图等。

8. 图谱解读

在知识图谱的解读过程中，常常需要对图谱进行相应操作，包括浏览、放大、缩小、过滤、查询、关联和按需移动等。解读方法主要有：历时分析，从时间角度对系列知识单元的模式、趋势、季节性和异常分析，认识现象的本质，往往通过不同时间段的对比，发现领域（知识）在不同时期的变化情况；突变检测，通过检测短时间内知识单元的急剧变化，主要分析知识的前沿趋势，发现知识演变的转折点和焦点；空间分析，数据来源于文献所著录的机构信息，主要分析知识的空间分布，明晰知识的地理位置关系；网络分析，一般借鉴社会网络分析理论，对知识节点及其关系进行测定，相关指标有中心性分析、凝聚子群分析、核心边缘结构分析。Khan 认为运用基于数学图论的社会网络分析，可以可视化科学知识；Khan 还提出“核心网络”的概念，它是通过在理论结构、模型和概念间构建网络，来可视化科学知识。

目前这 8 个步骤都是针对中小型数据集，而且步骤之间多以手工过渡为主，缺少对海量文献数据处理过程和全自动完成知识图谱绘制方面的研究。

6.5.5　知识图谱的绘制工具

在知识图谱的研究中，对绘制方法与工具的研究一直是其重点，国外众多学者关注于知识图谱绘制方法的改进及提出新的方法（Börner，2010），开发功能强大、使用简单、展示形象的可视化软件。目前常用的绘制软件有 SPSS、Bibexcel、HistCite、CiteSpace、TDA、Sci2 Tools、ColPalRed、Leydesdorff、Word Smith、NWB Tools、Ucinet NetDraw、Pajek、VOSviewer（廖胜姣，2011）。

1）SPSS：大型统计分析软件，商用软件。具有完整的数据输入、编辑、统计分析、报表、图形绘制等功能。常用于多元统计分析、数据挖掘和数据可视化。

2）Bibexcel。瑞典科学计量学家 Persoon 开发的科学计量学软件，用于科学研究的免费软件。具有文献计量分析、引文分析、共引分析、耦合分析、聚类分析和数据可视化等功能。可用于分析 ISI 的 SCI、SSCI 和 A&HCI 文献数据库（Persson，2009）。

3）HistCite。Eugene 等于 2001 年开发的科学文献引文链接分析和可视化系统，免费软件。可对 ISI 的 SCI、SSCI 和 SA&HCI 等文献数据库的引文数据进行计量分析，生成文献、作者和期刊的引文矩阵和实时动态引文编年图。直观地反映文献之间的引用关系、主题的宗谱关系、作者历史传承关系、科学知识发展演进等。

4）CiteSpace。陈超美开发的专门用于科学知识图谱绘制的免费软件，是国内使用最多的知识图谱绘制软件。可用于追踪研究领域热点和发展趋势，了解研究领域的研究前沿及演进关键路径、重要的文献、作者及机构。可用于对 ISI、CSSCI 和 CNKI 等多种文献数据库进行分析。

5）TDA。TDA（Thomson data analyzer）是 Thomson 集团基于 VantagePoint 开发的文献分析工具，商用软件。TDA 具有去重、分段等数据预处理功能；可形成共现矩阵、因子矩阵等多种分析矩阵；可使用 Pearson、Cosine 等多种算法进行数据标准化；可进行知识图谱可视化展示。

6）Sci2 Tools。美国印第安纳大学开发的用于研究科学结构的模块化工具。可从时间、空间、主题、网络分析和可视化等多角度分析个体、局部和整体水平的知识单元。

7）ColPalRed。西班牙格拉纳达大学开发的共词单元文献分析软件，商用软件。其功能有：结构分析，在主题网络中展现知识（词语及其关系）；战略分析，通过中心度和密度，在主题网络中为主题定位；动态分析，分析主题网络演变，鉴定主题路径和分支。

8）Leydesdorff。系类软件，由荷兰阿姆斯特丹大学 Leydesdorff 开发的对文献计量的小程序集合。处理共词分析、耦合分析、共引分析等知识单元体系。使用“层叠图”实现可视化知识的静态布局和动态变化。

9）Word Smith。词频分析软件。可按文本中单词出现的频率进行排序并找出单词的搭配词组。

10）NWB Tools。美国印第安纳大学开发的对大规模知识网络进行建模、分析和可视化的工具。其功能有：数据预处理；构建共引、共词、耦合等多种网络；可用多种方法进行网络分析；可进行可视化展示。

11）Ucinet NetDraw。Ucinet 是社会网络分析工具，包括网络可视化工具 Net Draw。用于处理多种关系数据，可通过节点属性对节点的颜色、形状和大小等进行设置，用于社交网络分析和网络可视化。

12）Pajek。来自斯洛文尼亚的分析大型网络的免费软件。Pajek 基于图论、网络分析和可视化技术，主要用于大型网络分解、网络关系展示、科研工作者合作网络图谱绘制。

13）VOSviewer。荷兰莱顿大学开发的文献可视化分析工具，使用基于 VOS 聚类技术实现知识单元可视化，其突出的特点是可视化能力强，适合于大规模样本数据。VOSviewer 共有 4 种浏览视图，即标签视图、密度视图、聚类视图和分散视图。

6.6　煤矿预警知识图谱

第 6.5 节介绍了很多绘制知识图谱的方法，以煤矿安全预警问题为例，本节借助科学文献计量法——可视化分析方法 CiteSpaceV以量化的方式对其进行分析探究。

1. 数据获取

以 Cnki 期刊数据库为来源数据库进行检索。本书检索的主题为“煤矿预警”，为了能够全面分析几方面之间的关系，本书没有设定时间跨度，检索时间为 2018 年 5 月 8 日，经人工筛选，去除与主题不相干的文献，将最终得到的相关核心文献作为数据来源。

2. 研究方法

CiteSpaceV是美国德雷赛尔大学陈超美等开发的一种多元、分时、动态的应用程序和可视化软件。该软件在绘制各个科学领域的科学知识图谱、分析不同特征和类型的引文网络、识别和呈现科学发展新趋势及新动态等方面具有较强的技术和功能优势，能够展示某个研究领域的整体状况（陈悦，2015）。

本书在 Java 环境下使用 CiteSpaceV可视化软件绘制科学知识图谱，主要采用关键路径算法（pathfinder）对所收集到的相关文献进行关键词方面的特征对比与分析。

3. 知识图谱分析

自 2005 年 6 月颁布《国务院关于促进煤炭工业健康发展的若干意见》、2006 年 4 月颁布《加快煤炭行业结构调整、应对产能过剩的指导意见》、2007 年 1 月颁布《煤炭工业发展“十一五”规划》及 2007 年 11 月颁布《煤炭产业政策》以来，在煤矿安全领域内，预警问题越来越受人们重视，煤矿灾害的预测与控制研究逐渐增多。如图 6.4 所示，围绕煤矿预警的技术频现，不仅与危险源研究有关，还涉及管理、模型搭建、人员设备等。

彩图 6.4

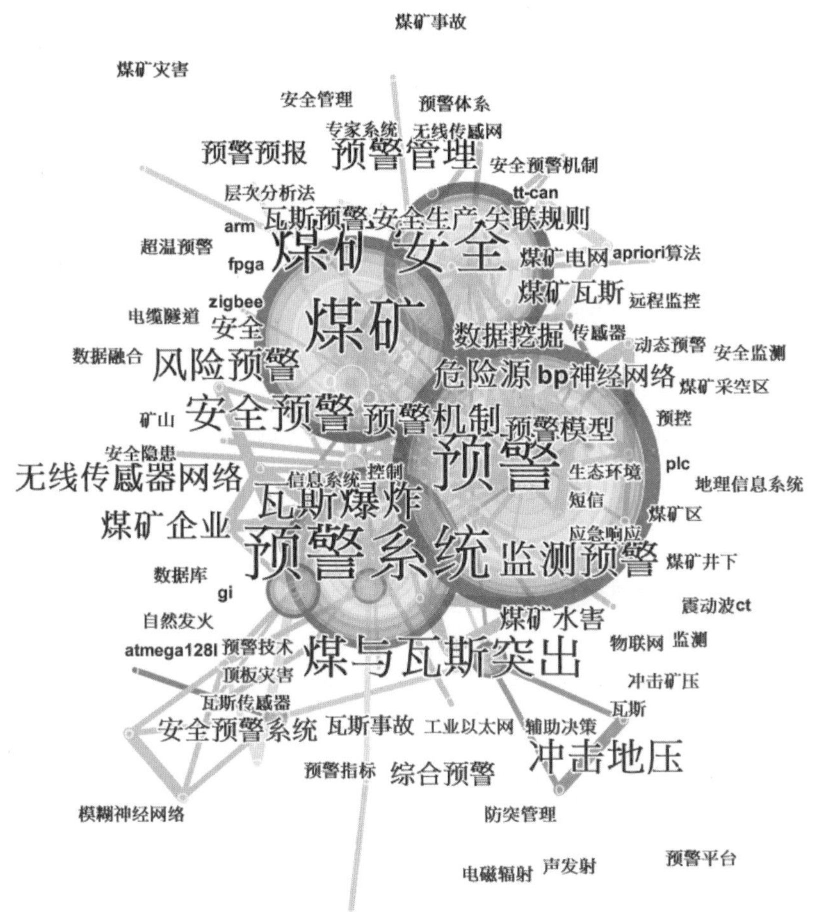

图 6.4　煤矿预警知识图谱

从图 6.5 可见，煤矿预警研究的主要对象是灾害，其中煤与瓦斯突出、水害、火灾等都是研究的重点。瓦斯传感器、地理信息系统、远程监测监控等预警措施的研发也恰好证明了灾害预警的重要性。从防治重点的角度看，瓦斯治理（俞启香，2012）更是重中之重，查出问题条数、责令局部停产或施工都约占总数的一半，整治下达的执法文书也是最多的，具体情况见表 6.1。

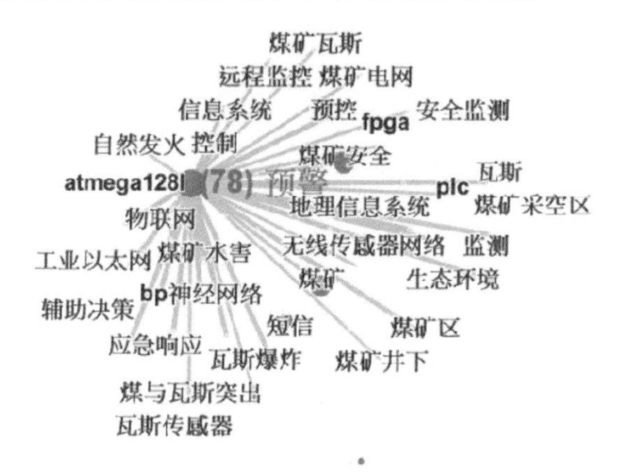

彩图 6.5

图 6.5　煤矿预警知识图谱（部分）

表 6.1　按防治重点统计煤矿重大灾害工作进展情况汇总（2016 年）

整治类别	查出条数/条	已整改条数/条	责令局部停产或施工/处	责令停止生产/处	提请关闭/处	罚款/万元	下达执法文书/份
瓦斯治理	2798	2470	139	95	2	312	466
水害防治	235	195	5	2	1	6	186
防灭火	139	86	4	4	0	4	115
冲击地压防治	1	0	1	0	0	0	2
提升运输系统	612	376	17	3	0	1.5	272
其他	2456	1811	61	0	0	94.2	965
总计	6241	4938	227	104	3	417.7	2006

注：数据来自中华人民共和国国家安全生产监督管理总局。

接下来，本书将从煤与瓦斯突出的角度对煤矿预警内容进行简单阐述。

（1）煤与瓦斯突出知识图谱分析

煤与瓦斯突出是煤炭采掘过程中易发生的一种大型动力灾害（朱振，2017），其突出能量大，破坏能力强，易导致大规模的人员伤亡，严重影响着煤矿的安全生产和经济效益。中国是煤与瓦斯突出事故最严重的国家之一，突出矿井多、分布广，突出事故多，重特大突出事故时有发生（梁跃强，2017）。通过大量突出事故调查发现，防突措施落实不到位和防突管理不到位是突出事故发生的主要原因。因此，通过多种途径实现突出危险性、隐患的超前预警和强化防突管理是有效防突的重要手段。

从图 6.6 和图 6.7 可见，为了切实提升企业煤与瓦斯突出灾害的防治水准，为矿井生产提供安全优良的运行环境，企业应用现代计算机信息技术，采用信息化、自动化以及智能化的监测设备，完善灾害预警系统。煤与瓦斯灾害监控预警技术

（王尧，2016）可以在线监测、实时分析以及智能控制矿井生产中的煤与瓦斯突出灾害，实现了精细化、规范化的管控；且煤与瓦斯突出灾害预警系统可以全面智能地监测工作面的突出灾害，提升了矿井生产的安全水平，应用效果良好。

从图 6.6 和图 6.8 可见，煤与瓦斯突出灾害监控预警技术由区域危险预测、区域防突措施、钻孔施工效果及保护层开采措施等多方面宏观数据掌控着矿井的突出危险性，并由局部措施、瓦斯涌出及安全管理等方面对突出危险进行了全面动态的分析。具体的煤与瓦斯突出灾害监控预警流程如图 6.9 所示。

彩图 6.6

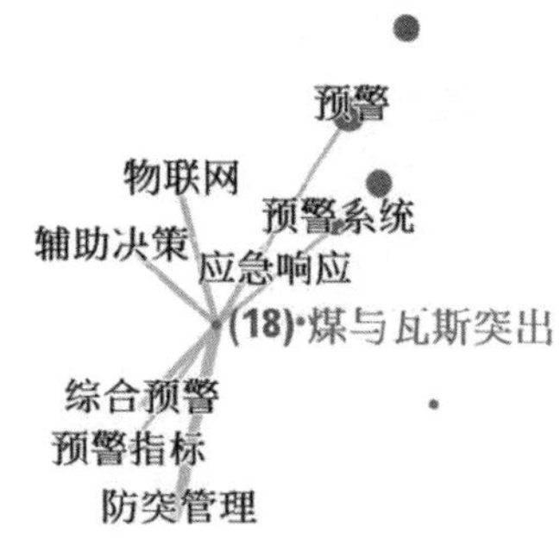

图 6.6　煤与瓦斯突出知识图谱

彩图 6.7

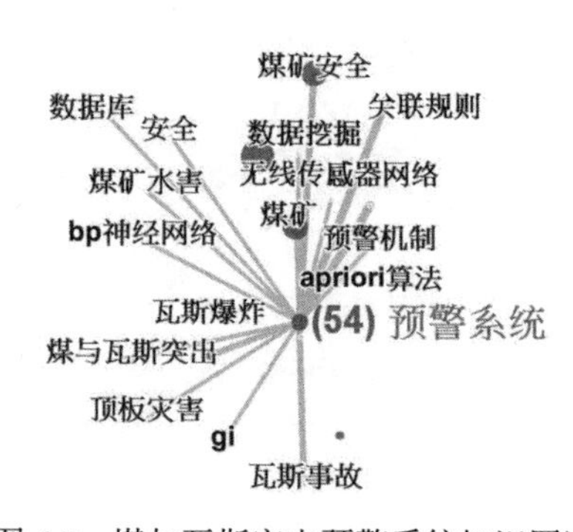

图 6.7　煤与瓦斯突出预警系统知识图谱

彩图 6.8

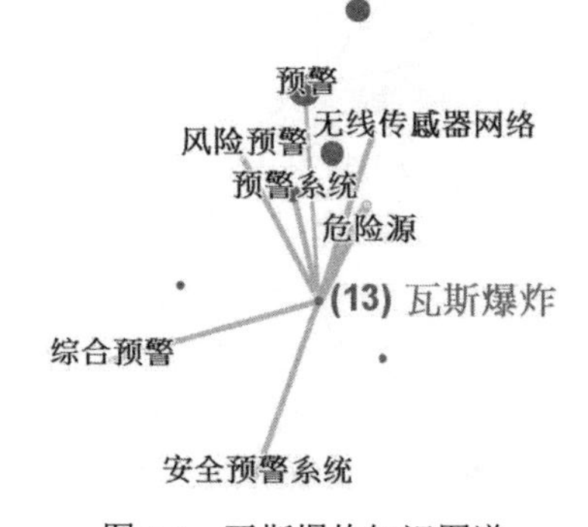

图 6.8　瓦斯爆炸知识图谱

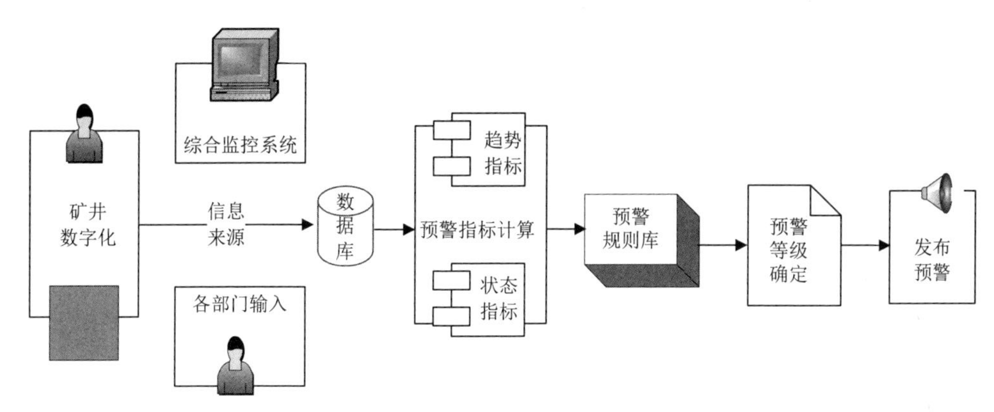

图 6.9　煤与瓦斯突出灾害监控预警流程

（2）煤与瓦斯突出综合预警系统设计

煤与瓦斯突出综合预警系统（王童飞，2017）的结构及功能如图 6.10 所示。系统划分为 6 个子系统：地质测量管理系统、瓦斯地质动态分析系统、防突动态管理及分析系统、采掘进度管理系统、瓦斯涌出动态分析系统、突出预警信息管理平台。地质测量管理系统对矿井基础信息进行数字化管理，为整个预警功能的实现提供数字化平台，为突出预警功能提供地质构造、工作面空间位置信息，同时为地测部门的日常管理工作提供先进的工具。瓦斯地质动态分析系统可对矿井瓦斯地质进行分析与管理，为突出预警提供工作面的瓦斯地质信息，其核心功能是矿井煤层瓦斯基本参数的管理与维护、瓦斯赋存特征的智能预测、煤层瓦斯地质图的自动生成与动态更新；防突动态管理及分析系统可对矿井日常防突工作进行精细化管理，其核心功能是井下日常预测指标实测数据和井下实际施工的防突措施信息的管理、矿井工作面防突措施的智能化设计等。采掘进度管理系统为预警工作面空间位置分析提供基础数据。瓦斯涌出动态分析系统可对矿井监控系统的瓦斯浓度监测数据进行综合分析，为突出预警提供瓦斯涌出动态指标信息。突出预警信息管理平台可实现工作面突出危险性的实时、智能及超前性的综合预警，并可对预警信息进行管理与发布。

综上所述，煤矿预警知识图谱的内容可以完善第 3 章提到的本体模型，进而有助于提高研发预警系统的效率等，具体体现在如下两个方面。

1）Apriori 算法作为一种经典的关联规则挖掘算法，被广泛应用于知识图谱关联规则的处理。在这里，该算法可以用于海量数据的挖掘，降低源数据规模，提高数据检索效率，有助于完善第 6.2.3 节中所提本体的内容。

2）技术在不断更新，知识图谱中涉及的预警机制及技术，所构建的本体模型中并没有提到，需要将现有先进预警技术加入本体，丰富本体内容。

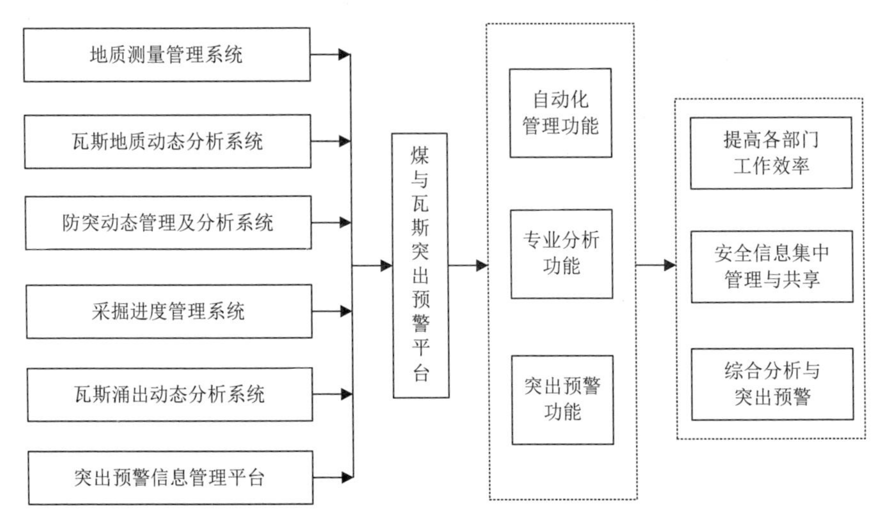

图 6.10　煤与瓦斯突出综合预警系统结构及功能

6.7　本章小结

本章主要介绍了学习知识图谱应掌握的基础知识，给出了知识图谱的相关概念，阐述了知识图谱的特点和作用，以基于煤矿本体构建知识图谱为例，对构建知识图谱的方法进行简单介绍，同时给出了绘制知识图谱的方法和工具。

构建知识图谱有两种方法，一种是自顶向下，指先为知识图谱定义好本体与数据模式，再将实体加入到知识库；另一种是自底向上，指从一些开放链接数据中提取出实体，选择其中置信度较高的加入到知识库，再构建顶层的本体模式。本书采用自底向上的方式来构建煤矿知识图谱，对第 3 章中煤矿 4 个本体模型进行整合形成煤矿安全本体，基于此本体构建知识图谱。然后介绍了知识图谱的绘制方法、步骤与工具，如文献计量方法、统计分析方法和数据挖掘方法。最后使用文献计量法——可视化分析方法 CiteSpaceV，以量化的方式对煤矿预警问题进行分析探究。

第 7 章　基于本体的煤矿事故逃生应急疏散仿真系统

针对井下煤矿发生灾害时破坏力大、变化快、易引起继发事故等特点，本章结合本体库（通过本体进行建模）及 Repast（仿真软件）、Depth-First-Search（深度优先算法，计算从当下位置到达出口的最佳路径）、CA（元胞自动机）、CAS（复杂适应系统），定量研究了逃生路线和人群分布对获救人数的影响。研究结果表明：逃生路线对逃生人数有着很大的影响，而且即使逃生路线相同，人群分布不同，其影响程度也可能发生变化。在此基础上引入了硐室、紧急避难移动装置和传感器等策略来提高人群获救概率。

7.1　研究背景

多主体建模仿真方法于 20 世纪 70 年代末提出，它的发展源自于分布式人工智能领域，目前多应用于复杂适应系统。

SWARM 平台是最早应用于多主体建模的仿真平台之一，该平台采用面向对象的 C 语言。虽然后来也有采用基于 Java 的版本，但其类库相比较于面向对象的 C 语言仍有不足之处。

ASPEN 是美国 Sandia 国家实验室在 20 世纪 90 年代开发的基于多主体的美国经济模型。ASPEN 应用在诸多复杂性科学领域中，如经济学、社会学、生物学等，近年来发展较快。ASPEN 理论基础是复杂适应系统理论，其基本思想是：组成复杂系统的元素是具有适应环境能力的个体，即主体。这里所说的具有适应能力，主要是指主体之间，以及与环境之间可以交互通信，每个主体可以根据当前环境和其他主体的状态做出自己的决策。这些主体在一定的个体目标下，通过彼此间不断地交互过程，学习并积累经验来改变自身的状态和行为。不管是从宏观经济，还是微观经济学分析，该模型都与现实经济更加接近，它可以真实地再现经济现象中的一些复杂系统特征，弥补许多传统数学方法在表现系统的非线性、波动性等很多方面的不足。美国著名经济学家克莱因教授曾经这样评价 ASPEN：“这可能是长期以来出现的最好的东西（模型）。”由于美国一直对 ASPEN 模型的技术细节及其软件有关模型的基本情况对外不公开，所以从互联网下载的内容比较有限。

基于多主体建模仿真平台 Repast 起源于美国芝加哥大学社会科学计算研究所和 Argonne 国家实验室，目前由非营利组织 ROAD（Repast Organization or Architecture and Development）负责后续版本的维护与升级。Repast 提供了一系列用来生成、运行、显示和收集数据的类库，而且对运行中的模型进行“快照”，记录模型在某一时刻中的实时状态，并可以把仿真模型运行过程中主体状态动态演化过程生成视频资料。

基于多主体仿真模型的特点总结为以下 4 点：第一，通常一个仿真系统的组成是多种类型的主体，并且类型相同的主体属性和行为规则也相同；第二，主体之间的关系是通过消息传递建立的；第三，多主体之间是存在一定行为上的顺序关系的，并在此基础上最大限度地使用并行计算技术；第四，主体是具有学习能力的，在与环境及其他主体间的交互过程中，不断调整自身的状态和行为规则以适应环境的变化。

自多主体仿真方法被提出以来，一直是研究学者的研究热点。在生物学、文化与人类学、政治学、地理学方面都有广泛的应用。

本章以下内容基于煤矿本体思想，利用 Repast 仿真平台和 Java 的 Eclipse 平台，对矿工在发生各种煤矿事故时的逃生路线及逃生情况进行研究。其主要研究内容包括以下 4 个方面。

1）建立煤矿所需要的本体。

2）模拟矿工井下生产环境，包括采煤面、巷道、硐室、安全出口等。

3）构建矿工 Agent 的多主体信息。根据矿工的年龄、受教育程度、是否有经验等分为多种类型的 Agent 及其相应的数量。

4）模拟煤矿事故。针对每种事故都有不同的应急救援预案，其逃生模型也会有所差异，本系统仅模拟火灾事故的逃生模型。

7.2　建模技术简介

本节应用本体建模、基于多主体的建模仿真平台上的应用（将现实世界的原本面貌在计算机中得以显示，并且模仿现实世界中人类的移动方式，来预测当火灾灾难来临时，人们的活动情况，提前做好防患）、多主体技术来将各个类型的人移动情况加以描述，还可以将各个类型的主体分离开来，并且同时观察他们是如何移动的。

1. 本体

本体的应用发展主要经历了 3 个领域的演变：哲学领域、人工智能领域、信息与知识领域。

（1）哲学领域

本体概念源于哲学领域，公元前古希腊哲学家亚里士多德定义本体为“对世界上客观存在物的系统描述图”，认为本体是对客观存在系统的解释与说明，而本体论研究实体论与存在论，关心客观现实的抽象本质，即刻画客观存在事物的本质特性。

（2）人工智能领域

本体最初主要应用于人工智能领域中的智能推理，Neches 等给出了本体的定义：“本体定义了组成主题领域词汇的基本术语和关系，以及结合这些术语和关系来规定词汇外延的规则”，即认为本体是由领域中的术语、关系与规则组成的。

（3）信息与知识领域

随着计算机与信息科学技术的发展，越来越多的研究者开始研究本体在信息领域与知识领域的应用，并进一步给出本体的定义，最著名的定义是 Gruber 提出的“本体是概念化明确的规范说明”，之后 Borst 对其进行了扩展，定义“本体是共享概念模型的形式化规范说明”，Studer 和 Fensel 在 Borst 基础上，再次定义“本体是共享概念模型明确的形式化规范说明”，并认为本体概念包括 4 个层面的含义：概念模型（conceptualization）、明确（explicit）、形式化（formal）和共享（share）（王向前等，2012）。

1）概念模型，指本体是一种模型，反映现实世界中事物之间的关系。概念模型可以通过概念、属性和关系描述，表达直观语义和隐含语义。

2）明确，指概念、属性和关系具有明确的定义。

3）形式化，指通过形式化描述概念、属性和关系的本体是机器可读且可理解的。

4）共享，指本体反映的是领域中公认的知识。

本章研究的多主体建模所需创建的煤矿工人主体（Agent）以及矿井环境正是基于前文中煤矿本体的相关概念而形成的，主体的属性对应的是矿工本体的属性。矿井环境属性对应的是掘进工作面、采煤工作面等矿区工作区域的属性。在此基础上构建多主体仿真平台。

2. Repast S 仿真平台

Repast S 仿真平台实际上是将 Repast 仿真工具包嵌入 Eclipse 开发平台上的集成开发环境。它是一款高交互式、容易学习和使用的基于 Java 编程建模的软件系统，尤其适合在工作站和小计算集群中使用，目前最新版本为 2.2，发布于 2014 年 6 月，本书基于最新版本进行分析和探究。本系统是在 Repast 2.2 版本之上写的代码，其语法和逻辑思维和 Java 语言相同，所以在开发时大大降低了难度。但是，这样并不会减弱 Repast 实现的功能，其在模拟现实和对未来的决策方面都做得特别形象。本系统可以用于政府的决策和监测煤矿事故的发生（岳昊等，2012）。

3. 多主体技术

多主体建模方法，简单地说就是一种自底而上的建模方法。它将 Agent 作为系统的基本抽象单元，先建立组成系统的每一个个体的 Agent 模型，然后采用合适的多 Agent 系统体系来组装这些个体 Agent，最终建立整个系统的模型。每个 Agent 个体的结构可以是非常简单的，但是 Agent 个体具有自身行为，而且 Agent

具有通信、协作等交互行为，大量的 Agent 交互及 Agent 与环境之间的交互和影响，使得复杂系统会呈现一定的宏观变化趋势，即涌现性。多主体建模方法通过从个体到整体、从微观到宏观来研究复杂系统的复杂性，克服了复杂系统难以自上而下建立传统数学模型的困难，具有显著的灵活性、层次性和直观性（陈鹏等，2015）。

4. Repast 与 GIS 结合技术

智能体模型缺乏空间特性，而现实中的很多事物都是跟空间相关的，如模拟城市的扩张中，用 Repast 生成房屋的位置和交通路线都具有空间特征。GIS 具有强大的空间分析功能，正好可以弥补这一缺陷。所以通过 GIS 与智能体模型的集成正好利用了智能体模型的智能性和GIS的强大空间分析功能。智能体模型和GIS的集成主要有 3 种方式，即松散耦合、中度耦合和紧密耦合。松散耦合指系统之间的数据交互是通过文件形式进行的，可以通过适配器实现对各类文件的存取；中度耦合是系统间通过协议通信并进行数据交换的，其利用的技术是虚拟机、客户机/服务器等；紧密耦合指在运行中完成系统间的通信和相互调用。

智能体模型所处的环境层一般通过离散的网格实现，这和栅格 GIS 有很大的相似性，因为两者都是用离散的二维区域单元进行空间的组织和表达，以及通过层来进行属性或状态的组织，并通过一定的算法来操作空间和属性。智能体与智能体之间或智能体与环境之间的交互可以很方便地通过矢量 GIS 来表达。

本系统主要通过松散耦合来实现，即通过采集到的数据，将其转换成文件的形式，放在 D\mine 文件夹下面，然后通过 Repast 中的 Parameters 来读取这个目录，最后去读取整个地图的信息。这一步的 GIS 是本系统的关键所在，也是基础所在，如果没有这一步，后面是不可能进行下去的，这也是利用了 GIS 强大的空间分析能力，对其他智能体模型做了充分的补充。

7.3　突发火灾的群体活动分析

总体模型由 Agent、Agent 之间的关系、环境、计数工具构成。其中，Agent 包含主动行为的成员和被动行为的成员。如带领其他 Agent 逃生的矿工属于主动行为的成员；跟随其他 Agent 逃生的 Agent 属于被动行为的成员。Agent 之间的关系是指 Agent 与 Agent 之间及 Agent 与环境之间的相互作用。环境是指当下 Agent 所存在的空间背景。计数工具是记录 Agent 的逃生和死亡的数量。

7.3.1　群体逃生行为产生的主要动力性因素

在以往煤矿火灾逃生的案例中，矿工从聚集恐慌到群体活动的行为过程主要有 3 个元素起到非常重要的推动作用：对地理环境的熟知度和个体经验、火灾的蔓延、个体之间的行为模仿。

1）对地理环境的熟知度和个体经验是群体活动产生的直接动力。研究表明，所谓“群体活动”是指群体活动的方向、研究群体动力和相互作用的合力。而研究群体动力就是要研究影响群体活动动向的各种因素，因为群体活动的方向同样取决于内在的心理力场和外在情境力场的相互作用。在煤矿火灾发生时，对地理环境没有深刻的认识，再加上自己的经验不足，肯定会特别惊恐，当一定数量的这种人聚集在一起时，恐慌心理反而增加。

2）火灾的蔓延是群体活动发展的催化剂。在这些群体性事件活动中，由于火势的扩大和能见度的降低必然会引起心理防线的断口。人群处在恐慌、焦躁、不安的情绪中，会自发扩大在这个过程中由于现场情境的不确定性而引发的焦躁，焦虑的传播方式是一种类似于演讲的信息扩散，因此，谣言将会以很快的速度散播开来，在火灾的作用下群体的同盾性被加强，进一步增加了群体的不稳定性（吴菊华等，2009）。

3）个体之间的行为模仿是群体活动得以发生的关键性要素。人群中的很大一部分成员会形成行为上的效仿，从而形成一种现场群体的速生规范效应。在这种速生规范的压力作用下，一些不符合此规范的情绪和意图被压制，而群体的行为会受到鼓励，从而在群体的集群效应作用下一起逃生。

7.3.2　火灾逃生中的主体分类

根据火灾逃生活动的基本特征描述，可以发现在火灾逃生行为的过渡过程中，人群中的个体成员根据其自身的心理与行为方式等会分化为多个类型，而不同类型的主体之间通过相互作用、相互影响推动了群体行为的发展。一般可以将现场情境下的火灾逃生活动主体分为两大类：抑制者和运动者。其中，抑制者代表的是阻碍矿工的逃生，包括巷道和火灾；运动者主要是指活动的主体。运动者又可以进一步分为两类，即为主动者和被动者。主动者在逃生过程中不受别的因素的影响，并且能带领其他人移动；被动者跟随别人移动。主动者包括对环境熟悉的矿工（Agent），年轻经验丰富的矿工（Agent2），年长体力下降的矿工（Agent3）；被动者是没有经验也不熟悉地理环境的矿工（Agent1）。主体之间的关系如图 7.1 所示（王功辉等，2013）。

7.3.3　内部模型结构设计

文中构建的主体具有主体的最基本特性：自治性、社会性、反应性、能动性。主体的自治性表现为有限的自治性，是在一定的条件下受到约束，具有有限能力和拥有该领域的部分知识。在主体的设计时考虑到主体的社会性，尤其是在运动时的拥挤性、盲目性、是否符合运动的特性；同时也考虑到了主体的个体思想路线。

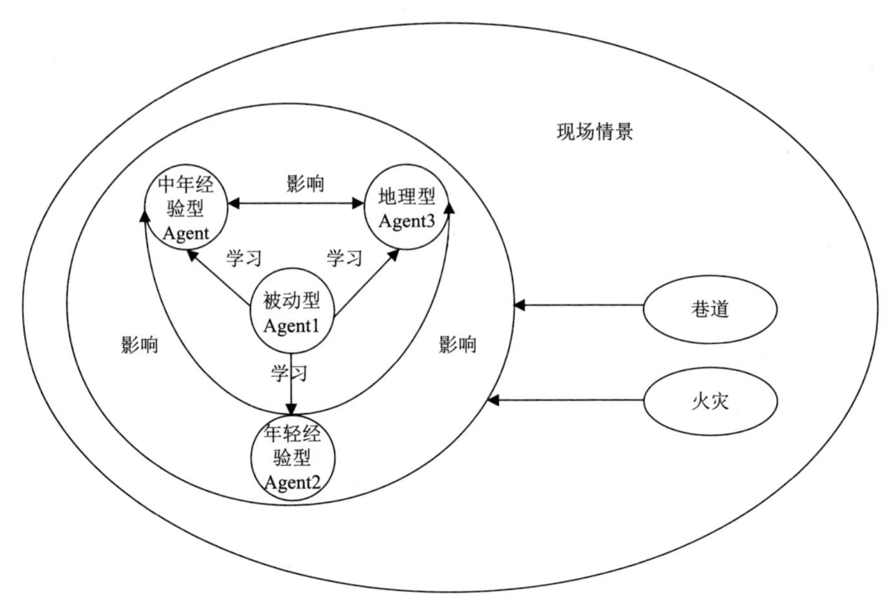

图 7.1　主体关系

当输入信息来临时，传送给思维模块，思维模块能够整合资源模块，也就是说将所有的相关资源加以整合，同时把周围附近的资源给了思维模块。综合所有的信息交给行为集合，在行为管理之下指明 Agent 应该如何移动，其实现过程如图 7.2 所示。

通过以上的分析可以看出，在一定的现场环境之下，Agent1 在不断向周围环境中的 Agent 进行学习；同时 Agent、Agent2、Agent3 又在互相影响。在此过程中要进行不断的判断、学习、分析决策及运动的过程，因此，在逃生系统中基于复杂适应系统的仿真和建模主要从这几个因素出发，建立合理的主体行为规则。

7.3.4　逃生行为生成机制

火灾逃生的主体一般具有 4 项基本功能，即判断功能、学习功能、运动功能、决策功能。其中判断功能是判断在一定范围内是否有墙壁或者火灾阻挡，或者说在走完这一步之后下一步是否有火灾或者墙壁阻挡；学习功能主要是看周围是否有其他矿工存在，如果有则跟随其逃跑，如果没有就凭着自己的感觉走；运动功能是在判断之后进行的，判断是否有火灾或者墙壁的存在，如果存在就直接向相反的方向开始运动；决策功能主要是根据其学习和判断的结果进行综合分析，当且仅当周围有其他的矿工，并且不存在墙壁或者火灾时，才会随着其运动，即为运动的方向（远离人群、火灾、墙壁）。因此 4 个功能之间存在图 7.3 所示的逻辑关系（岳昊等，2009）。

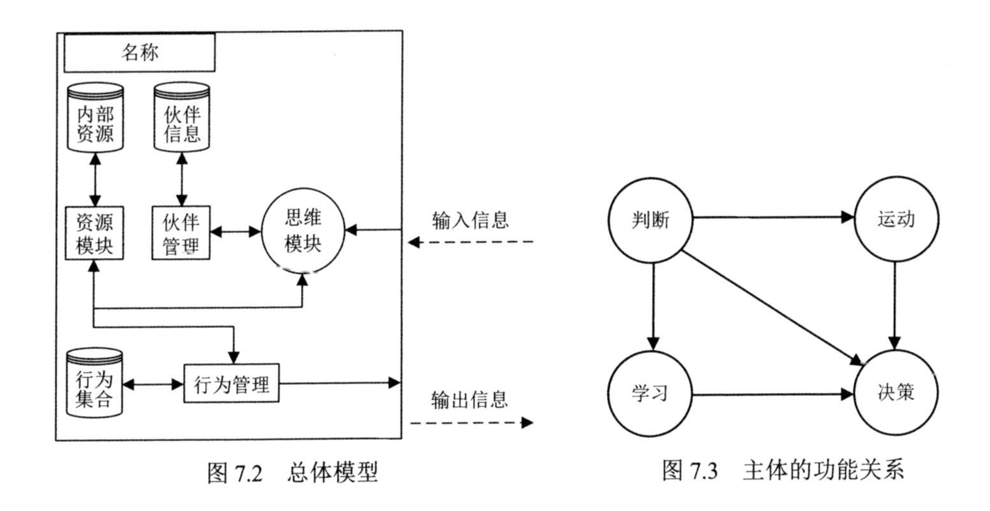

图 7.2　总体模型　　　　图 7.3　主体的功能关系

7.3.5　判断功能与逃生模型

1. 逃生理论

在逃生过程中，难免遇到火灾和墙壁，使用判断实现评价函数，使 Agent 可以在一定程度上能躲避火灾和墙壁，从某种程度上来讲，判断功能是最重要的。因为当下如果有火灾来临，那么就不用决策，可以直接逃跑，这是任何一个生物体都具有的功能。但是判断的是当下的位置和将来所趋向的位置，得有一个价值比较，在此引入了判断机制，来判断新位置的趋向是否符合常识规则，判断新位置是否接受的概率公式如下。

$$\text{prob}(f)=1-\frac{k+n}{\text{e}} \tag{7.1}$$

式中，$\text{prob}(f)$ 为趋向新位置所代表的价值，k 为新位置摩尔邻域 8 个位置中墙壁的个数；n 为新位置摩尔邻域 8 个位置中火的个数；e 为常数，本书因采用摩尔临域取值为 8，代表计算新位置附近的 8 个栅格。此函数可以更好地预防 Agent 之间的碰撞，由此求出每个 Agent 对新位置的接受度。当 $\text{prob}(f)<0.5$ 时，表示不接受目前的选择位置，此时矿工的决定主要参考的是自己的意志和信念；而 $\text{prob}(f)\geqslant 0.5$ 时，则主要参考周围的人群移动来求出最终的逃生方向，只有当所趋向的位置比当下的位置能容易接受时，才会移动（杨月华等，2015）。

2. 实现方式

通过将周围的 8 个栅格都加入到里面，依次遍历这个集合中的每个元素，当其周围如果有火灾时，将 n 加 1；同样的道理将 k 加 1，这样就能得到周围火灾和墙壁的个数，通过上面的计算公式得到能够移动的概率，最后决定是否移动。

7.3.6 学习功能

矿工在移动时，假设由于灯光或者浓烟的原因，矿工的可见度只有 5m，而且当矿工在看见出口时才知道出口的位置，当矿工看不到出口的位置时，此时可以采取两种策略：一种是跟随附近 8 个栅格的 Agent 的平均方向移动，记为 Str.F；另一种是附近没有 Agent 带领，凭借自己的方位感移动，记为 Str.T；通过研究发现 Agent1（没有经验）这种类型的 Agent 在没有其他人的带领时，跟随自己的意愿逃跑，获救的人数较少。在 Agent3 的理性带领下，Agent1 获救的人数会大幅度增加。这时在分配矿工时，将没有经验的和有经验的人均匀分配，当火灾发生时，有经验的矿工引导无经验的矿工进行逃生，使逃生的人数达到最大，其推理规则如表 7.1 所示（张丽娟等，2015）。

表 7.1　移动策略

旁观者策略		主动者策略
下一位置存在火灾	下一位置存在墙壁	是否移动
否	否	否
是	否	否
否	是	否
是	是	否
否	否	是
是	否	是
否	是	是
是	是	是

7.3.7 主体之间的影响与策略

中年人是经验丰富的一组 Agent，其可以理智地选择从当前位置到出口的位置，这样，正如上面所讲的，能最大可能地带领矿工从火灾中逃生，在这里经过科研组讨论，使用深度优先算法进行逃生。以下内容介绍深度优先算法（李文清等，2012）。

深度优先搜索是对树图进行遍历的算法之一。图的遍历是指从某个节点出发，按照程序所设定的递归条件对图上的所有节点做一次访问的过程。首先是选择任意未被访问过的对象，作为起始节点开始搜索，若搜到的节点未被访问过，则将该节点标为未访问，同时将其作为初始节点开始访问。如此反复，直到所有的节点都标记为已访问。在运行的过程中采用的是自组织链路的生成方法，依据最优的自组织原则查找最短路径。

深度优先算法是把延伸当前节点之后生成的子节点放于 OPEN 表的前端，然后将 OPEN 表作为栈使用，即为后进先出，使搜索方向向纵向发展，其执行过程如下（刘翔，2013）。

1）首先把当前 Agent 的子节点位置状态放于 OPEN 表中。

2）若 OPEN 表为空，则表示此 Agent 和其他节点不相邻，退出。

3）取 OPEN 表中的前面第一个节点放入 CLOSE 表中，同时将该节点设置为 x，并且将其顺序编号为 n。

4）若目标状态节点 $S_n = x$（也就是最后节点为根节点），则搜索成功，结束。

5）若 x 不可以扩展（处于孤立状态），则跳到步骤 2）。

6）将 x 所有的子节点配上指向 x 的返回指针依次放入 OPEN 表的首部，跳转到步骤 2）。

深度优先算法是运用相关矩阵模型来求得所耗时间，相关矩阵模型是指当前位置与出口位置之间所存在的逻辑关系。其数学模型可用相关矩阵表示为

$$\begin{bmatrix} d_{11} & d_{12} & \cdots & d_{1n} \\ d_{21} & d_{22} & \cdots & d_{2n} \\ \vdots & \vdots & & \vdots \\ d_{n1} & d_{n2} & \cdots & d_{nn} \end{bmatrix} \tag{7.2}$$

式中，第 i 行 $\boldsymbol{F}_i = [d_{i1} \quad d_{i2} \quad \cdots \quad d_{in}]$ 表示在开始时各个 Agent 属性的相关信息；第 j 列 $\boldsymbol{T}_j = [d_{1j} \quad d_{2j} \quad \cdots \quad d_{nj}]^{\mathrm{T}}$ 表示的是从起始点到出口的运行状态。$\boldsymbol{F}_i$ 与最终的各个出口 $\boldsymbol{T}_j (j = 1,2,3,\cdots,n)$ 之间具有一定的相关性。其中：

$$d_{ij} = \begin{cases} 0, & \boldsymbol{F}_i\text{不可测得}\boldsymbol{T}_j\text{属性的相关信息（}\boldsymbol{F}_i\text{与}\boldsymbol{T}_j\text{不相关）} \\ 1, & \boldsymbol{F}_i\text{可测得}\boldsymbol{T}_j\text{属性的相关信息（}\boldsymbol{F}_i\text{与}\boldsymbol{T}_j\text{相关）} \end{cases}$$

运行过程中所消耗的时间为

$$T_{(m,n)} = \sum_{i=0}^{1000} \left[\log_2 m - \left(\frac{N_j^1}{m} \log_2 N_j^1 + \frac{N_j^0}{m} \log_2 N_j^0 \right) \right] + \frac{W_m \times L_m}{V} \tag{7.3}$$

式中，m 为从当前位置到出口所移动的步数；N_j^1 代表相关矩阵中第 j 列元素中为 1 的个数；N_j^0 代表相关矩阵中第 j 列元素中为 0 的个数；W_m 为 Agent 从当前位置到出口存在路的条数；L_m 为每条路径的长度；V 为 CPU 的运行速度。

上面讨论了发生火灾的本体模型设计，还有一些动力性因素，通过这些动力性因素将主体分类，通过主体之间的关系设计出内部模型及矿工在遇到火灾灾害时逃生的策略，这一部分是最重要的，影响到最终的逃生人数。

7.4　系统设计

结合 Repast 软件的特点以及煤矿多主体建模的要求，能够分析得出仿真系统总体结构和运行流程。

7.4.1　系统总体结构

经分析之后可知系统功能模块如图 7.4 所示。

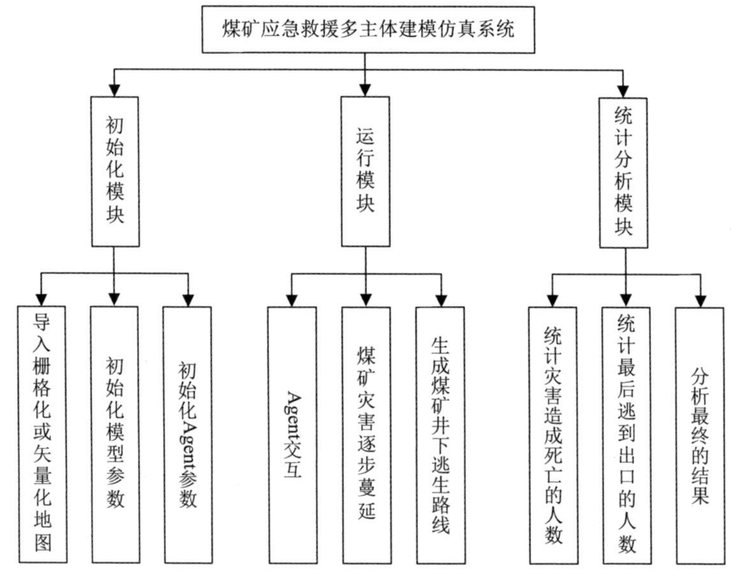

图 7.4　本体系统功能模块

1. 初始化模块

首先是系统的初始化模块，用于对模块的初始化，开始通过 GIS 将现实中的地理信息转换成数字信息，之后得到的文件转换成栅格地图导入本体模型，由此生成了 Agent 和 Fire 的活动空间环境；进而通过本体模型对参数进行配置，包括生成的 Fire、Agent 的数量，从而达到对此本体模型有了初始化的配置。

2. 运行模块

运行模块是整个深度优先算法和 ABMS 的火灾逃生模型的核心模块，在整个 Agent 的运行、Agent 之间的交互、Fire 的发展、形成逃生路线、Agent 显示颜色和大小、Agent 对于火灾的决策、模型的时钟控制等功能都是通过这个模块来实现的，这些模块都是建立在本体的基础上的。

3. 统计分析模块

统计分析模块是系统的收尾模块，主要适用于统计 Agent 逃生的数量、Agent 被 Fire 烧死的数量及当前情况下 Agent 存在的数量，最终通过所统计的数量对本体模型进行调整。

7.4.2　系统设计流程

运行模型,输入要生成的Agent类型的个数,开始对Data数据进行初始化,同时对Fire、Agent、Agent1、Agent2、Agent3 进行初始化，并且将其添加到 Grid 上去，系统流程如图 7.5 所示。

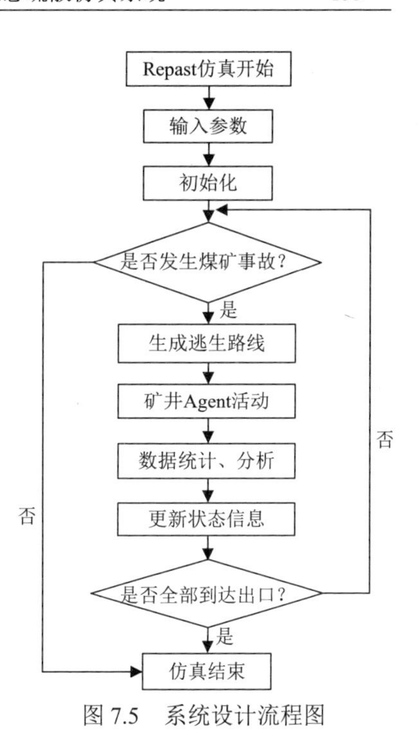

图 7.5　系统设计流程图

7.4.3　本体到类图的转换

除了静态煤矿巷道的陈述性知识，如读取地图文件、地图的加载等，只需要加载一次，称之为静态的过程性知识。在应急救援中包含的另一部分重要知识点是以当前现状为载体的动态过程性知识，如火灾的活动、各类智能体的移动、死亡人数的统计、获救人数的统计、逃生路线的选择等，都是以当前的状态为基础的。称之为动态过程性知识。以上分析的各个部分，将其转换成类图，如图 7.6 所示。

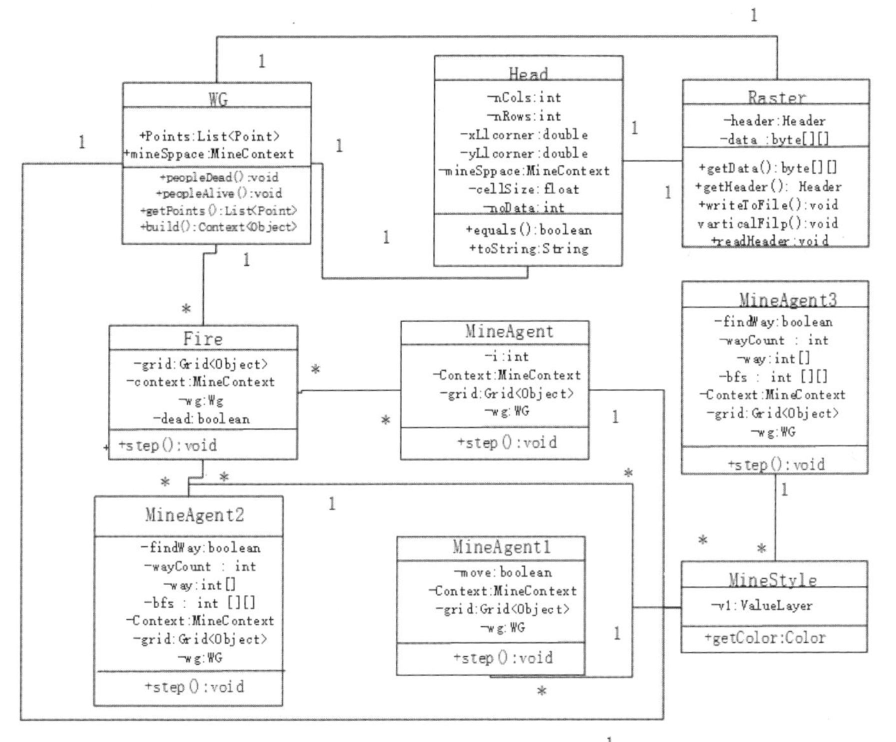

图 7.6　本体转换成类图

7.4.4 时序模块

在 ABMS 的火灾逃生模型中，不同类型的 Agent 对象将会存储在不同的对象列表中，会由 Escape 对象进行统一的存储和调用（张丽娟等，2015）。

在模型启动之后，首先是进行初始化，在这里是通过 WG 统一进行调度，即为对 Context、Grid 和 Agent 的初始化。调用 getInstance()方法产生子空间，其内部是通过调用 Head()方法和 initial()方法来实现。随之使用 getFirePoint()方法随机找到栅格化地图上的点，并生成 Fire；通过 step()方法开始调度 Fire 的蔓延。使用 getpeoplePoint()方法，生成 Agent，相应地使用 step()方法建模 Agent 的活动。

Fire 类主要通过 public void step()类来实现火的蔓延，读取到相应地图中的每个栅格，并且开始向四周扩展，在遇到墙时停止蔓延。为了高效地执行本程序，采用了 dead 变量用于代表中心位置，如果 Fire 的周围都被火包围，此时的 dead 变成 true，在下次蔓延时将不会遍历该位置，大大降低了遍历数。

MineAgent 类是第一种 Agent 的运行方式，从当前所在位置找到距离出口的最短距离，用 public void step()方法实现该 Agent 的活动，用@ScheduleMethod 注释能够在每次遍历时遍历到每个栅格、每个对象。grid.getObjectAt(int x,int y)得到当前栅格中的对象，如果能找到当前对象所在栅格周围有其他 Agent，那么将会跟随其移动；否则就会随意走动。

MineAgent1 类是用 grid.getLocation(this)方法获取当前位置，随之找到附近的 8 个位置，用 minDistance 方法返回当前 Agent 附近的 8 个位置与出口的最短距离的点，并且向此点移动。

MineAgent2 类是运用广度优先算法，用 MineContext 获得当前的 Context，reBFS 数组存储所有的点，用 repeatBFS 数组存储找到的最短路径，用 findway 这个 boolean 变量存储是否找到最短路径，用 way[]这个数组存储所有路径的条数，当且仅当 finway=true，wayCount!=0，repeatBFS 不为 null，周围没有 Fire 的时候才会移动。当遇到 Fire 的时候就会被烧死，并且移出 Context，通过 peopleDead 统计烧死的人数；当到达出口时，则通过 peopleAlive 去统计获救的人数。

MineStyle 类是最简单的，所以笔者放在最后描述，由于栅格化地图在模型上默认情况下是黑白的，而且大小仅为 1。这里为了更加明显地表达，通过 MineStyle 类设置通路的颜色为绿色，不通路的颜色为白色，并且栅格大小为 2。

最后通过 peopleDead()和 peopleAlive()方法统计死亡与获救的人数。在本模型执行过程中，模型的各个对象都处于激活状态，所有的 Fire 对象和 Agent 对象都是在 Escape 模型的规划之下，进行统一的调度和显示，模型的时序对本程序的设计、运行和修改非常重要，它决定了系统的稳定性和可靠性。本模型的时序图如图 7.7 所示。

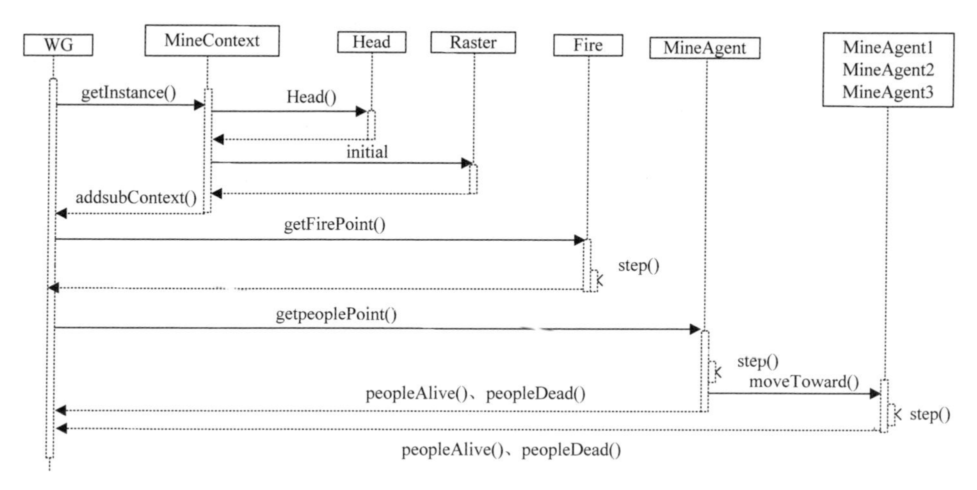

图 7.7 多 Agent 逃生时序图

7.5 主体行为设计

上面的章节对各个模块有了一个大致的分析，分析它们要实现哪些功能，接下来需要详细地分析一下每个类型的 Agent 是如何进行逃生的？具体的逃生策略是什么？当遇到什么样的情况会做何种反应？

7.5.1 MineAgent 的逃生

由于这种 Agent 是刚进煤矿，对地理环境不是很了解的矿工，所以只会跟随着附近的人去移动，但是这类人比较年轻，所以每次能走两步。每次得到 Agent 的具体位置，然后找到附近 8 个点的位置，观察能否找到 Agent1、Agent2 或者 Agent3，如果能找到的话，就跟随着所找到的其他人去移动；如果找不到，那么将这 8 个栅格的位置打乱，然后去移动，之后继续去找附近 8 个点的位置。具体的程序流程如图 7.8 所示。

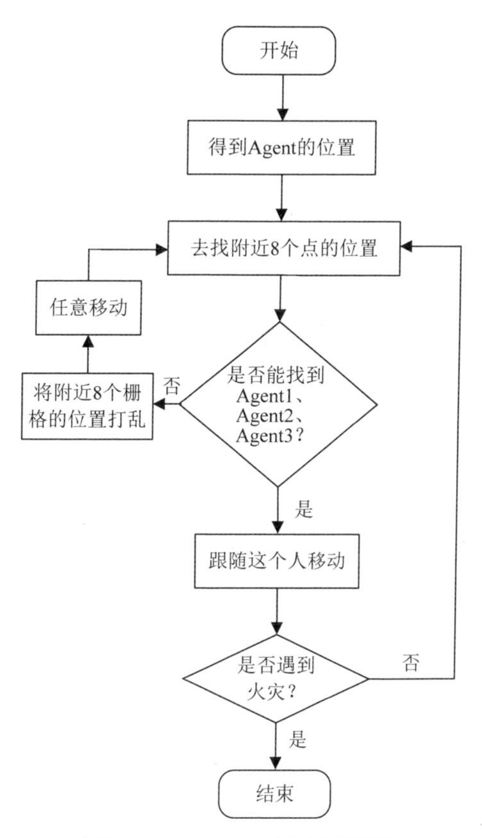

图 7.8 MineAgent 逃生流程图

7.5.2　MineAgent1 的逃生

MineAgent1 是年轻有经验类型的人，每次能走两步，方向感特别强，清楚地知道自己应该从哪个方向逃跑，但是遇到有障碍的时候不知道怎么去解决，只能去等待，没有中年人的睿智。本系统基于 Java 语言并使用 Eclipse 开发工具。

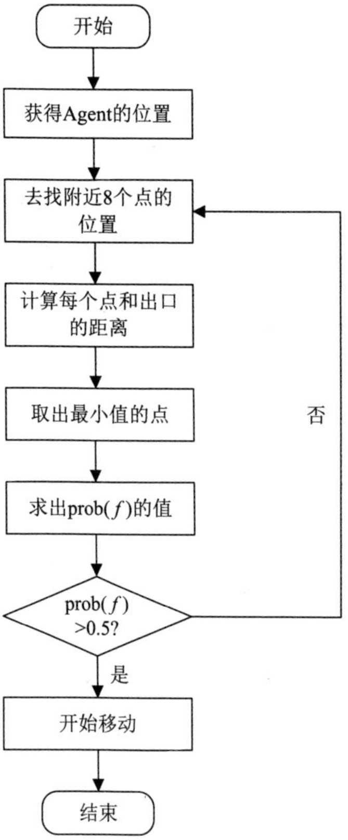

首先获取 Agent 的位置，去找附近 8 个点的位置，用勾股定理去计算附近的 8 个点和出口的距离，每个都需要计算，然后获取这 8 个距离的最小值。判断最小值附近是否存在 Fire 或者墙壁，在以上介绍的公式中 $\text{prob}(f)=1-\dfrac{k+n}{\text{e}}$，参照周围的人进行逃跑，判断 prob($f$)的值是否大于 0.5，若是则向最近的那个点移动，否则不能移动具体的流程如图 7.9 所示。

开始
获得Agent的位置
去找附近8个点的位置
计算每个点和出口的距离
取出最小值的点
求出prob(f)的值
prob(f)>0.5?
否
是
开始移动
结束

图 7.9　MineAgent1 逃生流程图

7.5.3　MineAgent2 的逃生

由于 MineAgent2 是青年组长，对地理信息比较熟悉，所以在火灾发生的时候能够很快地意识到如何去逃生。基于此，MineAgent2 运用了广度优先算法，算法涉及如下两个问题。

1）有没有到达出口的路径？

2）到达出口的最短路径是什么？

首先，这里先解释一下什么是广度优先算法。广度优先算法（breadth-first search，BFS），又称广度优先搜索、宽度优先搜索，是从根节点开始，沿着树的宽度遍历树的节点，如果发现目标，那么采用 open-close 表。

在广度优先算法中，有两种图存在，分别是无向图和有向图，在本系统中由于有出口的存在，所以用有向图，如图 7.10 所示。

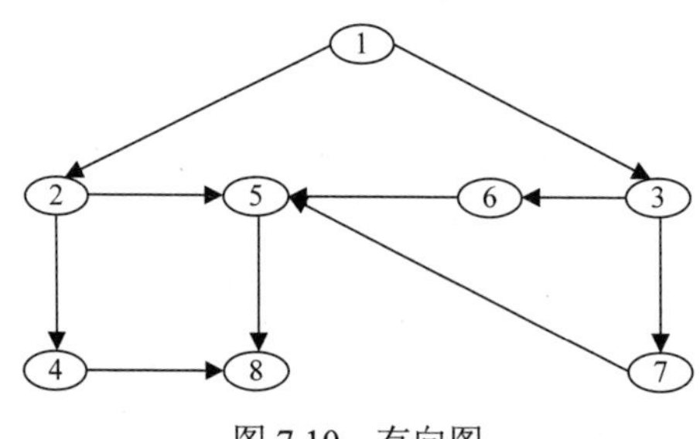

图 7.10　有向图

1）这里从 1 出发，开始寻找下一个端点，会是 2 或者 3。

2）2 去寻找下一个端点会找到 4 和 5；同时 3 也会去找下一个端点，是 6 和 7。

3）4 去找下一个端点会找到 8，到达终点；5 找下一个端点会找到 8，到达终点；6 找下一个端点到达 5；7 找到下一个端点 5。

4）5 找到下一个端点 8，这样的话，就会到达终点。

所以通过以上的总结，找到的路径有 4 条，分别为：①1→2→4→8；②1→2→5→8；③1→3→6→5→8；④1→3→7→5→8。

很明显，路径为①和②的能够优先到达，所以最后在找到的路径①或者②中选择一个。在本系统中 MineAgent3 也是运用了同样的方法，由于在本方法中路径特别长，在 MineAgent3 开始时，找到其中的一个 Agent，然后开始初始化队列，从这个点开始算起，到达终点找到最短路径，当然在这里可能会有不止一条，这时从路径相等的几条中选出其中一条，来选为此 Agent 以后要走的路径。然后找到附近的 8 个点，找到在这条路径上的点，去判断是否遇到火灾，如果遇到火灾，那么 Agent 就直接移除本系统。如果没有遇到火灾，就开始移动到这个点。在移动完成之后，判断是否到达终点，如果能到达终点，那么就结束循环，如果没有到达终点，那么开始更新路径，继续上面的循环。在第一个点完成之后，去找第二个点继续上面的循环，所以会比较耗时，具体的流程如图 7.11 所示（刘翔，2013）。

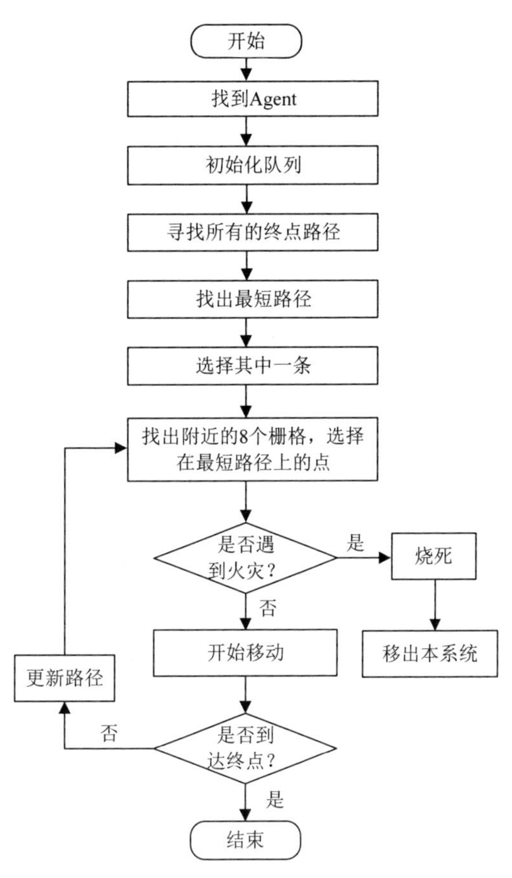

图 7.11　MineAgent2 逃生流程图

7.5.4　MineAgent3 的逃生

MineAgent3 是中年有经验的类型，MineAgent2 虽然是小组组长，由于比较年轻，所以每次能移动 2 步。MineAgent3 是中年人，体力有限，每次移动 1 步，他们的移动方法都是一样的，在这里就不过多描述了。

每个类型的 Agent 逃生策略都是不一样的，这里对它们的情况及流程设计进行详细的介绍，读者可对本程序一目了然。

7.6　基于本体概念逃生的案例演示

通过系统模块和详细模块的分析，已经大致明白了 Agent 是如何进行活动的，活动机理是什么。下面介绍该系统是如何进行工作的，当火灾发生于不同位置时，各个类型的 Agent 会有多少人获救，这里首先展示在 Repast 中的运行界面和火灾发生于不同位置的人口统计。

7.6.1　仿真界面

这里首先研究的是矿工从一个 986×952 的矩阵区域在火灾发生时进行逃生的模型，煤矿有一个 8m 的出口，其中绿色部分表示井下巷道，白色部分为墙壁，红色部分是火和蔓延地，青年无经验矿工用蓝框表示，青年有经验矿工用红色五角星表示，青年小组组长用蓝圆点表示，决策最优的矿工用蓝色十字表示。图 7.12 显示了改进的 ABMS 仿真模型的初始化阶段，在火灾发生时每个类型的人群规模均为 80 人，假设人半径分布在区间[0.25m, 0.35m]，质量分布在区间[50kg, 80kg]，每次实验重复 40 次。其离散模型如图 7.13 所示。

彩图 7.12

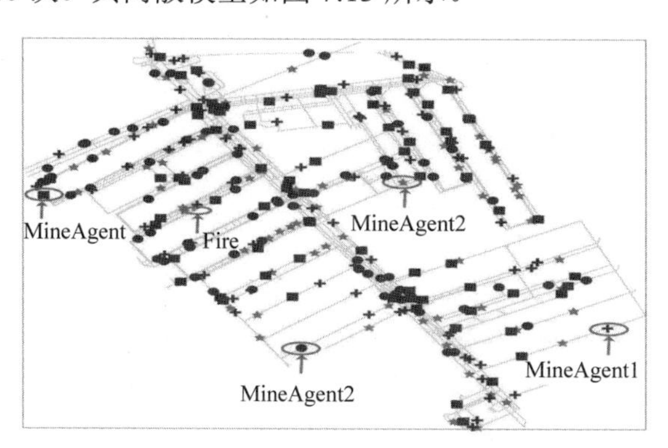

图 7.12　ABMS 仿真模型的初始化阶段

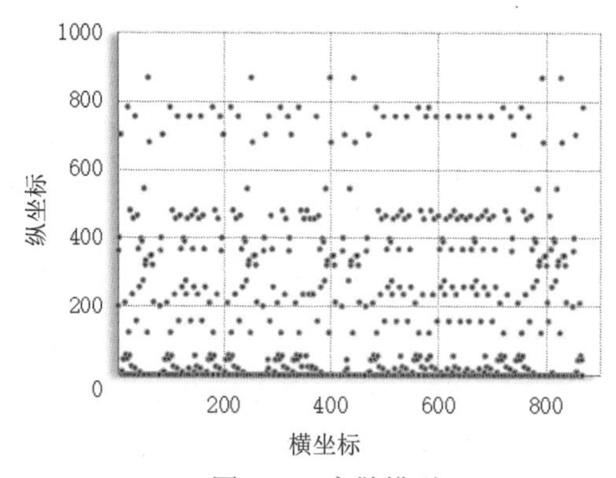

图 7.13　离散模型

7.6.2　基于火灾位置的逃生仿真

逃生模型中火灾的发生位置具有随机性，火灾可能发生于出口附近，其逃生人数统计如图 7.14 所示。也可能发生于比较偏僻的巷道，其逃生人数统计如图 7.15 所示。由此可见，当火灾发生在出口附近时只可能有极其少的人进行逃生，大部分人都因为出口被堵而伤亡；与之相反，发生在偏僻位置逃生人数则会明显增加。

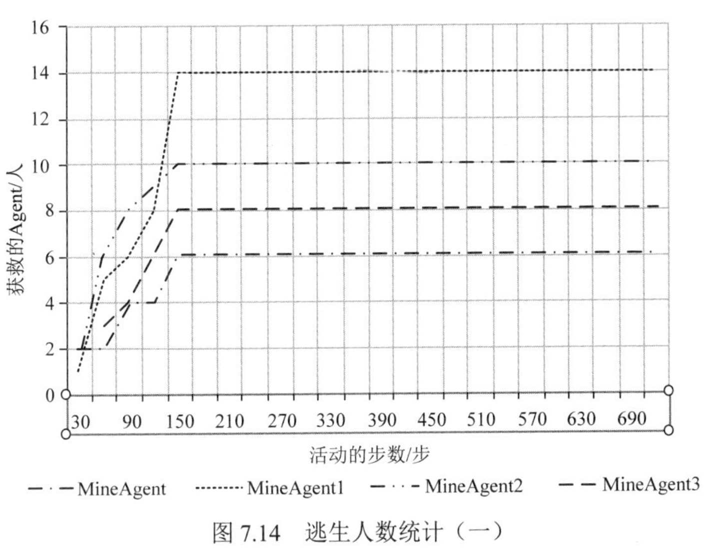

图 7.14　逃生人数统计（一）

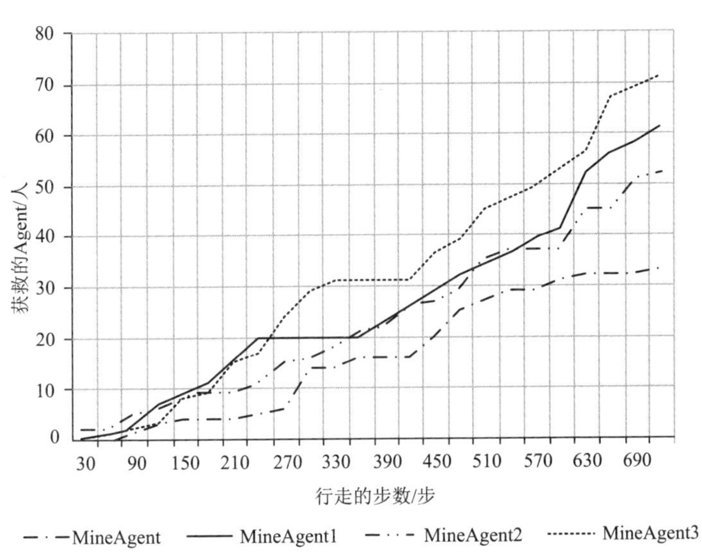

图 7.15　逃生人数统计（二）

因此，在井下设置硐室是非常有必要的，即当出口被堵塞时，矿工可暂时进入硐室中，由于硐室中有水、氧气可维持一段时间，待火灾过后再进行逃生；其缺陷是如果火灾持续时间较长，硐室会由于缺乏氧气、食物、水而造成矿工死亡。同时应该设置紧急避难移动装置，即密闭空间能够保障在发生火灾时传送矿工渡过危险。而井下煤炭一般都是通过巷道来运输，通过巷道来传送紧急避难装置，是非常可行的；其缺陷是成本较高，造成巨大的开支。所以在煤矿建设时，应该权衡其与硐室的数量及位置，尽可能使硐室之间通过紧急避难移动装置形成闭合通路，使用硐室来增加救援时间，使用紧急避难移动装置来保证矿工安全逃生。

7.6.3 基于主体地理认知差异性的仿真

本节研究 Agent 的获救数量受地理环境认知度的影响程度，MineAgent 不熟悉地理环境，其逃生决策在 7.5.2 小节已经提到。MineAgent1 对地理环境较为熟悉，但是由于其缺乏经验，所以仍有部分矿工误入歧途，在图 7.16 中能明显看出 MineAgent1 的获救人数远大于 MineAgent 的获救人数，原因就是 MineAgent 对地形的不熟悉。所以在矿工进入井下之前要充分地对地形进行了解，进行岗前培训，模拟出井下 3D 图，使每个矿工都能了解井下地形，当火灾发生时能够充分认知自己当前所在的位置，从而提高矿工安全逃生的可能性。

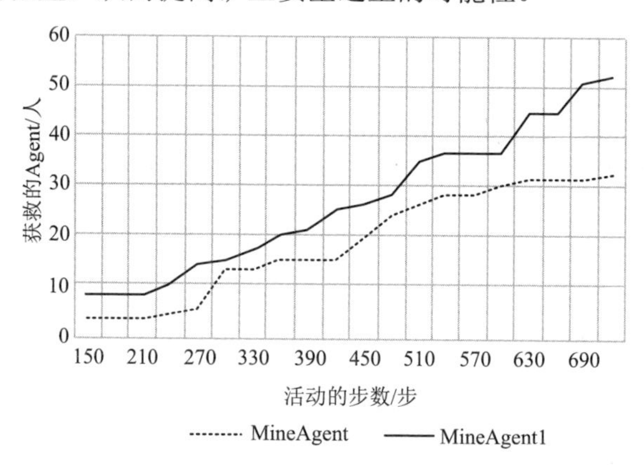

图 7.16　对环境认知度不同的情况下的获救人数

7.6.4 基于主体特征差异性的仿真

不同类型的主体具有不同的逃生特征，这里以获救人数受中年人移动速度的影响情况为例分析。虽然中年人的经验颇为丰富，能带领其他 Agent 得以获救；但中年人体力不支，移动速度会相对较慢，这里可以把 MineAgent3（中年人）安排在距离出口较近的位置，以便在火灾发生时快速到达出口。其获救人数曲线如图 7.17 所示，而调整之前的获救人数如图 7.18 所示。通过 100 次实验之后发现：将中年人安置在出口的位置，MineAgent2 获救的数量会急剧升上，能达到 90%的成功率，但是 MineAgent 的数量却有所下降。

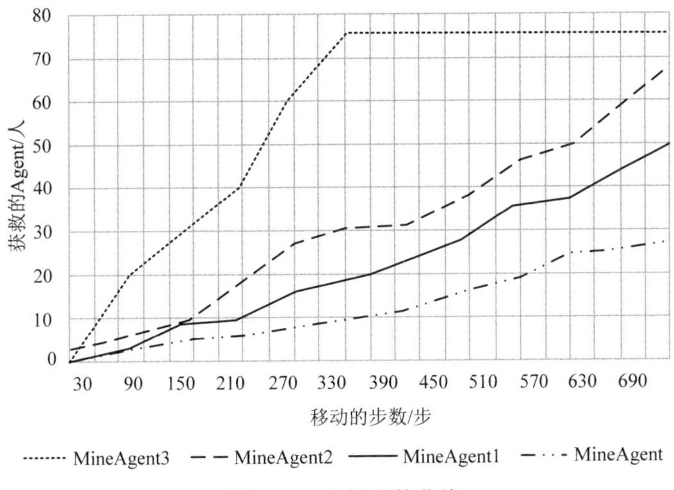

图 7.17　获救人数曲线

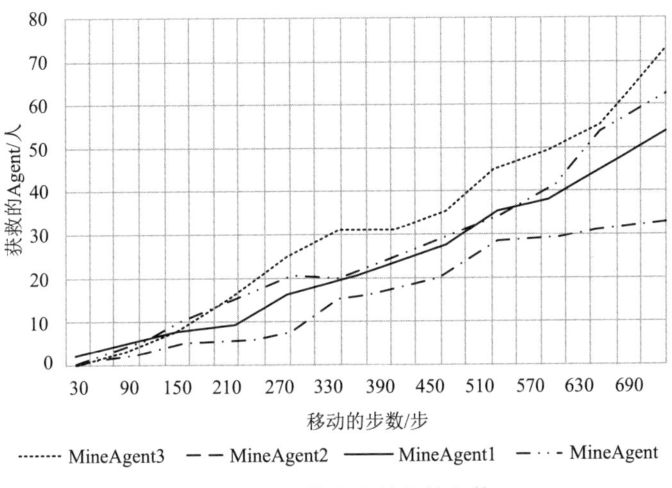

图 7.18　调整之前的获救人数

经过分析可以得到的结论是：MineAgent2 分布在出口位置，一旦发生火灾，他们能够以最短时间到达出口。但 MineAgent 会由于缺少 MineAgent2 的引导而选择错误路线，最终导致死亡。

所以这里将 MineAgent2 放置在出口的位置是正确的，但是同时也应该将青年组长分散开来，由于青年组长活动速度快，而且其经验丰富，能够带领更多的 Agent 到达出口，使得逃生人数最大化。

7.6.5　融合传感器数据的仿真

运行过程中的人数统计如图 7.19 所示，仿真模型的最终结果如图 7.20 所示，火灾会蔓延到整个巷道。在这里可以结合传感装置和定位装置，通过知识图谱将

彩图 7.19

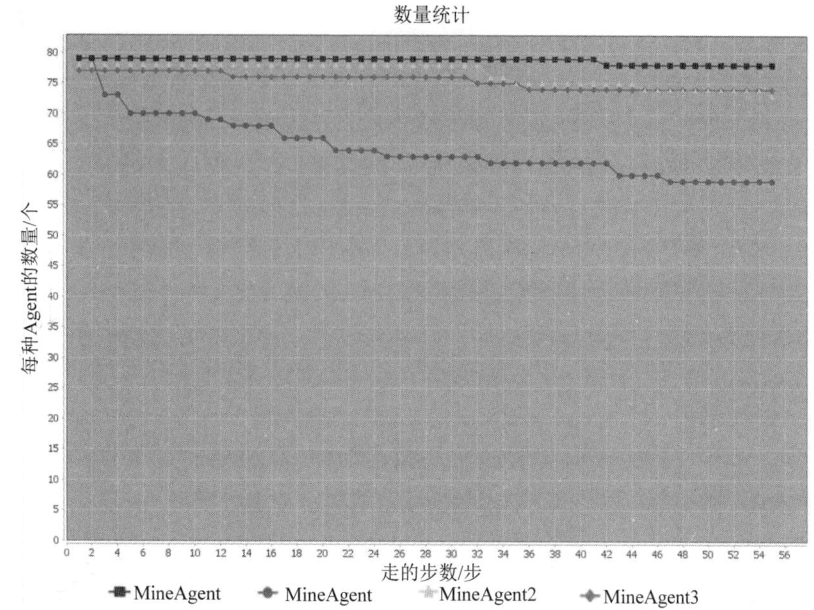

图 7.19　人数统计图

彩图 7.20

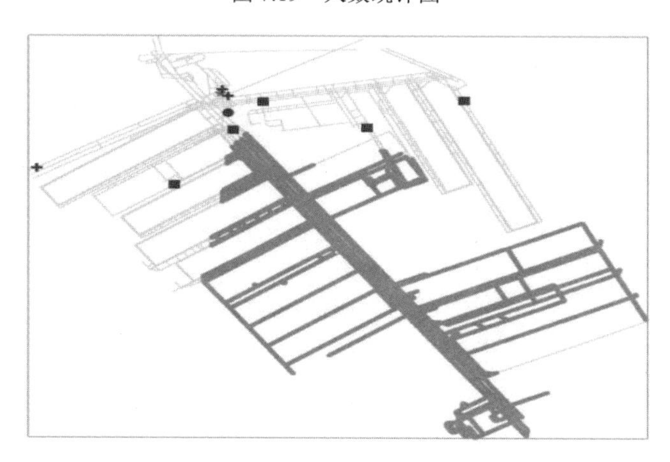

图 7.20　运行结果图

所有资源加以整合。换言之，这里采用传感器装置感知当前的瓦斯浓度，同时用 GPS 定位当前矿工的位置，并将信息反馈给 HPC，HPC 会时刻监控瓦斯的含量，一旦达到一定浓度，则触发报警系统，使矿工快速撤离；如果发生火灾，HPC 将结合井下地图和 GPS 定位获得每个矿工到达出口的最佳路径，将其通过无线电时刻传送给每个矿工，以便尽快逃离危险。

通过 Repast 进行仿真，对于每个类型的 Agent 都生成 50 个，得到离散模型图。通过比较火灾发生位置的不同，对地理环境的认知不同，人员分布情况的不同，得到许多建筑性的结论，在最后结合传感器能够大幅度地提升获救人数。

7.7 本章小结

本章通过结合本体、Raster、GIS 和深度算法来实现仿真逃生建模。通过对模型各个类型的 Agent 研究，可以形象地对现实世界进行建模，结合算法实现，能够找到最佳路径。利用 Repast 仿真平台上 Java 语言实现。虽然生成的 Agent 和 Fire 具有随机性，但是得到的结果却是相近的，能够很生动地模拟出现实世界，将仿真中得到的理论知识应用于实践操作中，能在煤矿火灾发生时，节省很大一部分时间，从而为矿工的逃生增加了可能性，为煤矿的管理人员部署煤矿和矿工的逃生提出可行性建议。

相比于原来 Agent 的紧急逃生而言，本系统节约时间，同时增加获救人数。但是本系统还存在诸多问题，如界面过于硬化，看上去不是特别和谐，不能研究某一块的 Agent 移动，针对某一特定块进行特定的研究，这方面仍需继续努力。

第8章　基于本体的煤矿井下安全生产时空数据模型

煤矿井下安全生产的信息化建设和时空数据模型研究结论，及在煤矿安全领域应用研究现状的基础上，针对井下生产过程中的人-机-环实时监测数据，在本体理论与面向对象思想的指导下，构建了一个基于本体的煤矿井下安全生产时空数据模型，也将本体的理论知识运用于煤矿安全领域，使模型在煤矿安全生产领域具有可用性和普遍适用性，最后在数据的基础上，设计开发一个煤矿井下安全生产时空信息系统。

8.1　研究背景及内容

近年来，我国煤炭企业的机械化、信息化程度逐步提高，科技的发展促使了我国煤炭工业百万吨死亡率不断下降，这其中又以2015年为分水岭。此前煤炭行情一路走低，一部分技术条件较为落后的煤矿减少了产量，甚至关停了部分煤矿，且由于2011年发起的煤炭资源整合，煤矿的开采效率也有了较大幅度的提高，多方因素作用下，使我国煤炭工业百万吨死亡率在2015年时达到了0.159，同比下降超过38%，创近15年来的最大降幅。然而在进入到2016年以后，中央政府大力推动煤炭产业供给侧结构性改革，煤炭价格也因此一路上涨，煤炭企业伴随着煤炭价格的波动转亏为盈，利润有了大幅提高，此前关停或减产的煤矿也开始扩张生产规模，这部分企业由于前几年的利润下降甚至亏损，减少了设备与技术投资，降低了生产成本，缩减了安全预警措施与人员培训，普遍面临着技术水平落后、信息化建设程度较低、安全设备维护更新不足的问题。部分煤炭企业追逐利润的提高，忽视了安全措施与保障，盲目加大生产力度，提高产量，导致煤矿安全事故频发，最终的结果就是，在2016年我国煤炭行业百万吨死亡率超过了0.15，相较2015年同比降幅不到1.9%，创了近年来的最低降幅。煤矿安全与危险预警仍是目前我国安全领域内的重点问题之一。

2016年2月4日，中华人民共和国国家煤矿安全监察局科技装备司发布了《关于进一步加强煤矿重大灾害防治有效防范重特大事故的通知》，明确了瓦斯、水害、防灭火、冲击地压及提升运输五大防治重点，特别强调了强化科技支撑对于煤矿灾害防治的重要性。2017年3月17日，中华人民共和国国家煤矿安全监察局科技装备司又发布了《关于强化瓦斯治理有效遏制煤矿重特大事故的通知》，特别指出了强化煤矿监控系统的重要性，督促相关煤矿企业积极推进安全监控系统升级改造。

大力加强煤矿安全监测与灾害预警，对于有效防治煤矿灾害、减少人员伤亡意义重大。目前，我国各大煤矿企业普遍都已安装部署了安全监控系统，部分企业还配备了特定的安全监管信息平台，防治灾害工作也已初步取得成效。在这种背景下，煤矿安全监测与灾害预警系统的发展已经进入到一个新的时期。但是由于各大系统与平台之间没有行之有效的数据共享机制，缺乏具有普适性的数据模型，无法支撑整个煤矿的安全数据进行深度的数据挖掘与数据分析，一定程度上制约了煤炭企业安全管理水平的提高（张杰，2014），最后导致煤矿安全监测系统虽然获得了大量的实时传感数据，但系统的数据综合分析和异常识别能力仍相当薄弱，现在仍需要依靠经验丰富的专家通过分析监控系统获得监测数据来进行灾害判断，井下作业现场环境安全和发展趋势及传感器系统可靠性的现状没有得到根本转变，从而使若干潜在的安全风险因为种种原因得不到及时发现，并采取针对性防范措施而最终爆发，酿成事故（朱世松，2013）。

移动互联网的迅速发展及基于位置服务（LBS）在各个领域的广泛应用，使时空数据模型重新成为人们应用研究的热点，为煤矿安全信息化建设的进一步加强提供了新的解决思路。面对煤矿井下生产这个复杂的时空过程，虽然有大量关于煤矿安全预测分析的研究及安全系统的应用，但是时空数据模型在煤矿安全领域的研究却仍然较少，缺乏一种有效、可行、规范且有较强实时性的时空数据模型来为煤矿安全的研究提供支持。研究过程中要分析煤矿井下生产过程及各类生产要素，建立规范、可行、高效且有较强实时性的时空数据模型来为煤矿安全的研究提供支持；然后要在时空数据模型的基础上，研究切实可行的应用系统来强化模型的实用性，提高煤矿安全实时监测系统与灾害预警系统的可靠性和智能化水平。研究煤矿生产时空数据模型不仅可以在整体上建立对生产过程清晰的认知，并且可以实时观测整个生产过程中各类生产要素的变化情况，实现对井下人员、设备及环境的实时检索查询与关联查询，对于有效避免事故的发生具有重要意义（Shi et al.，2013），同时对于事故成因分析与煤矿灾害预测也有一定作用。

在分析了煤矿安全信息化建设和时空数据模型研究成果，及其在煤矿安全领域应用研究现状的基础上，总结了煤矿井下安全生产过程中的实体结构与生产时空过程的规律，针对井下生产过程中的人-机-环实时监测数据，在本体理论与面向对象思想的指导下，构建了一个基于本体的煤矿井下安全生产时空数据模型，使模型在煤矿安全生产领域具有可用性和普遍适用性，以支撑生产过程的动态数据管理。最后在数据模型的基础上，设计并开发一套煤矿井下安全生产时空信息系统，通过应用系统来验证数据模型的可用性，保证其在煤矿安全领域的实践意义。本章具体研究内容主要包括以下两方面。

1. 基于本体的煤矿井下安全生产时空数据模型研究

首先整理了时空数据模型的相关理论知识，包括时空数据模型定义、模型的分类、模型的建模方法及模型的应用领域；然后根据煤矿井下生产环境，主要以煤矿采掘工作面、煤矿安全规程、各工种操作规程及作业规程的规定为依据，选择合适的模型，即面向对象的时空数据模型，按照时空数据建模方法的要求，分别建立可以满足煤矿井下安全生产过程需求的时空对象模型和时空数据模型。

2. 煤矿安全生产时空信息系统的设计与实现

首先分析煤矿井下生产过程与规律，针对井下人员、设备的属性和位置信息以及环境实时监测数据，完成系统的总体设计以及数据库设计。然后设计整个系统的构架，选择合适的开发平台：后端采用基于 Java 语言的 Spring + Spring MVC + MyBatis 框架的三层体系结构，前端页面则选择 Bootstrap 和 JQuery 等框架，井下空间信息表达部分的实现则采用国内使用最为广泛的专用于 WebGIS 客户端开发的类库 OpenLayers，数据库部分的实现则选用对空间信息存储管理支持更好的 PostgreSQL 数据库。最后根据需求完成系统的开发。

8.2 基础理论及相关技术

基于本体的煤矿井下安全生产时空数据模型和煤矿井下安全生产信息系统的研究，需要有相应的理论基础和技术支撑，应当明确时空数据模型的基本理论，并在深入理解时空建模方法的基础上，对比分析现有的时空数据模型，选择适用于井下生产环境的模型。然后应学习各类 Web 应用开发技术及 WebGIS 应用开发技术，选择合适的技术架构，完成时空信息系统的设计与实现。

8.2.1 时空本体与时空对象

随着本体论在信息技术领域的广泛应用，将时空本体应用于时空对象建模能大大提高模型的泛化能力。

当前，本体论已经在各个不同领域得到应用，其作用主要有以下两方面。

1）本体可以重复使用，从而避免重复的领域知识分析。

2）统一的术语和概念使知识共享成为可能。

时空本体是描述时空对象概念及其概念之间关系的规范体系，是对时空对象进行特征分类的方法，是标准时空知识共享和重用的工具。时空本体并不是在时间本体和空间本体基础上的简单合并，而应该有更合理的时空一体化的本体表示理论和方法。因此，时空本体是基于时空对象的时空思想框架，继承了时空特性的局部性、并行性、空间离散性等特点，同时又克服了时空特性的同质性、齐性及无法描述本体状态变化等不足。

而时空本体的研究可以大大丰富地理空间信息的表达和理解，有助于实现海量空间信息及知识的共享。因此，将时空本体论应用于煤矿井下生产安全系统是非常有意义的。

1. 时空对象

时空对象是具有随时间变化的空间属性的实体，可以把这种具有空间和时间属性数据的对象，用生命周期的状态序列形式化表示为

$$\mathrm{STO}=\{(R(t), V(t))_j | t\in[t_0, t_e]; i=1,\cdots, k; j=1,\cdots, n\} \tag{8.1}$$

式中，$R(t)$为时空对象在 t 时刻的属性；$V(t)$为时空对象在 t 时刻的空间特性；t 为时空对象的时间特性；$(R(t), V(t))$为时空对象在 t 时刻的状态；i 为描述时空对象的粒度；j 为序列。

时空对象及其关系建立在时间特性、空间特性、时间关系和空间关系的基础上，对时空关系的运算或者求解可以分解为对时间关系、空间关系的运算。此外，时空对象的时间属性和空间属性结合得越紧密，就越能有效地表达出时空对象之间复杂的时空关系。

时空对象是时空本体的基本组成部分。时空对象分布在离散的一维或多维欧几里得空间上。所有时空对象是相互离散的，它们构成了一个时空对象空间。

2. 状态

状态是离散集合的体现。某一时刻一个时空对象只有一种状态，而且该状态只取其唯一一个有限集合（状态集）。

3. 邻居

邻居又称邻域，是时空对象周围按一定形状划定的时空对象集合，它们影响中心时空对象下一个时刻的状态。例如，在一维时空本体中，通常以半径 r 来确定邻居，距离一个时空对象 r 内的所有时空对象均被认为是该中心对象的邻居。时空过程是一个状态转移函数（徐薇等，2005）。

根据中心对象及其邻居当前状态确定下一时刻中心对象的状态，用四元组的形式表达时空本体，与传统地将时间和空间做正交组合的方法是不同的，能够充分体现时空一体化的特征，也就是说，集合中的每个元素是必不可少且密不可分的，每个元素有自己的含义，彼此之间又存在时空相关性，可以完整表达时空对象和时空过程。

时空本体是描述时空对象及其概念之间关系的规范体系，是对时空对象进行特征分类的方法，是标准时空知识共享和重用的工具。时空本体并不是在时间本体和空间本体基础上的简单合并，而应该有更合理的时空一体化的本体表示理论和方法。因此，时空本体是基于时空对象的时空思想框架，继承了时空特性的局部性、并行性、空间离散性等特点，同时又克服了时空特性的同质性、齐性及无法描述本体状态变化等不足。

利用煤矿井下信息能有效描述复杂时空系统动态过程的特点，给出了时空本体的描述和形式化定义，这种新的描述方法不仅能够紧密结合时空对象的时间和空间特征，充分表现时空对象及时空关系，而且还直观、简洁、一体化地表达出复杂信息系统中的时空动态变化过程。

一个完整的时空统一本体能够被形式化地表示成由时空对象（objects）、邻居（neighbors）、有限的状态（states）和时空过程（process）构成的四元组：

$$T = (O, N, S, P) \tag{8.2}$$

式中，T 为时空本体；O 为时空对象空间；N 为时空对象邻域环境；S 为时空对象可处于的状态集；P 为时空过程变化规则。

由于时空本体能采用时空对象定义、时空近邻、时空属性和时空关系规则等复杂结构描述现实世界的实体，而且本体可以获得信息语义和储存有关的元数据，因此，时空本体的综合最终导致信息的综合。这种基于语义的时空本体综合要好于基于时空数据和时空过程的综合，可以提高信息系统的可理解性、交互性和效率。

8.2.2 时空数据模型基本理论

人类对于世界的探索随着科技的进步变得越来越深入、越来越远，在这个探索的过程中，信息的获取范围也从以前的地面某个局部地区，逐渐扩展到了天空、全球、地球之外乃至整个宇宙。全球定位系统（GPS）、数字通信技术及遥感技术等时空数据采集技术的发展为人类的探索提供了强有力的支撑。随之而来的问题就是，怎样利用采集到的数据来改变世界，造福人类。

1. 时空数据

伴随着科研人员对空间的探索，各种信息的获取从平面逐渐延伸到了空间，空间基准也从原有的二维平面（x, y）发展到了三维立体空间（x, y, z），在融入了时间语义表达能力之后，又进一步发展到了能反映目标时空分布的四维空间基准（x, y, z, t），人们将这种有时空语义表达能力的数据称为时空数据（spatio-temporal data，STD）。

时空数据是指具有时间元素并随时间变化而变化的空间数据，是描述地球环境中地物要素信息的一种表达方式（曹闻，2011）。时空数据可以描述地理要素的数量、形状、纹理、空间分布、内在联系及规律等特征，它包含了各种不同类型的数据，典型的时空数据类型有数字、文本、图形图像等，这些数据不仅数量庞大，而且通常具有较为明显的空间分布特征。

由时空数据的定义可知，狭义的时空数据就是某个时空对象（spatio-temporal object，STO）随时间 t 变化的过程集合（丁小辉等，2017），因此，时空数据的数学模型 f(STD)可以定义为

$$f(\mathrm{STD})=\left[\frac{\mathrm{d}f(\mathrm{STO})}{\mathrm{d}t}\right]_1 \oplus \left[\frac{\mathrm{d}f(\mathrm{STO})}{\mathrm{d}t}\right]_2 \oplus \cdots \oplus \left[\frac{\mathrm{d}f(\mathrm{STO})}{\mathrm{d}t}\right]_n \tag{8.3}$$

2. 时空数据模型

通常在描述一个时空过程或者时空对象（华一新等，2017）的时候，需要从 3 个“W”的维度开始，分别是 What（属性）、Where（空间）和 When（时间），这 3 个维度就是时空对象的三要素：What 代表时空对象的属性维度，用于描述时空对象的自有属性和特性；Where 表示时空对象的空间维度，用于处理对象的地理位置与空间特性；When 则是时空对象的时间维度，表示时空现象发生的时刻、时段或者时间特性。图 8.1 给出了一个典型的用于描述时空对象或时空现象的时空三元组模型。

在此基础上，人们需要一种能够处理这些具有 3W 特征时空数据的技术，构建合理的时间、空间和属性之间的关系，用于描述地理实体的时空特征，这种技术就是时空数据模型（spatio-temporal data model，STDM），借助于时空数据模型，可以实现对时空数据的统一规范化管理、动态的处理、快速的查询及精准的数据分析。

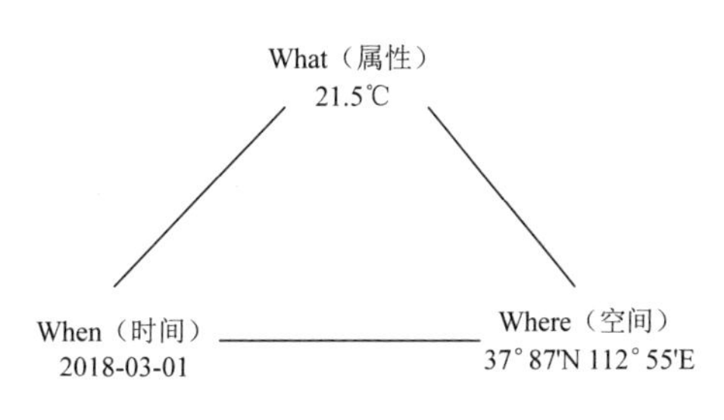

图 8.1　时空三元组模型

3. 时空数据模型的发展与类型

1963 年，加拿大著名学者 Roger F.Tomlinson 首先提出地理信息系统（geographic information system，GIS）这一术语，构建了世界上首个地理信息系统——Canadian GIS。地理信息系统一经问世便受到了各国政府、学者的普遍关注，成立了各类地理信息系统研究机构。作为 GIS 软件组织管理空间数据的理论基础，空间数据模型也随之得到了一定程度的发展（龚健雅，1997）。随着 GIS 在国防、军事、交通、地籍管理、灾害应急等各个领域的应用，对空间实体的时间维度及对时间、空间、属性维度的一体化管理逐渐受到了人们的重视，时态地理信息系统（temporal GIS，TGIS）的出现解决了 GIS 无法满足的应用需求，其理论核心的时空数据模型也成了研究的重点和热点（Gong et al.，2015）。

（1）开创阶段

20 世纪 70 年代是时空数据模型的开创阶段，那时候的时空数据模型方兴未艾，受制于数据存储技术的相对落后，模型仅能够完成对时间语义的描述（Rahim et al.，2006），并且其主要的研究都集中在部分传统学科。紧接着，研究人员开始把时间维度加入到了空间数据模型的研究中，提出了一些基本理论，这些理论为时空数据模型的发展打下了较为坚实的基础。在这时期已经有一些时空数据模型被提出，Hägerstraand 在 1970 年提出了时空立方体模型（Hägerstraand，1986）并将其应用于人类迁徙状态管理中，该模型以二维平面坐标系加上时间维度构成一个三维立方体，可以直观体现一个时空对象在一个二维平面上随时间变化的演变过程。

（2）探索阶段

80 年代的时空数据模型进入了探索时期，众学者针对时间维度与最新的数据库技术融合的问题展开了研究，且研究重点更偏向于时态数据库及查询语言。研究人员在基础概念和理论之上进行各种实践，论证了时空数据模型在实践应用领域中的可行性。

（3）快速发展阶段

90 年代以来，学者们逐渐将研究的重点转移到了时空语义、时空查询及时空数据模型基本理论等问题上。1992 年，诞生了时空数据模型与时态信息系统领域最为重要的研究成果之一，就是 Gail Langran（1992）的博士学位论文：Time in geographic information systems。论文中给出了 4 种非常具有代表性的时空数据模型，分别为时空立方体模型、时空复合模型、基态修正模型和序列快照模型。该论文的发表有着重要的意义，标志着时态信息系统正式成为了地理信息系统科学的一个重要方向，对以后从事时空数据模型和地理信息系统研究的学者产生了深远的影响。

（4）应用阶段

进入 21 世纪以后，关于时空数据模型基础理论与概念模型的研究逐渐减少，新提出的模型大多都基于某个具体的领域或应用背景，这其中尤其以面向对象的时空数据模型的应用更为广泛。随后国内外学者又陆续提出了许多类型不同的时空数据模型，各类时空数据模型的思想和原理也在应用到不同领域的过程中得到了更好地融合与发展。

时空数据模型近年来得到快速发展，研究人员们先后提出的模型数量众多，称得上是百花齐放、百家争鸣，每个模型因其侧重点不同都有其优点与局限，但因为各个应用领域都有其自身的复杂性和多样性，加之时空数据庞大的数量、多元性等问题，已有的模型面对现世的问题依然存在许多不足：理论模型虽多但仍需完善；理论与实际应用之间存在脱节；对海量数据的组织管理效率低下；对不同类型的数据如栅格数据支持不足；对连续变化的过程表达不够成熟；应用领域比较局限，在其他领域的应用仍有待进一步研究等。

在未来的研究中，应当着眼于进一步加强时空数据模型理论与实际应用之间的联系，并将其应用到更多的领域中，同时还应加强其对于海量多源异构数据的管理组织能力，提高数据管理效率，以应对未来的数据爆炸产生的巨大压力。

8.2.3　Web 应用开发相关技术

煤矿井下安全生产时空信息系统的设计与开发涉及多种与 WebGIS 及 Web 应用开发相关的技术，下面对这些技术分别进行简单的介绍与分析。

1. JavaEE 框架

JavaEE 是一个用于企业级分布式应用开发的规范和标准，其主要目的是为了简化 Web 应用服务的开发，增强程序可维护性和可扩展性。JavaEE 中包含了多个具有独立功能的单元，这些单元被称为组件，这些组件与技术包含 Web Service、Struts、Hibernate、Spring、JSP、Servlet、JSF、EJB、JavaBean、JDBC、JNDI、XML、JavaSE 等。JavaEE 的应用程序都是由各种组件构成的，它们通过相关的类和文件组成了 JavaEE 应用程序，并与其他组件交互。JavaEE 主要的优点有以下两点。

1）JavaEE 项目开发中使用的核心程序开发语言是 Java，Java 是当今最流行的面向对象编程语言之一，它具有平台可移植性和代码开源性等优点。Java 中定义了大量访问数据的方法以及各类接口，程序开发过程中只要学会使用这些封装好的方法就可以快速地完成开发。且 Java 语言的语法简单易学，上手迅速，开发快捷，这些优势帮助 JavaEE 框架在大型的商业项目开发中大受欢迎。

2）JavaEE 平台能够很好地兼容从其他平台开发的 Java 项目，并能够对项目实现操作共享。在商业项目的开发中，这种平台无关的特性可以帮助企业大大降低开发成本，缩减开发周期，提高项目的开发效率。

综合以上考虑，文中煤矿井下安全生产时空信息系统的架构与实现选择了基于 JavaEE 平台，Spring + Spring MVC + MyBatis 的框架结构。

2. Spring 框架

Spring 框架是一个开源的 Java 平台，创建这个框架的目的是解决企业应用程序开发的复杂性，是目前最受欢迎的企业级 Java 应用程序的开发框架。Spring 采用分层架构，在为 JavaEE 应用程序开发提供集成框架的同时，允许开发人员自由选择组件并进行组合，具有高性能、易于测试、代码可重用等优点，为快速、简便地开发出耐用的 Java 应用程序提供了全面的基础设施。

Spring 分层架构由核心容器以及构建在核心容器之上的 6 个模块组成，分层架构如图 8.2 所示。

Spring 框架中的每个模块（或组件）都可以单独存在，或者与其他一个或多个模块联合实现。每个模块的功能如下。

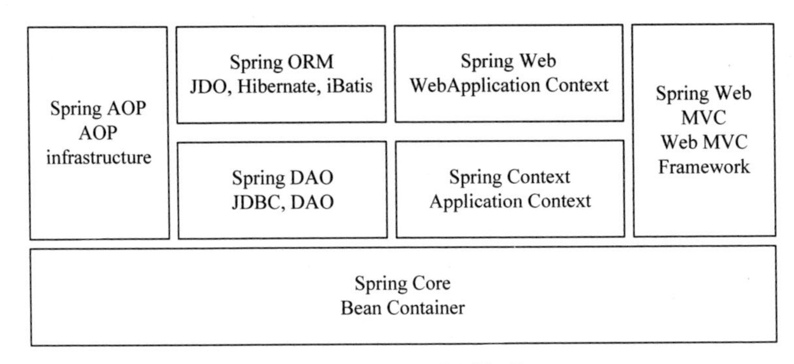

图 8.2　Spring 分层架构

（1）Spring Core（核心容器）

核心容器提供了 Spring 框架的基本功能。其核心的组件是采用工厂模式实现的 BeanFactory，BeanFactory 使用了控制反转（IOC）模式将依赖性规范及应用程序的配置与实际的应用程序代码分离。

（2）Spring Context（Spring 上下文）

Spring 上下文是一个配置文件，向 Spring 框架提供上下文信息，主要包括企业服务，如 JNDI、EJB、电子邮件、国际化、校验和调度功能。

（3）Spring AOP（AOP 支持模块）

通过配置管理特性，Spring AOP 模块直接将面向方面的编程功能集成到了 Spring 框架中，为基于 Spring 应用程序中的对象提供了事务管理服务。通过使用 Spring AOP，不用依赖 EJB 组件，就可以将声明性事务管理集成到应用程序中。

（4）Spring DAO（数据访问对象模块）

通过封装与数据库连接相关的接口方法，降低代码冗杂度，提高系统处理效率，简化错误处理过程，并且极大地降低了需要编写的异常代码数量。

（5）Spring ORM（对象映射模块）

Spring 框架中插入了若干个 ORM 框架，提供了 ORM 的对象关系工具，开发过程中只需调用对应的接口就可以完成对象的映射。

（6）Spring Web（Web 上下文模块）

Web 上下文模块建立在 Spring Context 模块之上，为基于 Web 的应用程序提供上下文，支持与 Struts 等框架的集成。此外，Spring Web 还简化了处理大部分请求及将请求参数绑定到域对象的工作。

（7）Spring Web MVC

MVC 框架是一个构建 Web 应用程序的可配置的 MVC 实现，其中包含了大量视图技术，如 iText、Velocity、JSP、Tiles 和 POI 等。

Spring 框架中不同的模块实现了系统不同的功能，按照业务需求整合之后，就形成了程序的业务逻辑层。

3. Spring MVC 框架

MVC 是一种应用于表现层的结构型设计模式，它强制性地把应用程序的数据展示、数据处理和流程控制分开。MVC 由模型（Model）、视图（View）和控制器（Controller）3 个重要的核心组件构成，3 个组件相互联结，分别承担着不同的任务。MVC 的核心思想是将应用系统的界面功能（视图）、业务逻辑功能（模型）及控制功能（控制器）这 3 个部分分别实现，实现松耦合的分层软件体系结构。

MVC 模式的 3 个核心组件如下。

（1）模型

模型（Model）是 MVC 的核心组件，包含了数据和行为，负责业务数据的处理、业务逻辑的规范等，一个模型对应多个视图并为其提供数据。

（2）视图

视图（View）负责模型的展示，是与用户交互的界面，用于将控制器返回的响应呈现给用户。

（3）控制器

控制器（Controller）负责应用的业务流程控制，接收用户的请求并将其委托给模型进行处理，获得模型返回的数据后再选择对应的视图展示。

Spring MVC 是一个基于 Spring 实现的 MVC 模式的请求驱动类型轻量级 Web 层开发框架，是目前最受欢迎的表现层框架之一。在 MVC 模式的基础上，Spring MVC 框架提供了一个 DispatcherServlet 作为前端控制器来分派用户发来的请求，同时还提供了灵活的配置处理程序映射、视图解析、语言环境和主题解析，并支持文件上传。相较于其他的表现层框架如 Struts、Sruuts2 等，Spring MVC 具有灵活性强、易用性更强、开发更简便、效率更高等优点。MVC 模式如图 8.3 所示。

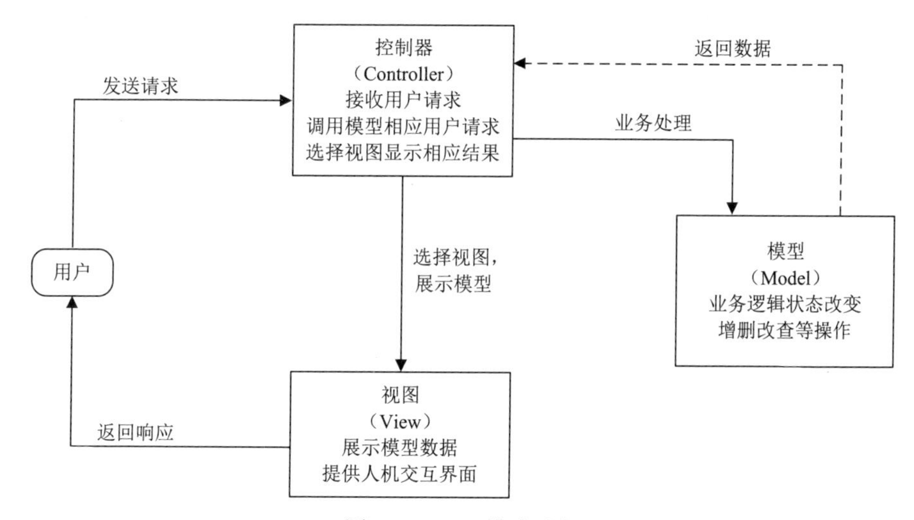

图 8.3　MVC 模式示意

4. MyBatis 框架

MyBatis 是一款支持普通 SQL 查询、存储过程和高级映射的持久层框架，在 MyBatis 框架下，开发人员不需要编写 JDBC 代码，并且系统可以自动完成数据库连接参数的设置与对结果集的检索。MyBatis 可以使用简单的 XML 或注解来配置和原始映射，将接口和 Java 的普通 Java 对象（plain old java objects，POJOs）映射成数据库中的记录。

MyBatis 的功能架构可以分为 3 层，分别为 API 接口层、数据处理层和基础支撑层。

（1）API 接口层

提供给外部使用的 API，Web 开发人员通过这些本地 API 来完成对数据库的操作。接口层接收到调用请求后会调用数据处理层来完成具体的数据处理操作。

（2）数据处理层

数据处理层负责完成具体业务，如 SQL 查找、SQL 解析、SQL 执行和执行结果映射处理等。

（3）基础支撑层

基础支撑层负责最基础的功能支撑，包括连接管理、事务管理、配置加载和缓存处理等。

MyBatis 具有简单易学、灵活性强等优点，同时解除了 SQL 与程序代码的耦合，使系统的设计更清晰，易于维护。相比其他的持久层框架如 Hibernate 等，MyBatis 更简单易掌握，可以进行更为细致的 SQL 优化，可以减少查询字段。

8.3 煤矿井下安全生产时空数据模型

煤矿井下生产过程是一个时空过程，在不同的时刻、时态，各种井下生产要素和现象总是处于不同的空间或状态。外在表现随时间变化，各种生产要素在空间或属性上是变化的。而时空对象，则是这个时空过程中各种时空要素的抽象表达。相同时空对象内部的关系及不同时空对象之间的关系错综复杂，形式多样。首先通过分析煤矿井下生产环境及各类生产要素，对各种地理对象进行分类，掌握每种对象的属性与特点，然后再抽象出对象之间的时空关系，为煤矿井下安全生产时空建模提供理论依据。

一个可以应用于煤矿井下安全生产环境的时空数据模型应该具备以下特点。

1）满足对煤矿井下时空数据管理的需要。

2）高效的管理人员、设备等运动目标的动态数据。

3）高效管理温度、风速、位置、瓦斯浓度等各种传感器的实时观测数据。

4）有效抽象各类时空对象的特征。

5）有效建立各种时空对象之间的相互关系。

8.3.1　时空对象模型

按照面向对象建模思想的要求，要建立面向对象时空数据模型应当先建立合适的时空对象模型，明确时空对象的类型与时空对象的结构。

1. 生产情境分析

煤炭生产时需要将其从数百米深的地下开采出来，因而需要一系列的从地表到地下的开掘工作，挖掘井巷到达煤层，从而开采煤炭资源。煤矿井采主要工作地点称为采掘工作面。采掘工作面是回采工作面和掘进工作面的简称，其中回采工作面指的是采场向内进行采煤的煤壁，也称为采场。同时，为了在井田内进行有计划的开采而开凿一系列巷道进入矿体，实现通风、运输、行人和回采等工作，开凿中的巷道称为掘进工作面。

煤矿采掘生产情境信息复杂，包含多类工种、多种操作工具，针对不同的施工环境，采取的施工方法不同，使用的工具也不尽相同。传统的煤矿作业人员主要包括钻眼工、爆破工、人力装载工、锚杆支护工、采煤机司机、转载机司机、破碎机司机、液压支架工等数十个工种，涉及的设备和工具更是种类繁多，这些设备体积庞大，零件众多，零部件的损坏往往会导致严重的后果，因而隐患排查与事故预警则显得尤为重要。

除了工人、设备以及操作方法外，井下生产涉及的情境信息还包括环境信息，如瓦斯、煤尘、风流、水流、一氧化碳、二氧化碳等各种气体及煤层、岩层等。而这些信息通常需要通过瓦斯传感器、一氧化碳传感器、温度传感器、风速传感器等各类传感器来进行实时监测，以此来保证井下生产的人身安全与财产安全。

2. 时空对象概念抽象

依据以上的分析，空间与状态属性在不停变化的人员、设备、环境信息是时空模型的主要内容，因此将井下各类生产要素抽象为 3 类时空对象：人员对象、设备对象和传感器对象或环境对象。然后需要构建有效的时空对象模型，用来表达这些时空对象的时间信息、空间信息以及对应的属性状态，为以后的数据处理、分析和可视化提供基础。

时空数据模型中管理的时空对象都是在随时间不停变化的，这些时空对象除了本身不变的自有属性外，还应该包含随时间或时态变化的属性。通常会通过位置传感器、开停传感器等实时观测这些变化的属性。井下工作人员有工种、操作的设备等与井下生产过程相关的不变属性，也有当前工作状态、工作区域、位置信息等随时间变化的状态信息，因此人员对象可以分为不变属性和可变属性。而在实际的生产过程中，传感器对于可变属性的观测是离散的，通常每隔一段时间会对位置信息与状态信息进行一次观测，获得一次观测值，将这些观测值按照时间或者时态顺序连接到一起，就可以得到一个观测值序列，因此，可变属性可以表现为一个属性状态序列。人员对象结构如图 8.4 所示。

与人员对象相对应的还有设备对象。井下用于生产的设备也是由不变属性和可变属性构成的。以掘进机为例，掘进机包含设备类型、编号、掘进机司机、掘进机维修工、掘进机的启停运行状态、掘进机掘进的位置等属性。其中不变属性包括设备的编号、类型、设备的操作员等，可变属性包括设备的运行状态、设备当前的位置等。此处需要说明的是，虽然掘进机的司机、维修工可能会发生改变，但这种改变通常并非是连续的改变，也不随时间或者时态的变化而变化，因此设备相关的人员属于不变属性。与上文分析类似，设备的可变属性也表现为一个状态序列。设备对象结构如图 8.5 所示。

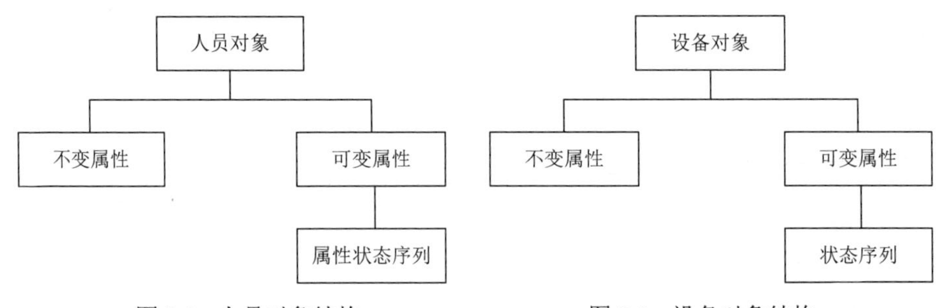

图 8.4　人员对象结构　　　　图 8.5　设备对象结构

在模型中，为了保证生产环境信息的完整性，还需对传感器对象进行建模，用于实时掌握井下的情况。与人员对象、设备对象有所区别的是，在时空数据模型中我们更关注的是传感器得到的观测值，而非传感器本身的状态变化，因此本章将传感器对象的结构分为参数和观测两部分。其中参数部分包含了传感器编号、类型、观测值类型、传感器工作温度、安置位置、角度等与传感器本身相关的信息，而这些信息根据其是否随时间变化又可分为不变参数与可变参数；观测部分包含了传感器所得到的观测值所构成的序列。传感器对象结构如图 8.6 所示。

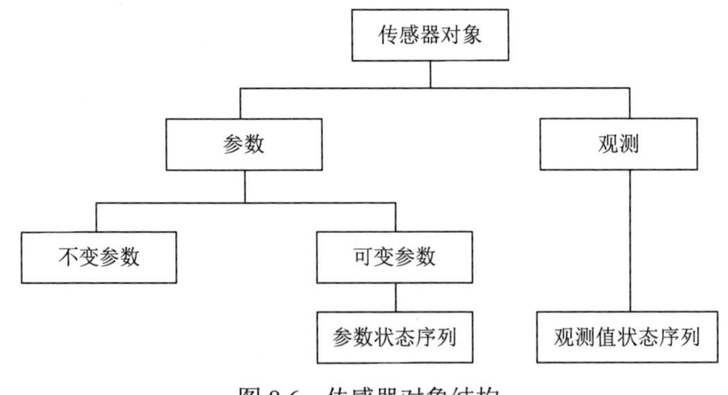

图 8.6　传感器对象结构

根据以上对时空对象结构的分析，3 类时空对象本身具有不变性和唯一性，因此将时空对象 o 定义为

$$o=\{u, c, S(t), P(t), A\} \tag{8.4}$$

式中，u 为时空对象的标识码，在整个时空数据模型的标识码集合中，这个标识码都是唯一的；c 为时空对象的类型；$S(t)$为时空对象随时间变化的空间信息集合；$P(t)$为时空对象在整个时空过程中随时间变化的有限个状态属性的集合；A 为时空对象的行为操作集合，包含了该时空对象在时空过程中可能发生在时间、空间和状态属性上的运算与操作。

8.3.2　面向对象的时空数据模型

结构完整的煤矿井下安全生产时空数据模型（下文简称为数据模型）不仅应该包括时空对象，还应该探寻时空对象内部及不同时空对象之间的关系。

1. 模型概念抽象与对象间关系分析

前面简单分析了煤矿井下生产环境中人员、设备、环境等要素的特征，并对这 3 种对象结构进行了抽象，给出了时空对象的定义。为了能够更好地描述这 3 种对象的定义以及对象之间的关系，将整个煤矿安全生产时空数据模型表示为由时空对象（Objects）、邻居（Neighbors）和时空关系（Relationships）组成的三元组。

$$\mathrm{STDM} = (O, N, R) \tag{8.5}$$

式中，STDM 为时空数据模型；O 为时空对象集合，包含人员、设备、传感器 3 种类型；N 为时空对象在时空过程中可能会发生影响的相邻对象的集合；R 为不同时空对象之间存在的关联、聚合、依赖、继承等关系的集合。

为了更清晰地表达人员、设备、传感器 3 类时空对象及对象之间的关系，根据以上对煤矿生产时空数据模型的定义，下面给出了一个采用统一建模语言（UML）来描述各个组成部分的定义、结构及相互关系的煤矿井下安全生产时空数据模型，模型的 UML 简图如图 8.7 所示。

其中，PeopleObject、SensorObject 和 EquipObject 是 3 个时空对象类，用于描述 3 种时空对象的不变参数和不变属性；SensorObserv、SensorPara、PeopleStatus 和 EquipStatus 是观测值类和状态类，用于描述时空对象的可变参数、观测值及可变属性。

（1）SensorObject（传感器对象类）

用于描述井下生产环境，定义了传感器对象的类型、值类型、位置、工作状态等不变参数。每个传感器对象都代表了一个环境监测点，对应了多个参数状态，在时空过程中，传感器会不断地观测环境并产生一个观测值序列，因此它分别是由多个 SensorObserv（传感器观测值）和 SensorPara（传感器参数）聚合而成，是一对多的聚合关系。

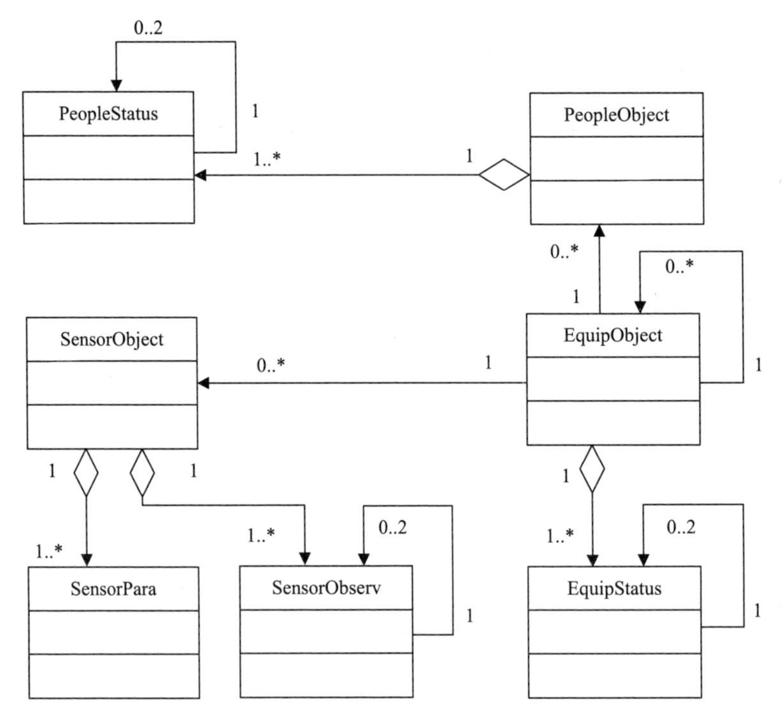

图 8.7　煤矿井下安全生产时空数据模型 UML 简图

（2）SensorObserv（传感器观测值类）

传感器观测值类是传感器对象随时间变化的观测值状态序列，记录了每一次观测的观测时间与观测值，同时因为实际应用的需要还应与其在序列中相邻时刻的观测值相关联，因此 SensorObserv 之间是一对零到二的关联关系。

（3）SensorPara（传感器参数类）

传感器参数类中保存了传感器可变的参数。

（4）PeopleObject（人员对象类）

人员对象类用于描述井下工作人员，定义了人员对象的工种、工作区域、操作等不变属性。它是由多个 PeopleStatus（人员状态类）聚合而成的，两者之间是一对多的聚合关系。

（5）PeopleStatus（人员状态类）

人员状态类是人员对象的状态序列，类中记录了每一次状态收集的时间、位置等时空信息，并保存了相邻的状态，PeopleStatus 之间也是一对零到二的关联关系。

（6）EquipObject（设备对象类）

设备对象类是模型的基础，用于描述井下生产设备对象，类中定义了设备对象的编号、类型等不变属性。设备运行过程中会产生多个运行状态，设备对象的可变属性通过状态序列来表达，因此，它与 EquipStatus（设备状态类）是一对多的聚合关系。由于人的行为和操作会影响设备的状态，设备也必然与对应的人员相关，因而设备对象与 PeopleObject（人员对象类）之间存在一对多的关联关系。同时设备的时空变化会引起环境信息的改变，设备对象的安全监测与环境监测也有必然联系，所以设备对象与 SensorObject（传感器对象类）之间也存在一对多的关联关系。当设备对象不能直接观测时，可能需要通过观测其相邻设备来得到自身的状态变化，因此设备对象之间也存在一对多的关联关系。

（7）EquipStatus（设备状态类）

设备状态类保存了设备对象的状态序列，记录了每一次设备状态收集的时空信息、设备运行的状态及相邻的两次记录，同 SensorObserv 和 PeopleStatus 相同，EquipStatus 之间也是一对零到二的关联关系。

2. 模型中类的内部结构

前面给出了数据模型的定义以及抽象类结构与相互间的关系，这里给出各个类的内部结构，并做详细说明。

（1）人员对象类结构

井下人员安全是煤矿安全领域中最受关注的问题，PeopleObject 的内部结构如图 8.8 所示。

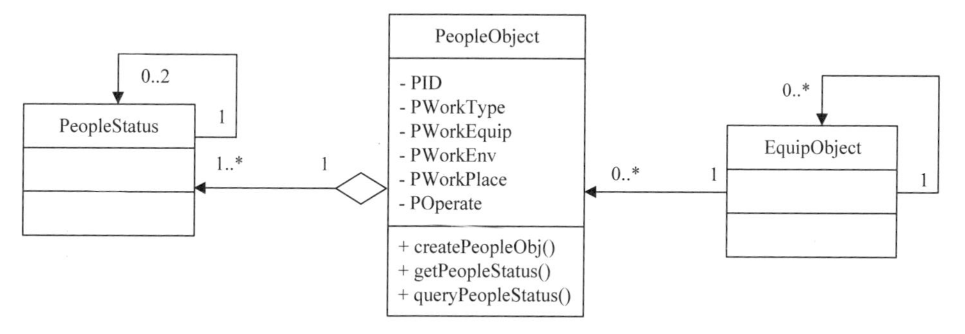

图 8.8 人员对象类的内部结构

PeopleObject 的内部结构说明如表 8.1 所示。

表 8.1 PeopleObject 的内部结构说明

类别	字段	含义	说明
属性（Attribute）	PID	人员编号	人员对象的唯一标志
	PWorkType	工种	井下工作人员的工种
	PWorkEquip	工作设备	人员对象关联的设备
	PWorkEnv	工作环境	人员工作的环境
	PWorkPlace	工作区域	人员对象的工作区域
	POperate	人员操作	人员对象操作类型

续表

类别	字段	含义	说明
操作（Operate）	createPeopleObj	创建人员对象	查询人员属性，构建人员对象
	getPeopleStatus	读取人员状态	通过传感器读取人员状态数据
	queryPeopleStatus	查询人员状态	从数据库中查询人员状态数据

（2）人员状态类结构

人员状态是人员对象的可变属性部分，PeopleStatus 的内部结构如图 8.9 所示。

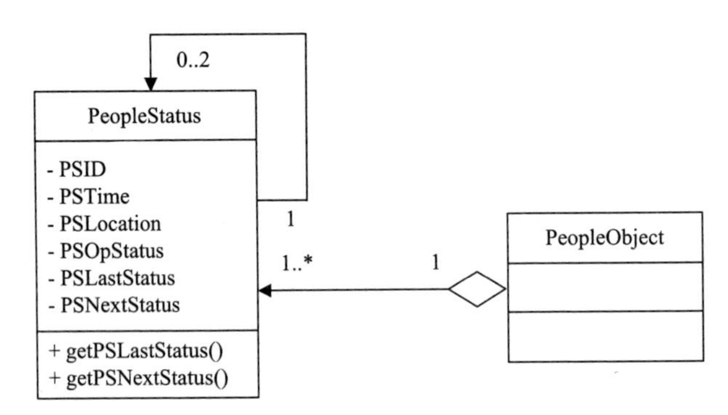

图 8.9　人员状态类的内部结构

PeopleStatus 的内部结构说明如表 8.2 所示。

表 8.2　PeopleStatus 的内部结构说明

类别	字段	含义	说明
属性（Attribute）	PSID	人员状态记录编号	人员状态记录的唯一标志
	PSTime	状态记录时间	当前状态记录的时间信息
	PSLocation	人员当前位置	当前状态记录的空间信息
	PSOpStatus	工作状态	人员当前状态所处的工作状态信息
	PSLastStatus	上一次状态记录	当前状态记录的前一个状态的 PSID
	PSNextStatus	下一次状态记录	当前状态记录的后一个状态的 PSID
操作（Operate）	getPSLastStatus	获取上一状态	获取前一个状态记录的 PSID
	getPSNextStatus	获取下一状态	获取后一个状态记录的 PSID

（3）设备对象类结构

设备对象是数据模型的核心部分，EquipObject 的内部结构如图 8.10 所示。EquipObject 的内部结构说明如表 8.3 所示。

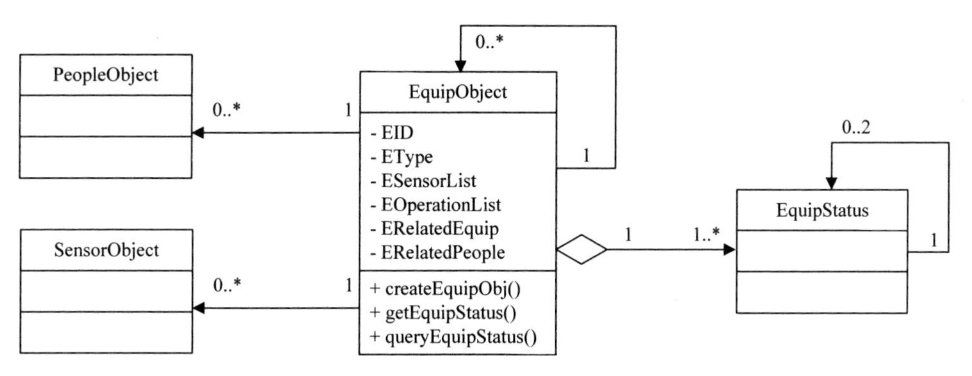

图 8.10　设备对象类的内部结构

表 8.3　EquipObject 的内部结构说明

类别	字段	含义	说明
属性（Attribute）	EID	设备编号	设备对象的唯一标志
	EType	设备类型	设备的类型编码（如掘进机、采煤机等）
	ESensorList	传感器列表	当前设备相关联的传感器对象列表
	EOperationList	操作列表	设备具有的操作类型列表
	ERelatedEquip	相关设备	当前设备相关联的设备对象列表
	ERelatedPeople	相关人员	当前设备相关联的人员对象列表
操作（Operate）	createEquipObj	创建设备对象	查询设备属性，构建设备对象
	getEquipStatus	获取设备状态	通过传感器读取设备状态数据
	queryEquipStatus	查询设备状态	从数据库中查询设备状态数据

（4）设备状态类结构

设备状态是设备对象的可变属性部分，EquipStatus 的内部结构如图 8.11 所示。

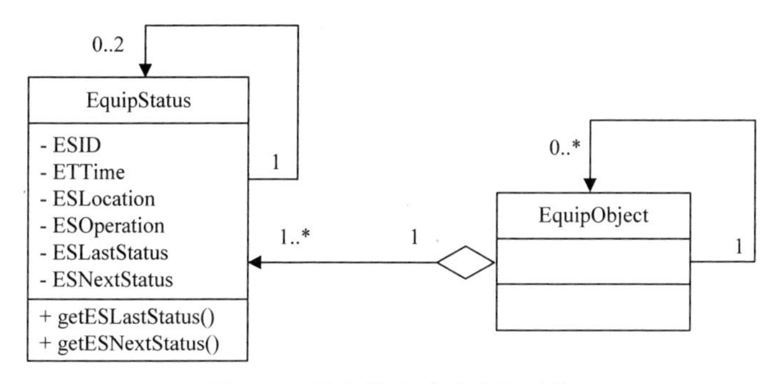

图 8.11　设备状态类的内部结构

EquipStatus 的内部结构说明如表 8.4 所示。

表 8.4　EquipStatus 的内部结构说明

类别	字段	含义	说明
属性（Attribute）	ESID	设备状态编号	设备状态记录的唯一标志
	ESTime	状态记录时间	当前状态记录的时间信息
	ESLocation	设备当前位置	当前状态记录的空间信息
	ESOperation	设备操作	设备当前状态所处的运行状态信息
	ESLastStatus	上一次状态记录	当前状态记录的前一个状态的 ESID
	ESNextStatus	下一次状态记录	当前状态记录的后一个状态的 ESID
操作（Operate）	getESLastStatus	获取上一状态	获取前一个状态记录的 ESID
	getESNextStatus	获取下一状态	获取后一个状态记录的 PSID

（5）传感器对象类结构

传感器对象煤矿生产安全监测的重要手段和途径，SensorObject 的内部结构如图 8.12 所示。

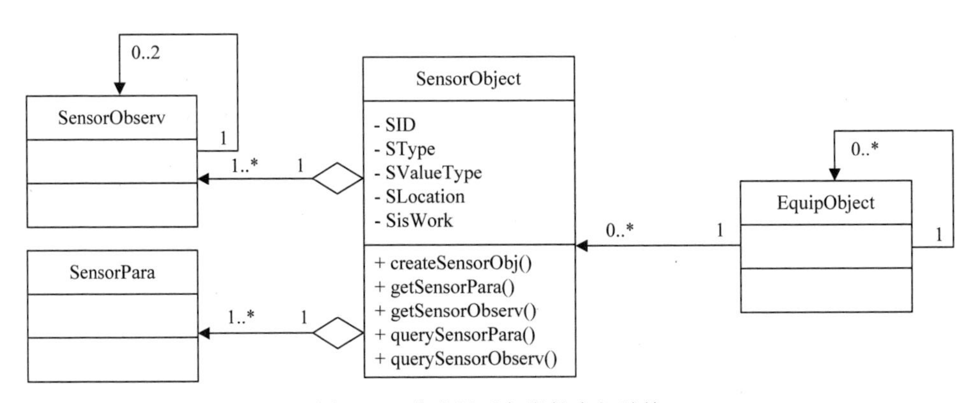

图 8.12　传感器对象类的内部结构

SensorObject 的内部结构说明如表 8.5 所示。

表 8.5　SensorObject 的内部结构说明

类别	字段	含义	说明
属性（Attribute）	SID	传感器编号	传感器对象唯一标志
	SType	传感器类型	传感器的类型（瓦斯、温度、风速等）
	SValueType	传感器值类型	传感器观测值的类型（数值、坐标等）
	SLocation	传感器初始位置	传感器最初被布置的位置
	SisWork	传感器工作状态	传感器工作状态（启用、停用、故障等）

续表

类别	字段	含义	说明
操作（Operate）	createSensorObj	创建传感器对象	查询传感器参数，构建传感器对象
	getSensorPara	获取传感器参数	从传感网中读取传感器参数
	getSensorObserv	获取传感器观测值	从传感网中读取传感器观测值
	querySensorPara	查询传感器参数	从数据库中查询传感器参数
	querySensorObserv	查询传感器观测值	从数据库中查询传感器观测值

（6）传感器参数类结构

传感器参数是传感器对象的属性部分，SensorPara 的内部结构如图 8.13 所示。

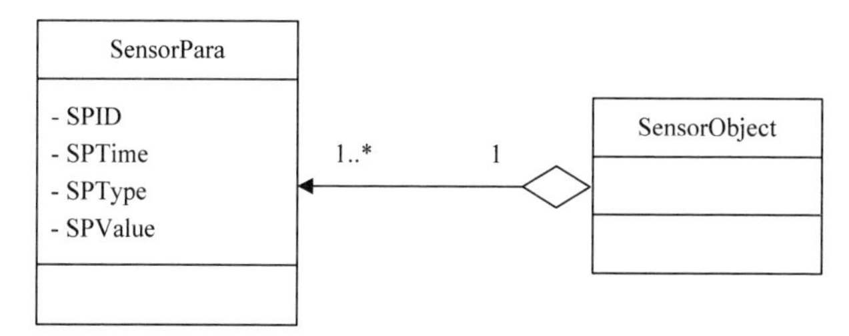

图 8.13　传感器参数类的内部结构

SensorPara 的内部结构说明如表 8.6 所示。

表 8.6　SensorPara 的内部结构说明

类别	字段	含义	说明
属性（Attribute）	SPID	传感器参数编号	传感器参数唯一标志
	SPTime	传感器参数时间	传感器参数记录的时间
	SPType	传感器参数类型	传感器参数的类型（角度、距离等）
	SPValue	传感器参数值	传感器参数的值（度数、距离等）

（7）传感器观测类结构

环境监测井下人员安全是煤矿安全领域中最受关注的问题，SensorObserv 的内部结构如图 8.14 所示。

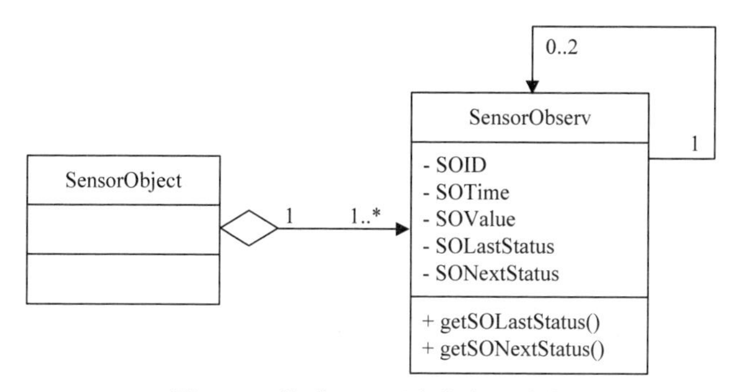

图 8.14　传感器观测类的内部结构

SensorObserv 的内部结构说明如表 8.7 所示。

表 8.7　SensorObserv 的内部结构说明

类别	字段	含义	说明
属性（Attribute）	SOID	传感器观测编号	传感器观测值唯一编号
	SOTime	传感器观测时间	观测传感器测量值的时间
	SOValue	传感器观测值	本次观测传感器测得的值
	SOLastStatus	上一次观测	上一次对传感器观测的编号
	SONextStatus	下一次观测	下一次对传感器观测的编号
操作（Operate）	getLastValue	获取上一次观测值	获取前一次观测的 SOID
	getNextValue	获取下一次观测值	获取后一次观测传感器的 SOID

完整的数据模型 UML 图如图 8.15 所示。

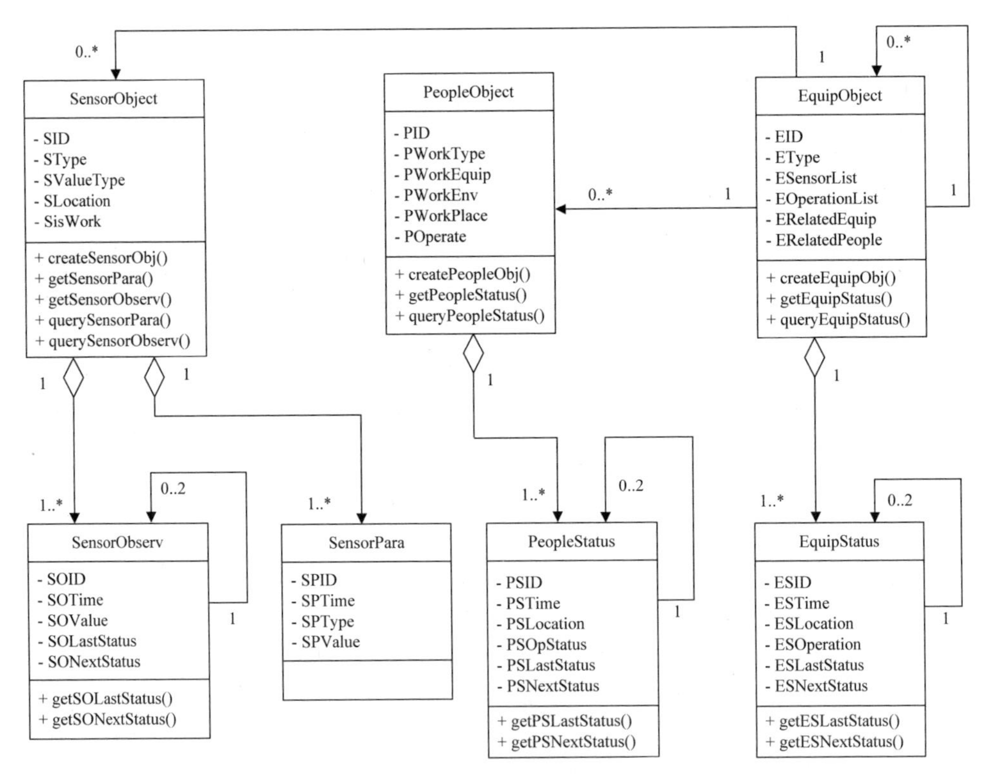

图 8.15　煤矿井下安全生产时空数据模型 UML 图

本节的目的是针对煤矿井下复杂的工作环境，建立一个具有普适性的、面向对象的时空数据模型。首先分析了煤矿井下生产过程的情境信息，抽象出人员、设备、传感器这 3 类对煤矿安全具有重要意义的时空对象，建立了时空对象模型，并分析了时空对象的结构，给出了时空对象定义。在此基础上，对时空对象的内部结构及对象间的关系做了进一步的分析，给出时空数据模型的定义，将抽象的时空对象以对象类、状态类和观测值类的形式表达出来，并用 UML 类图描述了模型中每个类的定义、属性、方法以及类间的关系。

8.4　煤矿井下安全生产时空信息系统

本节主要通过分析煤矿井下安全生产时空信息系统的总体目标与设计原则，对系统的架构设计、功能模块设计及数据库系统的设计进行了详细的描述，并在时空数据模型的基础上，开发了基于 WebGIS 的时空信息系统，对系统的实现进行了深入阐述，同时采用模拟实验的方式，验证了该时空数据模型在煤矿安全领域的可用性和有效性。

8.4.1　系统概述

简要描述本系统的总体目标与设计原则。

1. 总体目标

煤矿井下安全生产时空信息系统构建的总体目标是：充分整合利用井下生产过程中的时空数据，建立一个能够高效、实时、有较强关联查询能力的煤矿安全生产信息系统。

首先，系统需要整合生产过程的人员、设备、传感器的属性信息及实时监测数据，利用现有的技术，实现数据的高效采集、方便录入、规范的数据存储和管理；其次，系统应通过合理的构架设计与功能逻辑设计，实现生产过程的实时监测；除了直观、高效地展示生产过程外，还应严格按照时空数据模型中不同时空对象之间的时空关系进行时空关联查询。充分满足井下生产管理对于实时性、安全性的需求，提高基础数据的获取效率，解决信息孤岛的问题，为煤矿安全数据分析作提供支持，同时为煤矿生产管理人员的决策和应急救援提供信息服务，加强矿工及井下各类生产人员的生命安全保障。

2. 设计原则

结合目前我国煤矿安全自动化、信息化建设的现状与存在的问题，从煤矿井下生产管理的需求出发，以加强煤矿安全管理为目的，提出了以下 5 点系统在设计时应当遵循的原则。

（1）实用性

系统应当最大限度地满足井下生产过程及环境监测的业务需要，为人员、设备、传感器的信息检索、时空关联查询、应急救援提供最优的辅助决策。具体应当满足交互系统界面友好、易用、便于管理维护，数据采集录入系统的更新快捷简便，具体、完整、稳定的系统架构与结构完善合理的数据库管理系统的要求。

（2）健壮性

系统要为煤矿的安全生产提供支持，为煤矿工人的生命安全提供保障，各个服务之间关系密切，出现任何差错都有可能影响数据分析的结果，甚至可能导致应急指挥中心作出错误的应急决策，产生的后果难以估量。因此，保证系统构架的健壮性是最基本的原则。

（3）安全性

系统涉及许多与生产相关的信息，这些信息都与井下工作人员的生命安全及煤矿企业的经营有着很大程度的关联，系统的安全性是设计开发阶段必须要考虑的问题。保证系统安全性有以下两方面的考量，首先应当保护系统基础数据不被非法访问和修改；其次要具备一定的容错能力与逻辑性，用户在正常操作时不会引起系统的错误。

（4）扩展性

随着煤矿信息化建设的迅速发展，与煤矿安全相关的信息服务可能会随之发生变化，这对于系统的扩展性和重用性会有一定的要求。在设计阶段应当在应用框架、插件等方面的扩展性做出更多的考量，使系统能够基于煤矿安全数据分析、决策支持等方向进行扩展，确保其能够适应信息技术的快速发展。

（5）经济性

系统的建设应在实用性的基础上力求经济性，尽可能获得最小的投入产出比，在系统的硬件设施、软件开发、数据库系统等方面，以最小的投入获得最大的产出收获。

8.4.2 系统架构设计

详细介绍系统总体架构设计与软件架构设计。

1. 总体架构设计

整个煤矿安全生产时空信息系统（下文简称系统）分为 3 个子系统：分别为负责从井下实时采集人员设备位置信息、设备运行状态信息、各类传感器实时监测数据，并将其通过传输网络发回地面控制中心的数据采集系统；用于存储和管理井下传回的监测数据及人员、设备、传感器属性信息的数据存储管理系统；用于完成数据可视化及人机交互的数据展示系统。系统的架构如图 8.16 所示。井下部分为数据采集系统，井上部分为数据存储管理系统和数据展示系统。

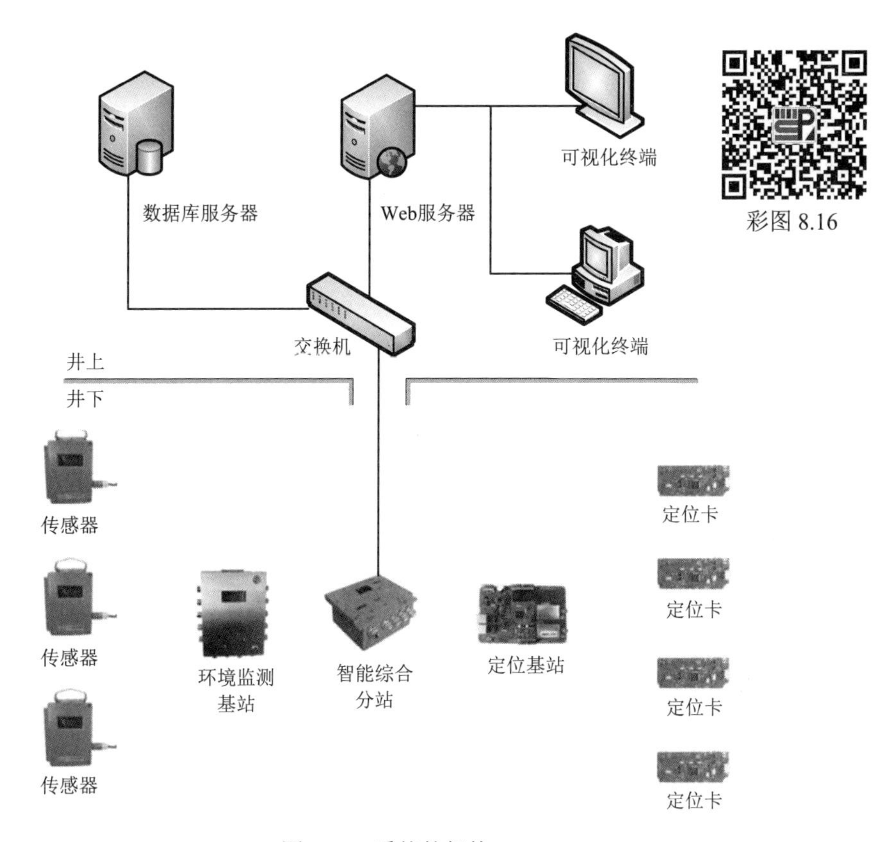

图 8.16　系统的架构

数据采集系统的主要组成部分有井下智能综合分站，精确定位基站和定位卡，环境监测基站，一氧化碳、瓦斯、开停、风速、温度等各类传感器，无线通信系统等。这些设备用于采集工作面的各种环境参数，人员设备的精确定位信息及设备的运行状态，通过基站收集传感器监测的环境数据，然后由井下智能综合分站汇总处理这些数据，最后再将设备采集到的信息通过传输网络传送到地面的数据存储管理系统。

数据存储管理系统采用空间信息服务功能较强的 PostgreSQL 数据库管理系统，为系统提供网络、信息安全和标准化等支持，实现对人员设备时空信息、环境信息和各类井下生产要素相关信息的统一组织、存储和管理。

数据展示系统采用基于 JavaEE 平台的 B/S 模式，并运用软件分层思想对系统架构进行设计，为系统实现提供基础服务，并实现了井下人员、设备的实时定位，环境监测信息的图形化展示，人员、设备、传感器之间的关联查询。

本系统的重点在于软件系统而非硬件系统，因此下面着重介绍软件系统的设计与实现。

2. 软件架构设计

为满足系统在安全性、重用性、扩展性、开放性等方面的要求，便于系统的分析、开发和维护等工作的进行，同时也为了在有限资源和较为先进的开发模式下完成系统整体的设计与开发，本系统在结合多个方面的因素考量之后，最终在分层思想的指导下，将整个软件系统划分为数据层、应用支撑层、业务层和表现层，软件层次结构如图 8.17 所示。

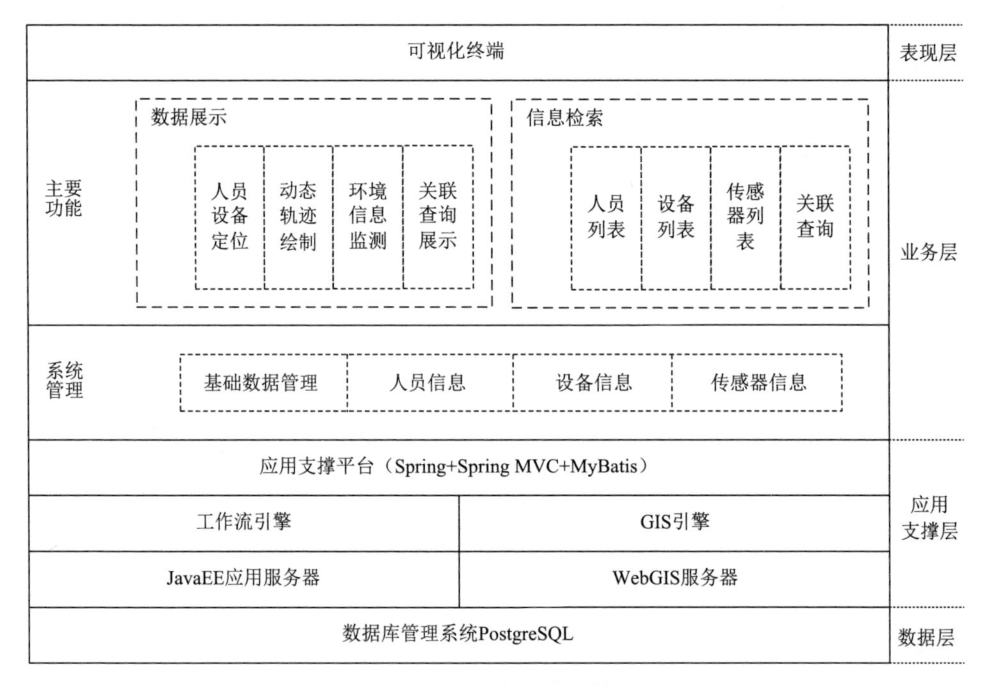

图 8.17　软件层次结构

（1）数据层

数据层主要由 PostgreSQL 数据库管理系统构成。PostgreSQL 是一个自由的对象-关系数据库服务器，是世界上最先进的开源数据库系统，同时也是目前开源空间信息软件领域性能最优的数据库。它提供了多版本并行控制，支持几乎所有 SQL 构件（包括子查询、事务、用户定义类型和函数等），相较于其他开源的数据库管理系统，其具有稳定性强、SQL 编程能力更强、对不同类型的数据库客户端接口支持更为丰富等优点。此外，PostgreSQL 具有丰富的几何类型，引入空间数据索引，包含其他数据库所不具有的空间特性，多年来在 GIS 领域的服务一直处于绝对的领先地位。构建在其上的空间对象扩展模块 PostGIS 支持所有空间数据类型，支持所有的数据存取和构造方法，同时还可以进行投影坐标变换，为 PostgreSQL 提供了存储、查询和修改空间关系的能力，为用户提供了丰富全面的空间信息服务功能，弥补了 PostgreSQL 缺少对复杂空间类型的支持，没有提供空间分析功能，无法进行投影变换等不足，使其成为一个真正意义上的的大型空间数据库。

（2）应用支撑层

应用支撑层主要任务是为系统的实现提供基础服务，为上层应用的实现提供统一的支撑，包括了 Tomcat 应用服务器、WebGIS 服务器、工作流引擎、GIS 引擎及 Spring MVC、MyBatis 和 Spring 等服务组件。

根据前文所讲的 SSM 等关键技术，结合井下安全的实际需求，并且考虑到系统运行后的维护与扩展，应用支撑平台选择了目前较为成熟稳定的 Spring MVC + Spring + MyBatis 框架三者结合的开发模式。一方面，可以简化开发过程，使系统数据的查询更加快捷，系统更稳定健壮；另一方面，可以使系统操作更加简便，也能满足数据可视化的实现和业务实现的需求。按照 SSM 框架的整体架构模式，应用支撑平台的逻辑架构可分为表示层、控制层、业务逻辑层和数据持久层，各层的功能各有不同。系统应用支撑层的逻辑架构如图 8.18 所示。

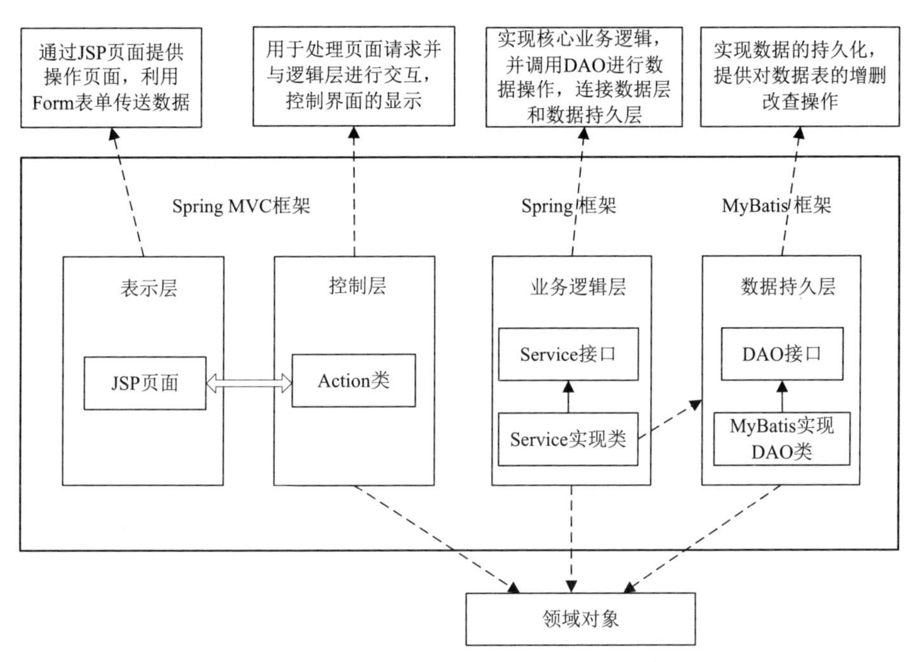

图 8.18　系统应用支撑层的逻辑架构

1）表示层主要负责与用户交互，包括接收用户发送的请求，返回后端的处理结果，是整个系统应用的末端。页面布局使用的是 BootStrap 框架，该框架基于 HTML、CSS、JavaScript 等前端开发技术，是目前最受欢迎的前端框架之一。同时借助元素标签布局和 CSS 样式，完成页面布局设计。用户通过终端设备只需借助浏览器在 HTML 页面上进行操作，发送指令给系统后台，指令发出后通过 AJAX 技术实现异步数据传输，并以 Form 表单的形式发送至后端程序 Action 中进行处理，程序在处理完成以后将结果返回到之前的页面中，以图形化和列表的形式呈现到用户眼前。

2）控制层的作用是充当表示层和业务逻辑层之间的桥梁。一方面，控制层利用 Servlet 配置文件从表示层接收并拦截用户请求，再通过后台方法来控制与请求相对应的业务功能，不同的方法控制不同的业务，得到的结果也会相应地各有不同，最终可以控制显示不同的页面；另一方面，还可以封装用户数据，将用户发起的请求提交给业务逻辑层进行处理，并利用回调函数或者页面标签将处理结果返回给表示层。

3）业务逻辑层主要负责完成对业务逻辑对象的包装，是整个应用支撑层的核心。与业务逻辑层相关的是控制层和数据持久层，该层工作逻辑是先接收控制层传来的请求，通过内部业务逻辑处理输出一个结果，再将结果数据作为响应返回给控制层，同时还可以为数据持久层提供操作数据并接收数据持久层返回的数据。本系统中的业务逻辑层由 Spring 框架实现，系统中的所有具体业务都会在 Spring 中进行注册配置，并对其接口进行包装，这样可以提高系统的处理效率，简化代码，也提高了开发的效率。

4）数据持久层主要任务是负责与数据库的交互。主要的实现方法是在应用支撑层的数据对象和数据层的数据库系统之间建立映射关系，实现对数据库的持久化访问。该层提供了数据访问方法，可以完成对各类数据进行持久化的编程工作，为其上层（业务逻辑层）提供相应的服务。本层的实现由 MyBatis 框架来完成，具体方法是将数据库表在系统中以实体类进行定义，通过 DAO 层中的接口对实体类进行包装和实现。这样做的优点是简化了对数据库的操作，增加了数据对象访问的灵活性，提高了数据安全性，增强了系统的可维护性。

WebGIS 引擎负责支持在 GIS 应用之上的二次开发，使其满足矿井地图的显示、井下人员定位、轨迹绘制等需求。在对比了多种开源的 WebGIS 平台后，选择专用于 WebGIS 客户端开发的 JavaScript 类库包——Openlayers 作为本系统开发的 WebGIS 引擎。Openlayers 是目前最受欢迎的开源 WebGIS 框架之一，可以为互联网客户端提供强大的地图展示功能，包括地图数据的显示和相关的操作，具有灵活的扩展机制；它使用了 JavaScript、最新的 HTML5 技术及 CSS 技术，除了可以支持网页端以外，还可以支持移动端的 GIS 应用开发；地图数据源方面，它支持多种在线的或者离线的数据类型，包括各种类型的瓦片地图、矢量地图等。系统采用的矿井地图为.dxf 格式的矢量地图，为满足 WebGIS 对地图数据源格式的要求，经过多次格式转换后，将其转换为 GeoJSON 格式的数据。GeoJSON 是一种基于 JavaScript 对象表示法的地理空间信息数据交换格式，用于对各种地理数据结构进行编码，一个 GeoJSON 对象可以表示几何、特征或者特征的集合，几乎支持所有的几何类型，如点、线、面、多点、多线、多面等。由其命名可知，GeoJSON 的本质是一个 JSON（JavaScript Object Notation : JS 对象标记），因此一个完整的 GeoJSON 数据结构总是一个 JSON 对象。GeoJSON 中，对象通常是由名/值对（也称作成员）的集合组成的。每一个成员的名是一个字符串，成员的值可以是字符串、数字、数组，也可以是一个对象，下面给出一段本书中所用的地图 GeoJSON 数据中的两个成员，两个成员分别为 Point 和 LineString。

```
{
  "type":"FeatureCollection",
  "features":[
              /**Point 成员**/
              {"type":"Feature",
              "geometry":{
                         "type":"Point",
                         "coordinates":[110.8681694982607,37.598524803183]
                        },
              "properties":{
                          "prop0":"value0"
                          }
              },
              /**LineString 成员**/
              { "type":"Feature",
              "geometry":{
              "type":"LineString","coordinates":[
                                      [110.86793691770855,37.5986208254858],
                                      [110.86793046042861,37.59861577547608]
                                                ]
                        },
              "properties":{"Entity":"LWPolyline","Handle":"18F",
                     "Layer":"岩巷",
                     "DocName":"南翼采掘工程平面图.dxf",
                     "DocPath":"E:\\Documents\\ArcGIS\\ArcMap\\南翼采掘工程平面图.dxf",
                     "DocType":"DXF",
                     "DocVer":"AC1018",
                     "name":" "
                         }
              }
            ]
}
```

在上述 GeoJSON 对象中，因其为表示几何特征的集合，因此 JSON 对象的类型为 FeatureCollection，即特征集合。对象中共有两个几何成员，分别为 Point（点）和 LineString（线段），两个成员的类型都为 Feature。Point 成员中的 coordinates（坐标）是一个一维数组，分别表示了该点的经度和纬度，而 LineString 成员的坐标则是一个二维数组，表示了连接该线段的两个端点的经纬度。properties 则表示该成员的一些自有属性，如成员名、成员值、文档路径、文档类型等。

（3）业务层

业务层负责规定系统的功能需求，包括系统主要业务功能与数据管理。根据上文中对系统主要功能的描述，可以将系统的业务功能分为两个部分：数据展示和信息检索。数据展示的内容包括人员、设备的实时定位，运行轨迹的绘制，传感器实时监测环境数据的图形化展示，设备-人员及设备-环境之间关联查询的图形化展示；信息检索的主要内容包括人员信息、设备信息、传感器信息的检索及三者之间的关联查询。在数据管理方面，系统除了管理人员、设备、传感器的属性信息以外，还应管理系统基础数据，包括地图数据、分类信息、用户信息等。

（4）表现层

表现层是用户和软件系统交流的通道，除了软件架构的表示层外，还包括了软件与用户之间交流的媒介——终端设备。用户可以借助计算机或者智能通信设备访问系统，并与系统进行人机交互。系统通过 GIS 地图或数据列表等不同的视图方式，将人员设备位置及传感器实时观测数据实时展示给用户，实现了煤矿井下人员设备位置信息及环境监测信息的可视化管理。

8.4.3　功能模块设计

根据系统设计的总体目标与设计原则，以及煤矿井下安全生产时空数据模型对于人-机-环信息及数据间关系的要求，将系统按照各自具体功能的不同分为四大模块，分别为定位信息、设备列表、人员列表、传感器列表。整个系统的功能模块如图 8.19 所示。

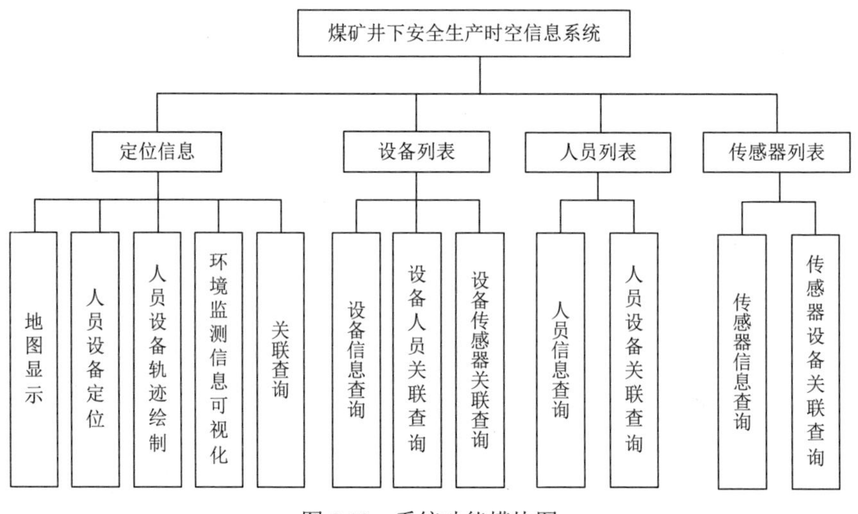

图 8.19　系统功能模块图

1. 定位信息模块

定位信息模块是系统的核心功能模块，实现系统的主要业务功能，包括确保矿井地图的正确显示、缩放、比例尺的正常使用、定位坐标的正常显示等，人员、设备的实时定位信息，人员、设备实时运动轨迹的绘制，实时环境监测信息的可视化，设备-人员的关联定位，设备-传感器的关联信息查询等。

2. 设备列表模块

设备是数据模型中时空对象间关系的核心和出发点，在设备的基础上完成设备-人员和设备-传感器的关联查询。设备列表模块主要功能有设备信息的查询及设备与人员、传感器之间的关联查询。

3. 人员列表模块

人员列表模块主要负责井下工作人员的属性信息、实时运行状态的数字化显示。此外，还可以完成人员-设备的反向关联查询。

4. 传感器列表模块

传感器列表模块主要负责井下环境的实时监测，可以查询指定传感器的参数信息和实时监测数据，并且可以查询传感器相关联设备的运行状态信息。

8.4.4 数据库系统设计

数据库系统是煤矿井下安全生产时空信息系统的核心和基础，其设计与实现都严格遵循煤矿井下安全生产时空数据模型的指导，设计的优劣程度将直接影响整个系统对于井下安全生产的作用。本系统选择了 PostgreSQL 数据库管理系统（DBMS），将从 4 个方面对系统的数据库系统设计进行详细的描述。

1. 数据库总体分析

所有数据库表的汇总如表 8.8 所示。

表 8.8　数据库表的汇总

表名	中文表名	说明
list_people	人员表	存储井下工作人员的基本信息
list_equip	设备表	存储设备的基本信息
list_sensor	传感器表	存储传感器的基本信息
status_people	人员状态表	存储井下工作人员的位置等状态信息
status_equip	设备状态表	存储设备的位置和运行状态等信息
status_sensor	传感器观测表	存储传感器的观测值信息
equip_type	设备类型表	描述设备的类型
equip_operate	设备状态类型表	描述设备的运行状态类型
people_worktype	工种表	描述井下工作人员的工种
people_operate	人员行为类型表	描述井下工作人员的行为类型
sensor_type	传感器类型表	描述传感器的类型
spatial_ref_sys	投影坐标系表	存储投影坐标系的相关信息

根据前面对系统功能模块结构设计的描述，本小节根据其各自的作用将数据库表分为以下 4 类。

（1）时空对象表

时空对象表中存储着井下生产要素的属性信息，包括人员表、设备表、传感器表。

（2）可变属性和观测值表

可变属性和观测值表中存放着与生产对象的位置信息、运行状态信息，还有环境监测数据，包括人员状态表、设备状态表、传感器观测表。

（3）基本信息表

基本信息表中保存着与煤矿安全生产业务和系统运行相关的一些信息，主要包括设备类型表、设备状态类型表、工种表、人员行为类型表、传感器类型表。

（4）系统表

系统表中存放着与 GIS 系统运行相关的数据表，包括投影坐标系表。

2. 概念数据模型设计

概念数据模型（concept data model）是从用户观点出发对信息和数据进行建模的，是面向用户和现实世界的模型。建模时不需要考虑物理结构和数据库管理系统的具体技术细节，只需要表达数据库的逻辑结构，重点分析数据与数据间的联系，描述信息的特征，强调语义，是现实世界业务信息化、数字化的第一层抽象。根据具体的业务功能分析及时空数据模型的 UML 图，对系统建立概念数据模型如图 8.20 所示。

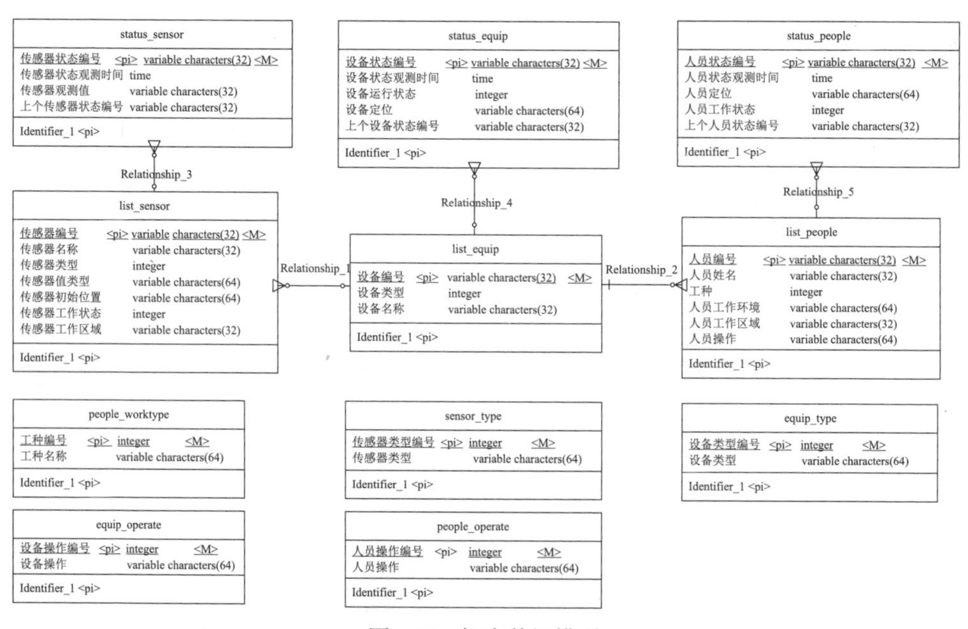

图 8.20 概念数据模型

3. 物理数据模型设计

物理数据模型（physical data model）在概念数据模型的基础上，考虑到了各种具体的技术实现因素，包括数据存储结构，主键、外键等相关的物理实现，提供了系统初始设计所需要的基础元素，以及相关元素之间的关系，如图 8.21 所示。

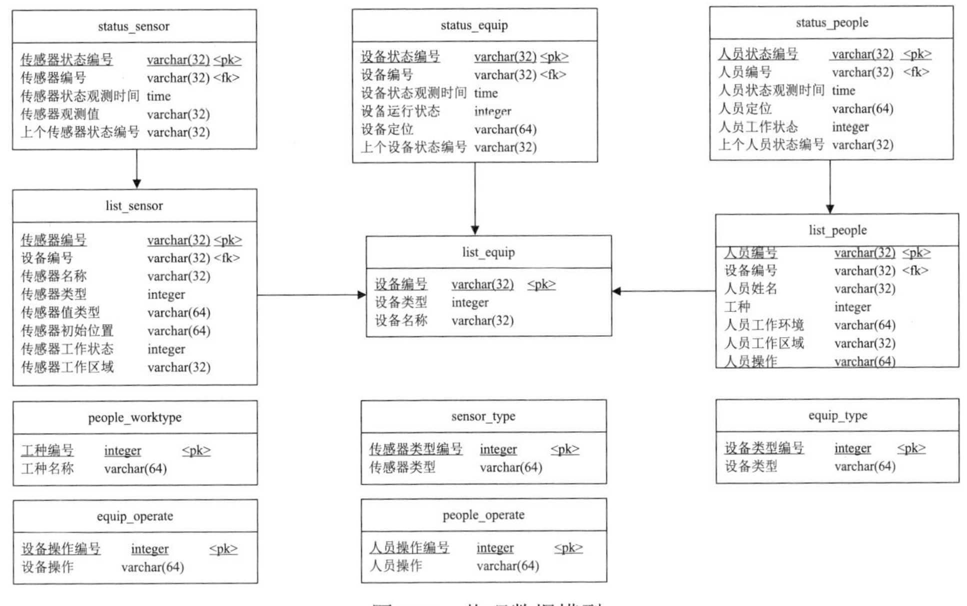

图 8.21　物理数据模型

4. 数据库表结构设计

根据前面的分析，此处列举出部分主要数据表的设计，如表 8.9～表 8.14 所示。

表 8.9　设备表

字段名	数据类型	字节	长度	是否为空	注释	主键
eid	varchar	4	32	否	设备编号	是
etype	int4	4	32	否	设备类型	否
ename	varchar	4	32	是	设备名	否

表 8.10　人员表

字段名	数据类型	字节	长度	是否为空	注释	主键
pid	varchar	4	32	否	人员编号	是
eid	varchar	4	32	否	关联设备编号	是
pname	varchar	4	32	是	工作人员名	否
pworktype	int4	4	32	是	工种	否
pworkenv	varchar	8	64	是	工作环境	否

续表

字段名	数据类型	字节	长度	是否为空	注释	主键
pworkarea	varchar	4	32	是	工作区域	否
poperate	varchar	8	64	是	行为	否

表 8.11　传感器表

字段名	数据类型	字节	长度	是否为空	注释	主键
sid	varchar	4	32	否	传感器编号	是
eid	varchar	4	32	是	关联设备编号	否
sname	varchar	4	32	是	传感器名	否
stype	int4	4	32	否	传感器类型	否
svaluetype	varchar	8	64	否	传感器值类型	否
slocation	varchar	8	64	否	传感器定位	否
siswork	int4	4	32	否	传感器工作状态	否
sarea	varchar	4	32	是	传感器工作区域	否

表 8.12　设备状态表

字段名	数据类型	字节	长度	是否为空	注释	主键
seid	varchar	4	32	否	本次记录编号	是
eid	varchar	4	32	否	设备编号	是
setime	timestamp	1	6	否	状态记录时间	否
sestatus	int4	4	32	是	设备状态	否
selocation	varchar	8	64	否	设备定位	否
selaststatus	varchar	4	32	是	上一次记录编号	否

表 8.13　人员状态表

字段名	数据类型	字节	长度	是否为空	注释	主键
spid	varchar	4	32	否	本次记录编号	是
eid	varchar	4	32	否	设备编号	是
pid	varchar	4	32	否	人员编号	是
sptime	timestamp	1	6	否	状态记录时间	否
splocation	varchar	8	64	否	人员位置	否
spopstatus	int4	4	32	是	人员行为	否
pslaststatus	varchar	4	32	是	上一次记录编号	否

表 8.14　传感器观测表

字段名	数据类型	字节	长度	是否为空	注释	主键
ssid	varchar	4	32	否	本次观测编号	是
sid	varchar	4	32	否	传感器编号	是

续表

字段名	数据类型	字节	长度	是否为空	注释	主键
sstime	timestamp	1	6	否	观测时间	否
ssvalue	float8	4	53	否	观测值	否
sslaststatus	varchar	4	32	是	上一次观测编号	否

8.4.5　系统实现及功能模块展示

1. 系统开发环境

1）开发平台：Eclipse Oxygen Release（4.7.0）。Eclipse 是一个开源的基于 Java 的可扩展开发平台，也是一个 Java 集成开发环境（IDE），主要用于 Java 及 JavaEE 应用程序的开发。

2）项目管理工具：Apache Maven 3.3.9，本地仓库地址为 E:\.m2\repository。

3）JDK（Java Development Kit）版本：JDK 1.8.0。

4）后端开发框架：Spring MVC 框架、Spring 框架、MybAtis 框架。

5）前端开发框架：Bootstrap 框架、JQuery。

6）WebGIS 框架：Openlayers 框架。

7）开发语言：Java、JSP、HTML、CSS、JavaScript。

8）Web 应用服务器：Tomcat v8.5 服务器。

9）数据库管理系统：PostgreSQL 9.6.3。

10）数据库插件：PostGIS 2.3.2。

11）数据库管理工具：Navicat Premium 12.0.11；Navicat 是一套快速、可靠的数据库管理工具，它可以简化数据库系统的管理，降低数据库系统的管理成本。

2. 系统代码组织

系统的代码结构是严格遵循 Apache Maven 推荐的项目标准目录结构组织的，程序具体的代码组织如图 8.22 所示。程序中部分主要文件夹的作用及其中存放的文件分别如下。

/mine：存放整个项目文件。

/mine / Java Resources / src / main / java：存放 Java 源代码。

/mine / Java Resources / src / main / resources：存放应用资源文件、配置文件等。

/mine / Java Resources / Libraries：存放 Tomcat 及 JRE 中的 jar 包。

/mine / src / main / webapp：存放 Web 应用的源码。

/Servers：存放 Web 服务器。

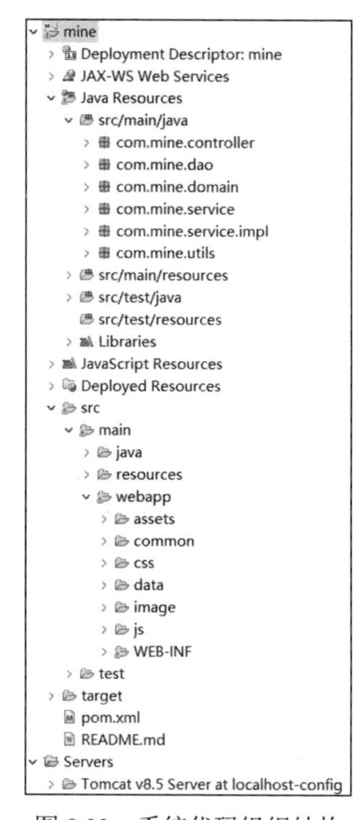

图 8.22　系统代码组织结构

彩图 8.23

3. 定位信息模块

系统的界面如图 8.23 所示，左侧是导航栏，导航栏中包括 4 个主要功能模块的导航按钮，右侧是功能区，单击左侧的导航按钮可以进入功能模块。

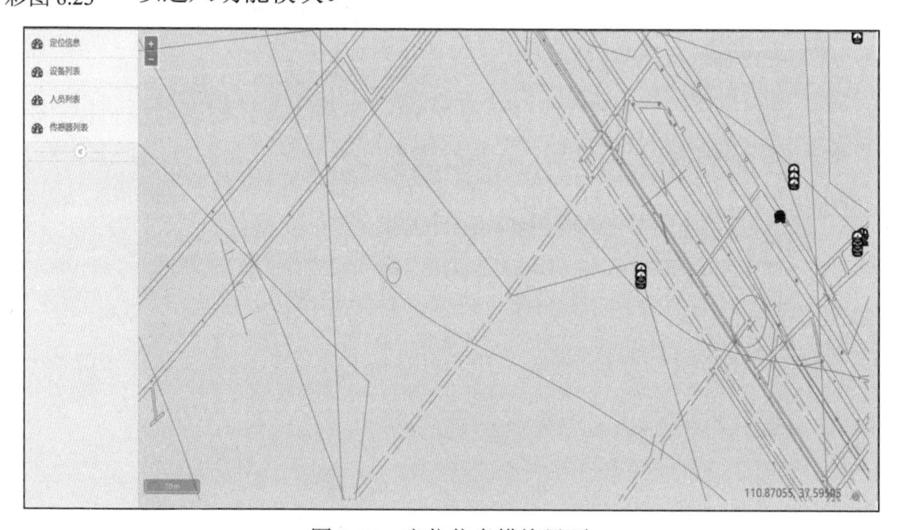

图 8.23　定位信息模块界面

定位信息模块的界面就是矿井地图，地图选用的投影坐标系为 Web Mercator 投影坐标系，其基准面是 WGS 1984。定位信息模块默认显示的界面为井下人员、设备的实时定位，系统中选择不同的图标用于区分人、设备及传感器，单击不同的图标会触发不同的事件。界面中左上角为地图缩放控制按钮，左下角为比例尺显示，右下角为鼠标指针所指位置的经纬度。

定位信息模块的功能展示如图 8.24～图 8.27 所示，分别为人员的轨迹绘制、设备与相关联人员的相关轨迹绘制、传感器实时观测数据的显示、设备极其周围环境的关联查询显示。

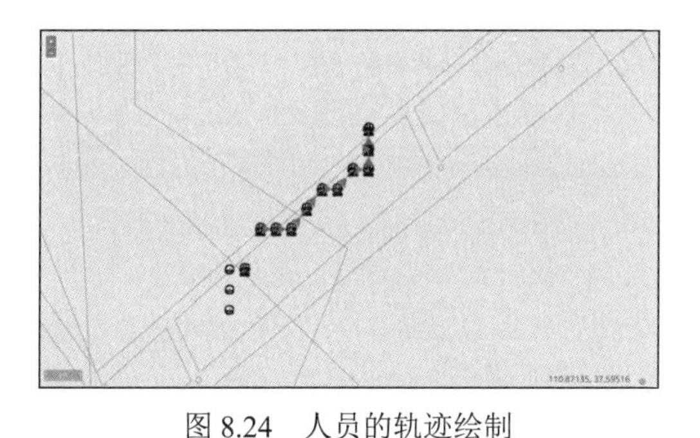

彩图 8.24

图 8.24　人员的轨迹绘制

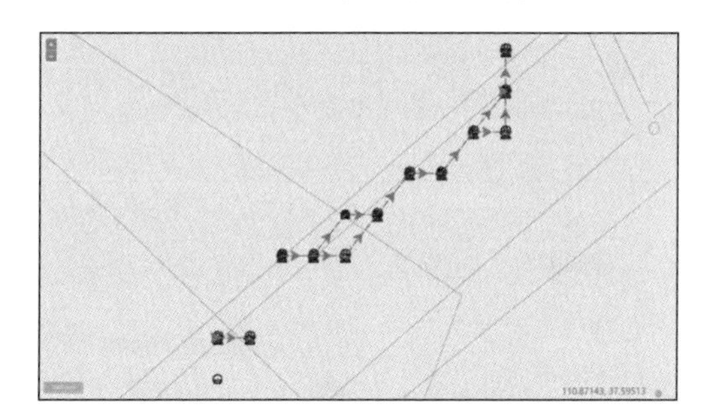

彩图 8.25

图 8.25　设备-人员关联轨迹

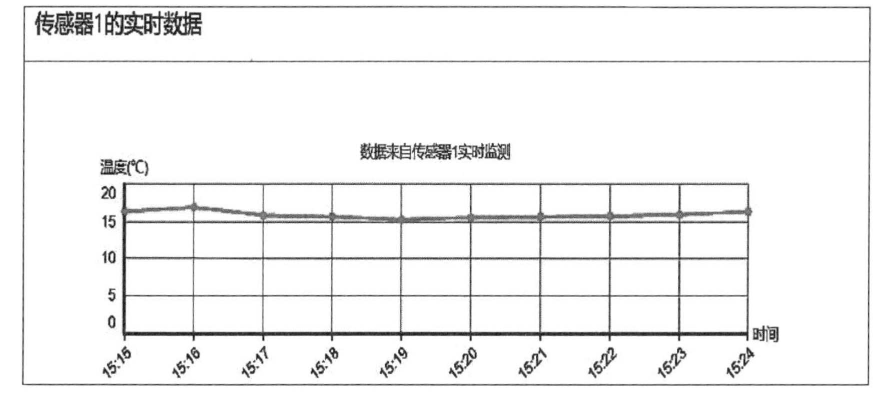

图 8.26　传感器观测信息显示

彩图 8.27

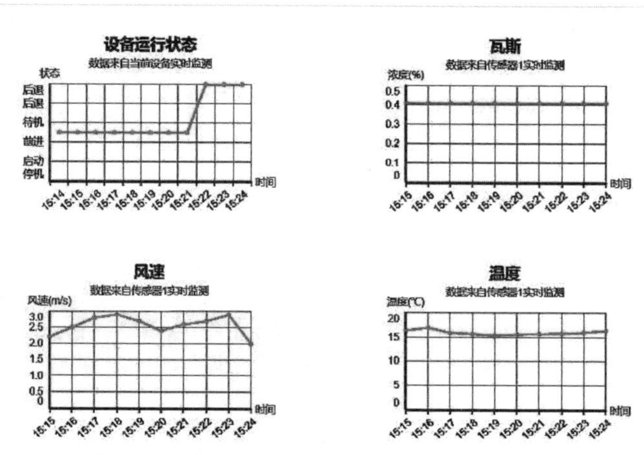

图 8.27　设备-环境关联显示

4. 设备列表模块

设备列表模块的界面如图 8.28 所示，默认显示分页查询的设备列表界面，列表里显示的信息有设备编号、设备名称、设备类型相关人员列表及相关传感器列表。除了查询设备运行状态以外，还可以在列表里查询相关人员与传感器的信息，分别如图 8.29 和图 8.30 所示。

井下设备列表

设备编号	设备名称	设备类型	相关人员	相关传感器	操作
e001	掘进机1	掘进机	查看	查看	修改 删除
e002	掘进机2	掘进机	查看	查看	修改 删除
e003	掘进机3	掘进机	查看	查看	修改 删除
e004	采煤机1	采煤机	查看	查看	修改 删除
e005	采煤机2	采煤机	查看	查看	修改 删除
e006	采煤机3	采煤机	查看	查看	修改 删除
e007	装载机1	装载机	查看	查看	修改 删除
e008	装载机2	装载机	查看	查看	修改 删除
e009	装载机3	装载机	查看	查看	修改 删除
e010	转载机1	转载机	查看	查看	修改 删除

显示第 1 到第 10 条记录，总共 33 条记录 每页显示 10 条记录　‹ 1 2 3 4 ›

图 8.28　设备列表模块界面

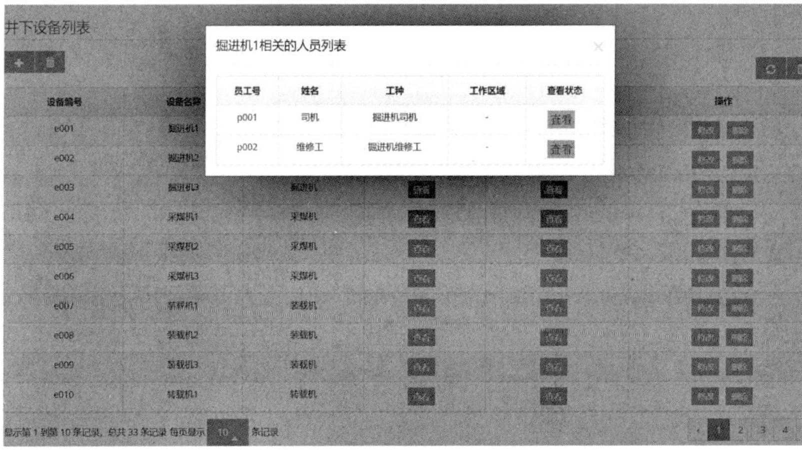

图 8.29　设备相关工作人员列表

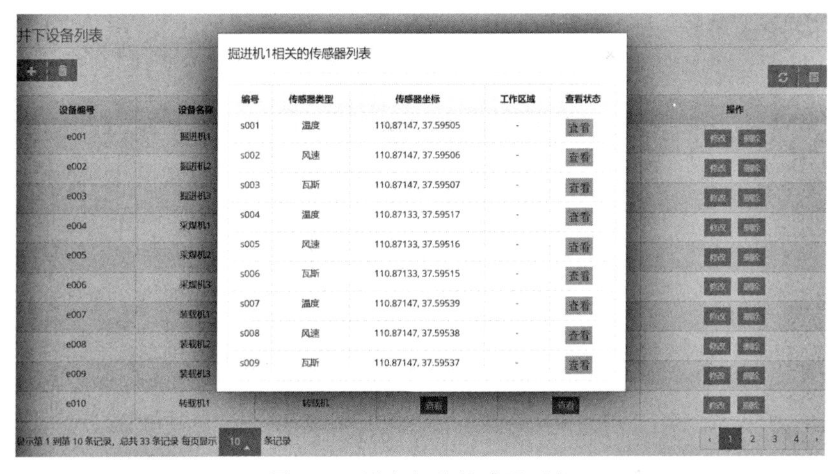

图 8.30　设备相关传感器列表

5. 人员列表模块

人员列表模块的界面如图 8.31 所示，默认显示分页查询的人员列表界面，列表里显示的信息有员工号、姓名、工种等人员信息，还可以查看工人的工作状态及相关设备的运行状态。

人员列表模块功能如图 8.32 和图 8.33 所示，分别为查看工人工作状态及查看关联设备的运行状态信息。

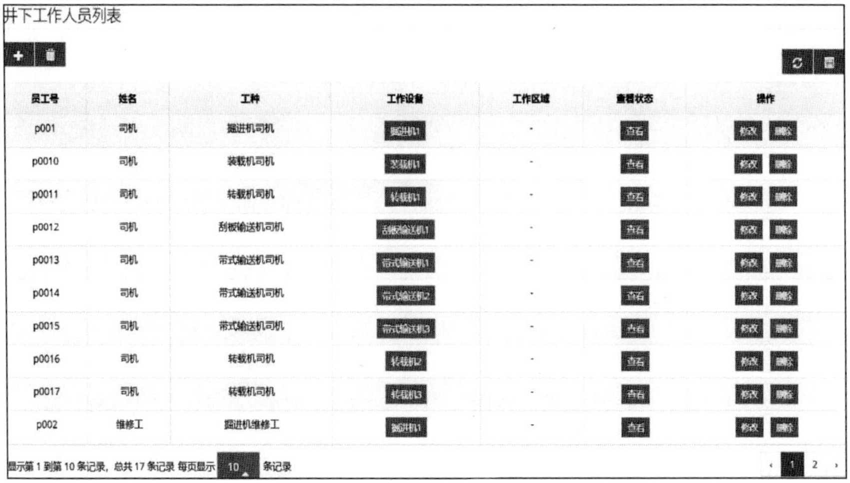

井下工作人员列表

员工号	姓名	工种	工作设备	工作区域	查看状态	操作
p001	司机	掘进机司机	掘进机1	-	查看	修改 删除
p0010	司机	装载机司机	装载机1	-	查看	修改 删除
p0011	司机	转载机司机	转载机1	-	查看	修改 删除
p0012	司机	刮板输送机司机	刮板输送机1	-	查看	修改 删除
p0013	司机	带式输送机司机	带式输送机1	-	查看	修改 删除
p0014	司机	带式输送机司机	带式输送机2	-	查看	修改 删除
p0015	司机	带式输送机司机	带式输送机3	-	查看	修改 删除
p0016	司机	转载机司机	转载机2	-	查看	修改 删除
p0017	司机	转载机司机	转载机3	-	查看	修改 删除
p002	维修工	掘进机维修工	掘进机1	-	查看	修改 删除

显示第 1 到第 10 条记录，总共 17 条记录 每页显示 10 条记录　‹ 1 2 ›

图 8.31　人员列表模块界面

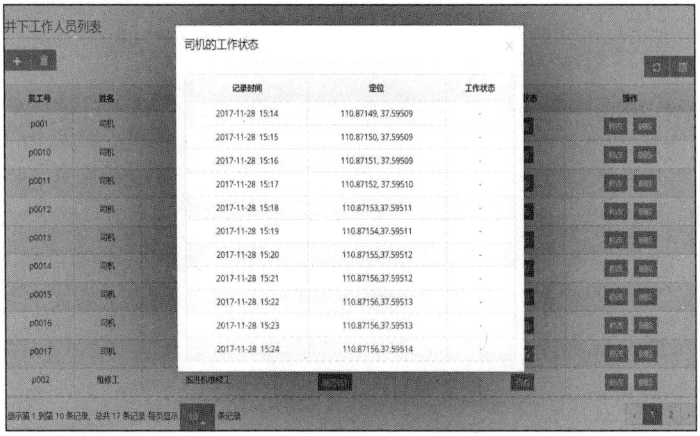

司机的工作状态

记录时间	定位	工作状态
2017-11-28 15:14	110.87149, 37.59509	-
2017-11-28 15:15	110.87150, 37.59509	-
2017-11-28 15:16	110.87151, 37.59509	-
2017-11-28 15:17	110.87152, 37.59510	-
2017-11-28 15:18	110.87153,37.59511	-
2017-11-28 15:19	110.87154,37.59511	-
2017-11-28 15:20	110.87155,37.59512	-
2017-11-28 15:21	110.87156,37.59512	-
2017-11-28 15:22	110.87156,37.59513	-
2017-11-28 15:23	110.87156,37.59513	-
2017-11-28 15:24	110.87156,37.59514	-

图 8.32　查看人员工作状态

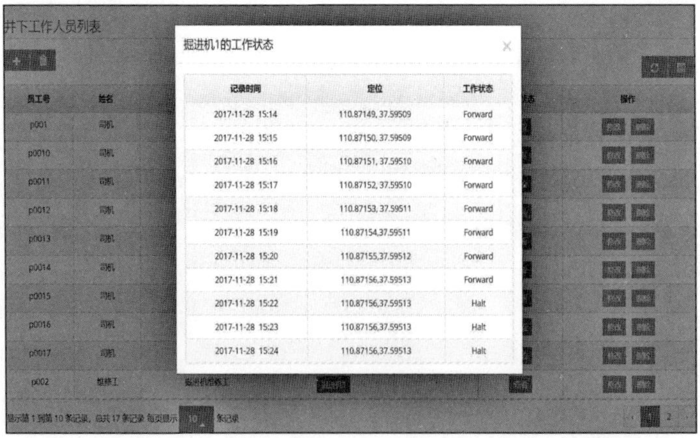

掘进机1的工作状态

记录时间	定位	工作状态
2017-11-28 15:14	110.87149, 37.59509	Forward
2017-11-28 15:15	110.87150, 37.59509	Forward
2017-11-28 15:16	110.87151, 37.59510	Forward
2017-11-28 15:17	110.87152, 37.59510	Forward
2017-11-28 15:18	110.87153, 37.59511	Forward
2017-11-28 15:19	110.87154,37.59511	Forward
2017-11-28 15:20	110.87155,37.59512	Forward
2017-11-28 15:21	110.87156,37.59513	Forward
2017-11-28 15:22	110.87156,37.59513	Halt
2017-11-28 15:23	110.87156,37.59513	Halt
2017-11-28 15:24	110.87156,37.59513	Halt

图 8.33　查看人员相关设备运行状态

6. 传感器列表模块

传感器列表模块的界面如图 8.34 所示，默认显示分页查询的传感器列表界面，列表里显示的信息有编号、传感器类型、工作状态、传感器坐标、工作区域等传感器属性与参数信息，还可以查看传感器观测到的环境信息及相关设备的运行状态。

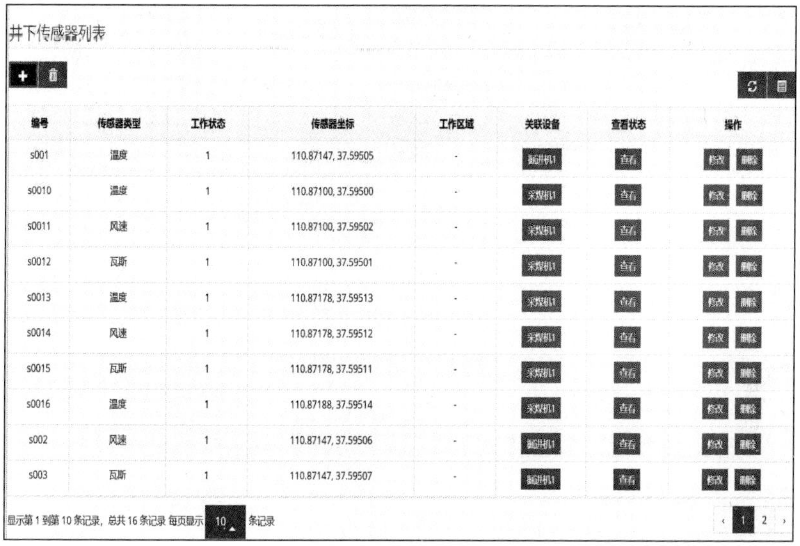

井下传感器列表

编号	传感器类型	工作状态	传感器坐标	工作区域	关联设备	查看状态	操作
s001	温度	1	110.87147, 37.59505	-	掘进机1	查看	修改 删除
s0010	温度	1	110.87100, 37.59500	-	采煤机1	查看	修改 删除
s0011	风速	1	110.87100, 37.59502	-	采煤机1	查看	修改 删除
s0012	瓦斯	1	110.87100, 37.59501	-	采煤机1	查看	修改 删除
s0013	温度	1	110.87178, 37.59513	-	采煤机1	查看	修改 删除
s0014	风速	1	110.87178, 37.59512	-	采煤机1	查看	修改 删除
s0015	瓦斯	1	110.87178, 37.59511	-	采煤机1	查看	修改 删除
s0016	温度	1	110.87188, 37.59514	-	采煤机1	查看	修改 删除
s002	风速	1	110.87147, 37.59506	-	掘进机1	查看	修改 删除
s003	瓦斯	1	110.87147, 37.59507	-	掘进机1	查看	修改 删除

显示第 1 到第 10 条记录，总共 16 条记录 每页显示 10 条记录　‹ 1 2 ›

图 8.34　传感器列表模块界面

传感器列表模块功能如图 8.35 和图 8.36 所示，分别为查看传感器观测值和查看关联设备的运行状态信息。

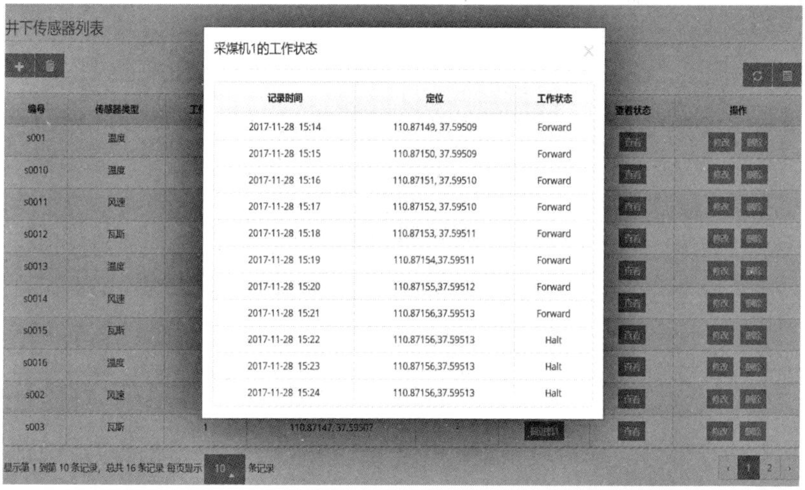

采煤机1的工作状态

记录时间	定位	工作状态
2017-11-28 15:14	110.87149, 37.59509	Forward
2017-11-28 15:15	110.87150, 37.59509	Forward
2017-11-28 15:16	110.87151, 37.59510	Forward
2017-11-28 15:17	110.87152, 37.59510	Forward
2017-11-28 15:18	110.87153, 37.59511	Forward
2017-11-28 15:19	110.87154,37.59511	Forward
2017-11-28 15:20	110.87155,37.59512	Forward
2017-11-28 15:21	110.87156,37.59513	Forward
2017-11-28 15:22	110.87156,37.59513	Halt
2017-11-28 15:23	110.87156,37.59513	Halt
2017-11-28 15:24	110.87156,37.59513	Halt

图 8.35　查看传感器观测值

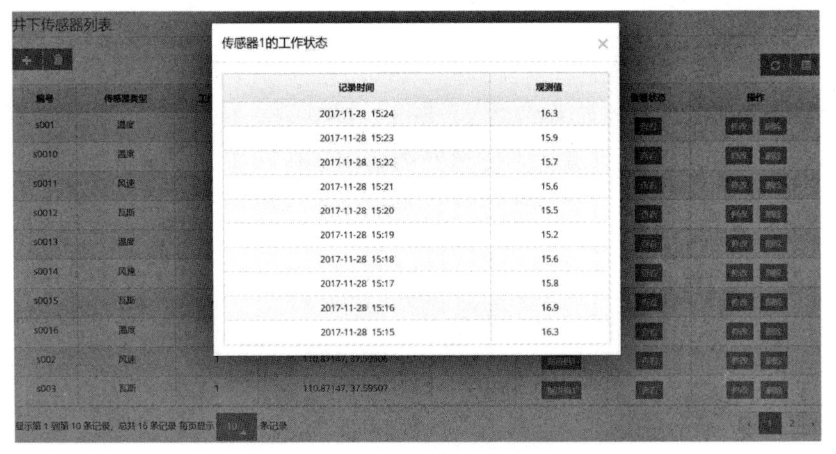

图 8.36　查看关联设备的运行状态

8.4.6　实验与验证

为了验证系统的可用性，本书采用模拟实验的方式，展示了在井下生产过程中使用本系统可能会发生的两个情景。

实验一模拟的场景是在正常的生产过程中，用户通过系统查看设备“掘进机1”的运行状态是否正常，并且通过折线图观察掘进机运行所处的环境是否在安全的阈值范围内。系统返回的数据显示了掘进机在过去 15 分钟内的运行状况，并根据一定规则选取了最符合该设备工作环境的一组传感器（开停、温度、风速、瓦斯浓度），显示了其在过去 15 分钟内的观测值，展现了掘进机工作所在区域的环境数据变化情况，如图 8.37 所示。

彩图 8.37

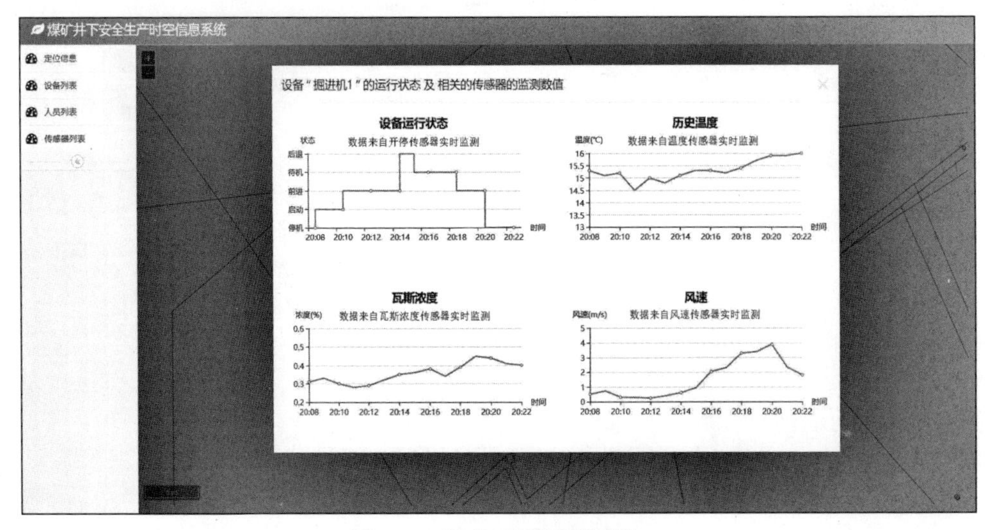

图 8.37　设备-环境关联查询

实验二模拟了危险预警的过程。当瓦斯传感器实时监测到瓦斯浓度超出安全阈值（1%）的时候，系统自动触发报警，将报警信息送到与该传感器相关联的设备，并通过设备与人员之间的关联，通知到与设备相关的所有工作人员作出相应的应急措施，同时系统会根据后台返回的数据绘制出设备与相关人员的行动轨迹，实验结果如图 8.38 和图 8.39 所示。图 8.38 中展示了“掘进机 1”与“掘进机司机”“掘进机维修工”在同一时间段内的行动轨迹，图 8.39 中则显示了当报警发生时，后台返回的传感器监测数据与相关的人员、设备的位置信息。

彩图 8.38

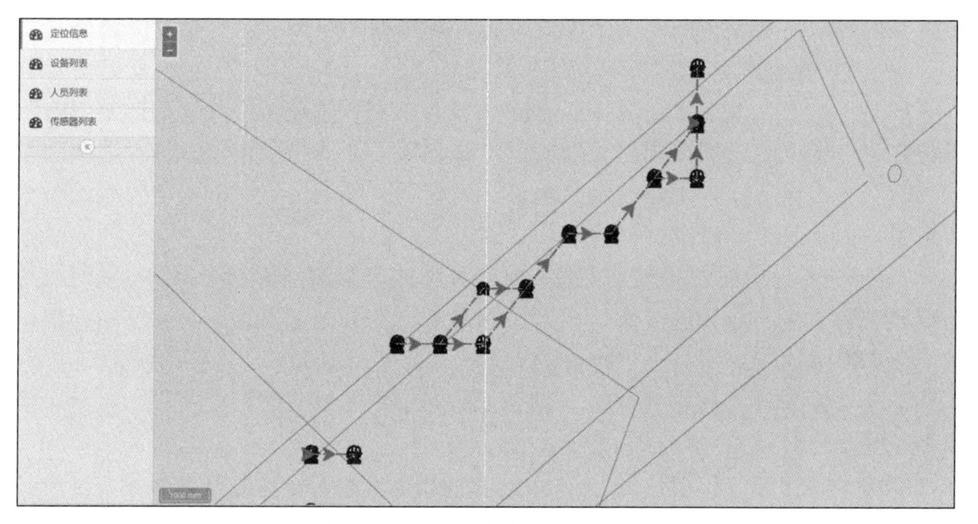

图 8.38　危险预警设备人员轨迹

```
Markers  Properties  Servers  Data Source Explorer  Snippets  Console
Tomcat v8.5 Server at localhost [Apache Tomcat] D:\Dev\jdk1.8.0_112\bin\javaw.exe (2017年12月28日 下午3:25:11)
sslaststatus=ss00100016, slocation=110.87147, 37.59505, sstime=2017-12-28 15:16:00.0, sname=传感器1, stype=1, ssvalue=16.9, siswork=1, ssid=ss00100017, sid=s001, stname=温度}, {eid=e001,
sslaststatus=ss00100017, slocation=110.87147, 37.59505, sstime=2017-12-28 15:17:00.0, sname=传感器1, stype=1, ssvalue=15.8, siswork=1, ssid=ss00100018, sid=s001, stname=温度}, {eid=e001,
sslaststatus=ss00100018, slocation=110.87147, 37.59505, sstime=2017-12-28 15:18:00.0, sname=传感器1, stype=1, ssvalue=15.6, siswork=1, ssid=ss00100019, sid=s001, stname=温度}, {eid=e001,
sslaststatus=ss00100019, slocation=110.87147, 37.59505, sstime=2017-12-28 15:19:00.0, sname=传感器1, stype=1, ssvalue=15.2, siswork=1, ssid=ss00100020, sid=s001, stname=温度}, {eid=e001,
sslaststatus=ss00100020, slocation=110.87147, 37.59505, sstime=2017-12-28 15:20:00.0, sname=传感器1, stype=1, ssvalue=15.5, siswork=1, ssid=ss00100021, sid=s001, stname=温度}, {eid=e001,
sslaststatus=ss00100021, slocation=110.87147, 37.59505, sstime=2017-12-28 15:21:00.0, sname=传感器1, stype=1, ssvalue=15.6, siswork=1, ssid=ss00100022, sid=s001, stname=温度}, {eid=e001,
sslaststatus=ss00100022, slocation=110.87147, 37.59505, sstime=2017-12-28 15:22:00.0, sname=传感器1, stype=1, ssvalue=15.7, siswork=1, ssid=ss00100023, sid=s001, stname=温度}, {eid=e001,
sslaststatus=ss00100023, slocation=110.87147, 37.59505, sstime=2017-12-28 15:23:00.0, sname=传感器1, stype=1, ssvalue=15.9, siswork=1, ssid=ss00100024, sid=s001, stname=温度}, {eid=e001,
sslaststatus=ss00100024, slocation=110.87147, 37.59505, sstime=2017-12-28 15:24:00.0, sname=传感器1, stype=1, ssvalue=16.3, siswork=1, ssid=ss00100025, sid=s001, stname=温度}]}, pStatus={p002=
[PeopleStatus [spid=sp00200015, eid=null, pid=p002, sptime=Thu Dec 28 15:14:00 CST 2017, splocation=110.87147, 37.59507, spopstatus=null, pooperate=null, pslaststatus=sp00200014], PeopleStatus
[spid=sp00200016, eid=null, pid=p002, sptime=Thu Dec 28 15:15:00 CST 2017, splocation=110.87147, 37.59507, spopstatus=null, pooperate=null, pslaststatus=sp00200015], PeopleStatus [spid=sp00200017,
eid=null, pid=p002, sptime=Thu Dec 28 15:16:00 CST 2017, splocation=110.87147, 37.59507, spopstatus=null, pooperate=null, pslaststatus=sp00200016], PeopleStatus [spid=sp00200018, eid=null, pid=p002,
sptime=Thu Dec 28 15:17:00 CST 2017, splocation=110.87147, 37.59507, spopstatus=null, pooperate=null, pslaststatus=sp00200017], PeopleStatus [spid=sp00200019, eid=null, pid=p002, sptime=Thu Dec 28
15:18:00 CST 2017, splocation=110.87147, 37.59507, spopstatus=null, pooperate=null, pslaststatus=sp00200018], PeopleStatus [spid=sp00200020, eid=null, pid=p002, sptime=Thu Dec 28 15:19:00 CST 2017,
splocation=110.87147, 37.59507, spopstatus=null, pooperate=null, pslaststatus=sp00200019], PeopleStatus [spid=sp00200021, eid=null, pid=p002, sptime=Thu Dec 28 15:20:00 CST 2017, splocation=110.87147,
37.59507, spopstatus=null, pooperate=null, pslaststatus=sp00200020], PeopleStatus [spid=sp00200022, eid=null, pid=p002, sptime=Thu Dec 28 15:21:00 CST 2017, splocation=110.87147, 37.59507,
spopstatus=null, pooperate=null, pslaststatus=sp00200021], PeopleStatus [spid=sp00200023, eid=null, pid=p002, sptime=Thu Dec 28 15:22:00 CST 2017, splocation=110.87147, 37.59507, spopstatus=null,
pooperate=null, pslaststatus=sp00200022], PeopleStatus [spid=sp00200024, eid=null, pid=p002, sptime=Thu Dec 28 15:23:00 CST 2017, splocation=110.87147, 37.59507, spopstatus=null, pooperate=null,
pslaststatus=sp00200023], PeopleStatus [spid=sp00200025, eid=null, pid=p002, sptime=Thu Dec 28 15:24:00 CST 2017, splocation=110.87148, 37.59507, spopstatus=null, pooperate=null,
pslaststatus=sp00200024]], p001=[PeopleStatus [spid=sp00100015, eid=null, pid=p001, sptime=Thu Dec 28 15:14:00 CST 2017, splocation=110.87149, 37.59509, spopstatus=null, pooperate=null,
pslaststatus=sp00100014], PeopleStatus [spid=sp00100016, eid=null, pid=p001, sptime=Thu Dec 28 15:15:00 CST 2017, splocation=110.87150, 37.59509, spopstatus=null, pooperate=null,
pslaststatus=sp00100015], PeopleStatus [spid=sp00100017, eid=null, pid=p001, sptime=Thu Dec 28 15:16:00 CST 2017, splocation=110.87151, 37.59509, spopstatus=null, pooperate=null,
pslaststatus=sp00100016], PeopleStatus [spid=sp00100018, eid=null, pid=p001, sptime=Thu Dec 28 15:17:00 CST 2017, splocation=110.87152, 37.59510, spopstatus=null, pooperate=null,
pslaststatus=sp00100017], PeopleStatus [spid=sp00100019, eid=null, pid=p001, sptime=Thu Dec 28 15:18:00 CST 2017, splocation=110.87153,37.59511, spopstatus=null, pooperate=null,
pslaststatus=sp00100018], PeopleStatus [spid=sp00100020, eid=null, pid=p001, sptime=Thu Dec 28 15:19:00 CST 2017, splocation=110.87154,37.59511, spopstatus=null, pooperate=null,
pslaststatus=sp00100019], PeopleStatus [spid=sp00100021, eid=null, pid=p001, sptime=Thu Dec 28 15:20:00 CST 2017, splocation=110.87155,37.59512, spopstatus=null, pooperate=null,
pslaststatus=sp00100020], PeopleStatus [spid=sp00100022, eid=null, pid=p001, sptime=Thu Dec 28 15:21:00 CST 2017, splocation=110.87156,37.59512, spopstatus=null, pooperate=null,
pslaststatus=sp00100021], PeopleStatus [spid=sp00100023, eid=null, pid=p001, sptime=Thu Dec 28 15:22:00 CST 2017, splocation=110.87156,37.59513, spopstatus=null, pooperate=null,
pslaststatus=sp00100022], PeopleStatus [spid=sp00100024, eid=null, pid=p001, sptime=Thu Dec 28 15:23:00 CST 2017, splocation=110.87156,37.59513, spopstatus=null, pooperate=null,
pslaststatus=sp00100023], PeopleStatus [spid=sp00100025, eid=null, pid=p001, sptime=Thu Dec 28 15:24:00 CST 2017, splocation=110.87156,37.59514, spopstatus=null, pooperate=null,
pslaststatus=sp00100024]]}, eStatus={e001=[EquipStatus [seid=se00100015, eid=e001, setime=Thu Dec 28 15:14:00 CST 2017, sestatus=2, eooperate=Forward, selocation=110.87149, 37.59509,
selaststatus=se00100014], EquipStatus [seid=se00100016, eid=e001, setime=Thu Dec 28 15:15:00 CST 2017, sestatus=2, eooperate=Forward, selocation=110.87150, 37.59509, selaststatus=se00100015],
EquipStatus [seid=se00100017, eid=e001, setime=Thu Dec 28 15:16:00 CST 2017, sestatus=2, eooperate=Forward, selocation=110.87151, 37.59510, selaststatus=se00100016], EquipStatus [seid=se00100018,
eid=e001, setime=Thu Dec 28 15:17:00 CST 2017, sestatus=2, eooperate=Forward, selocation=110.87152, 37.59510, selaststatus=se00100017], EquipStatus [seid=se00100019, eid=e001, setime=Thu Dec 28 15:18:00
CST 2017, sestatus=2, eooperate=Forward, selocation=110.87153, 37.59511, selaststatus=se00100018], EquipStatus [seid=se00100020, eid=e001, setime=Thu Dec 28 15:19:00 CST 2017, sestatus=2,
eooperate=Forward, selocation=110.87154,37.59511, selaststatus=se00100019], EquipStatus [seid=se00100021, eid=e001, setime=Thu Dec 28 15:20:00 CST 2017, sestatus=2, eooperate=Forward,
selocation=110.87155,37.59512, selaststatus=se00100020], EquipStatus [seid=se00100022, eid=e001, setime=Thu Dec 28 15:21:00 CST 2017, sestatus=2, eooperate=Forward, selocation=110.87156,37.59513,
selaststatus=se00100021], EquipStatus [seid=se00100023, eid=e001, setime=Thu Dec 28 15:22:00 CST 2017, sestatus=5, eooperate=Halt, selocation=110.87156,37.59513, selaststatus=se00100022], EquipStatus
[seid=se00100024, eid=e001, setime=Thu Dec 28 15:23:00 CST 2017, sestatus=5, eooperate=Halt, selocation=110.87156,37.59513, selaststatus=se00100023], EquipStatus [seid=se00100025, eid=e001, setime=Thu
Dec 28 15:24:00 CST 2017, sestatus=5, eooperate=Halt, selocation=110.87156,37.59513, selaststatus=se00100024]]}}] as "application/json;charset=UTF-8" using
[com.alibaba.fastjson.support.spring.FastJsonHttpMessageConverter@56ec112b]
DEBUG [http-nio-8080-exec-7] - Null ModelAndView returned to DispatcherServlet with name 'springmvc': assuming HandlerAdapter completed request handling
DEBUG [http-nio-8080-exec-7] - Successfully completed request
```

图 8.39　后台传感器监测数据与相关的人员、设备的位置信息

通过这两个模拟实验可见，煤矿井下安全生产时空数据模型以及煤矿井下安

全生产时空信息系统，能够对复杂的井下生产过程进行有效模拟，并对井下安全和危险预警起到重要作用，验证了时空数据模型在井下时空过程的表达与模拟上的有效性和可行性。

8.5　本章小结

随着我国互联网技术的飞速发展与工业信息化的普及，信息技术为各个领域所面临的问题与困扰提出了新的解决思路。针对目前我国煤矿安全信息化建设的现状与问题，本章围绕煤矿安全本体构建、时空数据模型、煤矿安全信息系统这3方面进行研究，具体研究内容与结果如下。

1）本书分析了时空数据模型的概念及发展历程，并描述了各类数据模型的特点与优势，根据时空数据模型发展特点，结合煤矿井下生产过程，选择了面向对象的时空数据模型作为本章的研究重点，为本章研究应用于煤矿安全领域的时空数据模型提供基础与借鉴。

2）时空对象是时空过程的主体，不同类型的时空对象特点不同，对象结构与存储处理方式也不尽相同。本章依据面向对象时空数据建模思想与方法的要求，按照生产对象的特点对井下生产要素与生产对象进行抽象，将其分为设备、人员、传感器3类对象，并根据各自特点建立了面向对象的煤矿井下安全生产时空对象模型，给出了时空对象的定义。

3）在时空对象模型的基础上，分析了生产过程与时空对象间的关系，给出了煤矿井下安全生产时空数据模型的定义，将整个煤矿安全生产时空数据模型表示为由时空对象、邻居和时空关系组成的三元组。为了更好地表达模型，给出了一个采用统一建模语言来描述各个组成部分的定义、结构及相互关系的模型，并详细地阐述了模型中每个类的定义与结构，对类间的关系做了分析与说明。

4）首先分析煤矿井下生产过程与规律，针对井下人员、设备的属性和位置信息及环境实时监测数据等特点，给出系统的总体目标与设计原则；分析对比了现有的Web应用技术与WebGIS应用技术之后，后端采用基于JavaEE平台的Spring + SpringMVC + MyBatis框架的3层体系结构，前端页面展示采用JQuery、Bootstrap等框架，空间信息表达部分的实现则采用国内使用最为广泛的专用于WebGIS客户端开发的类库OpenLayers，数据库系统的实现则选用对空间信息存储管理支持更好的PostgreSQL数据库。之后完成系统的总体架构设计与软件架构设计，在分层思想的指导下，将整个软件系统划分为数据层、应用支撑层、业务层和表现层。在数据库系统设计方面，严格遵循时空数据模型对类与类间关系的定义，给出了系统的概念数据模型、物理数据模型与数据库表结构设计；完成系统的设计后，详细介绍了系统的实现过程，包括系统的开发环境、代码组织及各个功能模块关键代码与界面展示。最后通过两个模拟实验，验证了该系统的可用性。

第9章 结束语

本体能让不同主体间共享信息的结构、重用领域知识、显式的表示领域的设想、区分领域知识和操作性知识及可以分析领域知识，所以本体一经提出就被广泛应用到人工智能、语义网和知识检索等领域。基于本体的推理技术能够检查出对领域知识的本体描述是否符合描述语言的语法规则、逻辑基础，并在现有显示知识的基础上，根据一定的规则推理出隐含的知识。

本书主要围绕煤矿领域本体建模、推理规则构建方法及其应用，建立了煤矿领域本体模型和基于本体的推理规则库，构建了基于本体的煤矿安全监测系统。

具体而言，本书的主要工作如下。

1）对本体的相关理论做了简单的介绍，具体总结了本体相关概念、建模工具，本体建模流程以及评价方法等。在分析比较本体建模方法及建模工具的基础上，结合七步法的开发思路以及煤矿领域知识特点，详细阐述了煤矿领域本体的构建流程。根据煤矿情境信息及相关知识，抽象出本体中的概念和属性，并为本体中的概念添加对应的实例及属性约束，最终实现了煤矿综合监控系统本体模型、煤矿采煤工作面本体模型、煤矿掘进工作面本体模型、煤矿井下通风系统本体模型、运输系统本体模型的构建，并建立了煤矿领域本体模型评价准则。

鉴于传统手工构建本体的方法耗时耗力，且对专家的依赖性强，而完全实现本体的自动构建又不太现实，本书给出一种半自动构建本体的方法OCFCA，该方法通过将形式概念分析技术与本体建模相结合弥补了人工构建本体的不足。应用形式概念分析技术，有效地发现本体中的隐含概念及概念间的层次结构，在一定程度上提高了本体构建的自动化程度，并有效地减少了本体中概念的重复率，为本体的完整性及后续推理提供保障。

为提高本体构建及更新的效率和准确性，给出了一种基于相似度计算的本体更新方法SSOCUM。首先对传统的基于WordNet的相似度算法作出改进，通过实验对比，验证了改进算法与标准数据集之间的皮尔森系数高于传统算法，计算结果更接近于人的主观判断；并结合构建好的煤矿领域通风系统本体对SSOCUM算法进行实验分析，结果表明，SSOCUM算法有效提高了本体更新的自动化程度，降低了人为因素的干扰，并具有一定的准确性，有助于本体新概念的自动添加。

2）具体介绍了推理方法理论及基于本体的推理技术，系统分析了Jena推理机的组成、工作原理和使用的核心算法，并实现了推理过程的设计。根据煤矿三大规程对各工种、各工作面、操作设备及环境要素的安全生产要求，按照基于文本的Jena规则语法分别构建了针对工种个人操作规范的普通规则库和针对井下环境参数信息的核心规则库，应用 Jena 推理引擎提供的前向链推理机制，将构建的煤矿领域本体模型和自定义的规则库相结合进行推理，获得本体模型中实例及概念的潜在问题，挖掘出本体模型中的隐含信息，实现煤矿井下情境信息的安全事故源的监测和预警。

3）针对井下生产条件复杂，环境参数多变等问题，尝试以本体推理为基础，结合证据理论来综合评估井下环境的安全状况，及时发现井下有关人员、设备、环境中潜在的危险因素，减少事故的发生。该方法在本体模型和推理规则构建完成的基础上，以获取到的瓦斯、粉尘、风速 3 种环境参数为例进行实验验证，仿真结果表明，将改进的证据理论与本体推理相结合，有效提高了评估结果的准确率，证明了方法的可行性。

4）为进一步将本体相关技术运用到煤矿安全生产领域中，首先设计实现了一个基于本体推理的煤矿安全监测系统。针对煤矿领域推理信息不充分等问题，利用 Jena 推理机对煤矿领域本体进行推理，全面识别煤矿井下的不安全因素。一旦通过推理得到危险信息，及时进行反馈以保障施工安全。该方法为煤矿安全监测预警机制提供了新的手段，从根本上预防了煤矿安全事故的发生，减少人员伤亡，有利于提高煤矿的安全生产水平。

5）自 2012 年 Google 公司首先提出知识图谱后，揭开了知识图谱的研究热潮。知识图谱的构建与知识图谱的绘制是研究的两大方向。其中，知识图谱有两种构建方法：自顶向下和自底向上。本书采用的是自底向上的方式，在已构建煤矿本体的基础上构建知识图谱，绘制知识图谱的工具有很多，本书以绘制煤矿预警知识图谱为例简单讲述了其中的一种方法——文献计量法。通过对煤与瓦斯突出灾害的预警分析来介绍煤矿预警的重要性及目前先进的预警机制与技术，为日后煤矿安全预警智能推理系统的研发和改善提供参考，进而为煤矿安全生产提供保障。

6）对于煤矿事故逃生应急疏散问题，是从煤矿开采以来一直遇到的难题，煤炭资源是社会发展中必不可少的，但是其造成的安全问题也是不能忽略的。通过结合本体模型、Repast、深度优先算法，能在煤矿发生灾难时，第一时刻选择出一条适合矿工的逃生路线，能够为其逃生节省大量的时间。同时结合传感器模型，能对煤矿灾害的发生起到很好的预防作用；在最后使用硐体模型，解决了火灾堵死出口而造成的死亡问题。

7）针对煤矿安全信息建设和井下生产过程中的人-机-环实时数据的监测，即通过本体考虑时空问题，建立对象模型，运用了时空数据模型的相关知识概念，根据时空数据模型的发展特点，提出了基于本体的煤矿井下安全生产时空数据模型，建立可以满足煤矿井下安全生产过程需求的时空对象模型和时空数据模式；再分析煤矿井下安全生产过程规则，针对人员、设备、传感器等信息及定位、动态轨迹、环境信息监测数据等，设计开发了一套煤矿井下安全生产时空信息系统，系统架构分为 3 个部分，即数据采集系统、数据存储管理系统、数据展示系统；最后通过两个模拟实验，验证了系统的可用性及准确性。

笔者下一步工作，将会尝试自动构建煤矿领域本体，继续完善推理规则库，优化推理算法，使基于本体的推理结果更加准确，并在前期形成的本体理论成果的基础上，注重探讨和扩充本体在实践应用中的开发，让本体理论积极推动煤矿安全生产的全面发展，进一步为煤矿安全决策系统提供服务。

参考文献

安源源，2014. 基于本体的生物农药信息抽取系统的设计与实现[D]. 成都：电子科技大学.

毕强，赵娜，2010. 多领域本体语义互联网研究现状与实践进展[J]. 情报科学，28（12）：1889-1895.

陈鹏，陈建国，2015. 突发性群体暴力活动的多主体建模研究[J]. 计算机仿真，1（32）：1-3.

陈曦，2017. 面向大规模知识图谱的弹性语义推理方法研究及应用[D]. 杭州：浙江大学.

陈烨，刘渊，2014. 扩展 D-S 证据理论在入侵检测中的应用[J]. 计算机工程与科学，36（1）：83-87.

陈悦，陈超美，刘则渊，等，2015. CiteSpace 知识图谱的方法论功能[J]. 科学学研究，33（2）：242-253.

陈悦，刘则渊，2005. 悄然兴起的科学知识图谱[J]. 科学学研究，23（2）：149-154.

陈云志，2017. 肝炎本体构建及语义相似度研究[D]. 杭州：浙江大学.

仇宝艳，2009. 面向领域本体的知识建模问题研究[D]. 济南：山东师范大学.

丁博，苗世迪，2016. 制造资源本体的概念语义相似度研究[J]. 计算机应用研究，33（1）：28-31.

丁振，2016. 煤矿安全监控数据挖掘分析技术研究与应用[D]. 廊坊：华北科技学院.

段绍林，2015. 云环境下的刀具知识本体建模及应用[D]. 贵阳：贵州师范大学.

高洪美，2015. 基于文献领域本体的语义搜索技术的研究与实现[D]. 上海：华东理工大学.

龚资，2007. 基于 OWL 描述的本体推理研究[D]. 长春：吉林大学.

郭华，2014. 煤矿瓦斯监控系统的本体模型研究[D]. 太原：太原科技大学.

郭晓黎，2016. 煤矿安全事件本体及其在查询扩展中的应用研究[D]. 北京：中国矿业大学.

韩道军，甘甜，叶曼曼，等，2016. 基于形式概念分析的本体构建方法研究[J]. 计算机工程，42（2）：300-306.

贺元香，史宝明，张永，2013. 基于本体的语义相似度算法研究[J]. 计算机应用与软件，30（11）：312-315.

侯海燕，2008. 科学计量学知识图谱[M]. 大连：大连理工大学出版社.

胡海斌，陈仕品，2013. 领域本体支持下的语义查询扩展研究[J]. 软件导刊，12（11）：37-40.

黄宏涛，程清杰，万庆生，等，2015. 基于语义信息内容的 FCA 概念相似度计算方法[J]. 计算机应用研究，32（3）：731-735.

黄津津，刘云，詹永照，2012. 基于本体的 e-Learning 环境个性化服务处理方法[J]. 计算机应用研究，27（1）：184-188.

黄媛，陈英耀，梁斐，等，2012. 专家评价法在某市公立医疗机构公益性评价中的应用[J]. 中国卫生资源，15（4）：299-300.

蒋雯，张安，邓勇，2010. 基于新的证据冲突表示的信息融合方法研究[J]. 西北工业大学学报，28（1）：27-32.

金保华，赵家明，2014. 基于 Jena 的应急预案名称本体构建及其推理[J]. 电子设计工程，22（24）：23-26.

靳运章，2016. 我国煤矿事故特征规律及组合预测模型研究[D]. 西安：西安科技大学.

李红梅，丁晟春，2014. 面向复杂产品设计的本体推理研究[J]. 现代图书情报技术，30（9）：8-14.

李婧，2015. 煤矿安全事件本体中案例推理的研究与应用[D]. 北京：北京工业大学.

李拓，2008. 基于概念格的本体模型及其相关运算研究[D]. 扬州：扬州大学.

李文清，孙新，张常有，等，2012. 一种本体概念的语义相似度计算方法[J]. 自动化学报，38（2）：1-4.

李文雄，2013. 智能交通系统本体数据集成[J]. 中南大学学报，44（7）：3039-3043.

李永宾，2010. 基于形式概念分析的本体映射方法研究[D]. 长春：吉林大学.

梁艺多，翟军，2015. 本体推理在关联数据链接发现中的应用研究[J]. 现代图书情报技术，31（4）：87-95.

梁艺多，翟军，袁长峰，2015. 基于本体推理的物流配送系统的构建[J]. 物流技术，34（9）：255-258.

梁跃强，林辰，宫伟东，等，2017. 投影寻踪聚类方法在煤与瓦斯突出危险性预测中的应用[J]. 中国安全生产科学技术，27（1）：56-57.

廖胜姣，2011. 科学知识图谱绘制工具：SPSS 和 TDA 的比较研究[J]. 图书馆学研究，33（3）：46-49.
刘海波，黎永碧，王福忠，2016. 基于模糊神经网络和证据理论的瓦斯突出评判策略[J]. 上海理工大学学报，38（2）：168-171.
刘娟，胡泽，葛亮，等，2013. 一种改进型冲突证据合成算法研究[J]. 制造业自动化，35（7）：89-91.
刘萍，高慧琴，胡月红，2012. 基于形式概念分析的情报学领域本体构建[J]. 图书情报知识（3）：20-26.
刘峤，李杨，段宏，等，2016. 知识图谱构建技术综述[J]. 计算机研究与发展，53（3）：582-600.
刘诗源，2016. 信息融合在煤矿安全监测的应用研究[D]. 重庆：西南大学.
刘树鹏，李冠宇，2011. 基于形式概念分析的本体合并方法[J]. 计算机工程与设计，32（4）：1434-1437.
刘婷，潘理虎，陈立潮，等，2017. 基于 Jena 推理机制的采煤工作面本体模型推理[J]. 煤矿安全，48（8）：102-105.
刘翔，2011. 深度优先搜索算法和 A*算法在迷宫搜索中的仿真研究[J]. 制造业自动化，1（3）：101-103.
刘艺茹，2012. 本体推理机制在关系中的存储研究与实现[D]. 重庆：重庆大学.
吕欢欢，宋伟东，杨睿，2013. 基于领域本体的综合加权语义相似度算法研究[J]. 计算机工程与设计，34（12）：4209-4213.
毛新军，胡翠云，孙悦坤，等，2012. 面向 Agent 程序设计的研究[J]. 软件学报，23（11）：8-10.
孟现飞，2014. 基于本体的煤矿事故预警知识库模型及其应用[D]. 北京：中国矿业大学.
倪益华，顾新建，吴昭同，2005. 基于本体的企业知识管理平台的构建[J]. 中国机械工程，16（15）：1353-1357.
潘超，古辉，2010. 本体推理机及应用[J]. 计算机系统应用，19（9）：163-167.
彭颖，胡增辉，沈怀荣，2013. 一种修正证据距离[J]. 电子与信息学报，35（7）：1624-1629.
时卫静，2009. 城市交通信息服务的本体建模与应用研究[D]. 北京：北京交通大学.
宋亚飞，王晓丹，雷蕾，等，2014. 基于相关系数的证据冲突度量方法[J]. 通信学报，35（5）：95-100.
王栋，吴军华，2009. 自动更新的本体概念语义相似度计算[J]. 计算机工程与设计，30（19）：4419-4421.
王功辉，秦超，黄奇，杨呈中，2013. 本体构建中的语义分析方法研究[J]. 国家情报工作，57（7）：107-109.
王红，张青青，蔡伟伟，等，2017. 基于 Neo4j 的领域本体存储方法研究[J]. 计算机应用研究，34（8）：2404-2407.
王双凤，2016. 旅游目的地本体构建研究[D]. 湘潭：湘潭大学.
王童飞，2017. 煤与瓦斯突出灾害监控预警技术的应用[J]. 能源技术与管理（42）：168-170.
王向前，张宝隆，李惠宗，2016. 本体研究综述[J]. 情报杂志，35（6）：1-6.
王新媛，2015. 基于本体建模的微博信息管理机理研究[D]. 长春：吉林大学.
王尧，王飞，孙章辉，2016. 演马庄矿煤与瓦斯突出灾害监控预警技术[J]. 中州煤炭（5）：13-14.
王瑶，2017. 基于本体的采煤机知识表示与知识库构建[D]. 太原：太原理工大学.
王晔，黄彦浩，李岩松，2014. 本体应用及其在电力系统中的现状研究[J]. 华东电力，42（2）：319-324.
王毅，陈庆新，毛宁，2014. 基于本体的注塑模改模知识表达与推理研究[J]. 中国机械工程，25（1）：51-58.
王余蓝，2012. 图形数据库 Neo4j 的内嵌式应用研究[J]. 现代电子技术，35（22）：36-38.
魏晓萍，2013. 肝炎病毒蛋白领域本体的构建及应用研究[D]. 上海：上海交通大学.
巫建伟，陈崇成，叶晓燕，等，2014. 基于 Jena 的土地适宜性评价本体知识库构建研究[J]. 计算机工程与设计，35（1）：287-292.
吴菊华，孙德福，甘仞初，2009. 基于多 Agent 的企业建模及仿真[J]. 计算机工程与设计，72（1）：1-2.
吴振忠，王曼，宋婧文，等，2013. 一种基于领域本体的论文检索方法的研究与应用[J]. 计算机应用与软件，30（10）：177-180.
项灵辉，2013. 基于图数据库的海量 RDF 数据分布式存储[D]. 武汉：武汉科技大学.
肖健，2016. 军事医学本体构建的理论与方法研究[D]. 北京：中国人民解放军军事医学科学院.
邢军，韩敏，2009. 基于两层向量空间模型和模糊的本体学习方法[J]. 计算机研究与发展，46（3）：443-451.
徐红升，2007. 基于形式概念分析的本体构建、合并与展现[D]. 开封：河南大学.
徐立广，金芝，易利军，2006. 一个本体语言及本体构造工具的设计[J]. 计算机工程与应用，42（25）：74-79.

徐守坤，孔颖，石林，等，2016. D-S 证据理论和本体推理互补的活动识别方法[J]. 计算机工程与应用，52（4）：6-12.

徐增林，盛泳潘，贺丽荣，等，2016. 知识图谱技术综述[J]. 电子科技大学学报，45（4）：589-606.

许楠，2015. 基于本体的上下文感知计算关键技术研究[D]. 大连：大连海事大学.

颜时彦，王胜清，罗云川，等，2014. 云环境下基于 FCA 的领域本体协作构建模式初探[J]. 现代图书情报技术，30（3）：49-56.

杨月华，杜军平，平源，2015. 基于本体的智能信息检索系统[J]. 软件学报，26（7）：1675-1687.

药慧婷，2016. 煤矿掘进工作面本体建模与推理研究[D]. 太原：太原科技大学.

俞启香，程远平，2012. 矿井瓦斯防治[M]. 徐州：中国矿业大学出版社.

俞婷婷，徐彭娜，江育娥，等，2017. 基于改进的 Jaccard 系数文档相似度计算方法[J]. 计算机系统应用，26（12）：137-142.

岳昊，邵春福，姚智胜，2009. 基于元胞自动机的行人疏散流仿真研究[J]. 物理学报，58（7）：1-7.

岳昊，张旭，陈刚，等，2012. 初始位置布局不平衡的疏散行人流仿真研究[J]. 物理学报，5（9）：5-8.

云红艳，徐建良，郭振波，等，2014. 海洋生态本体建模[J]. 计算机应用，34（4）：1105-1108.

张从力，张河翔，2012. 信息融合技术在煤矿安全预测中的应用[J]. 计算机仿真，29（5）：201- 204 +230.

张德政，谢永红，李曼，等，2017. 基于本体的中医知识图谱构建[J].情报工程，3（1）：35-42.

张河翔，2012. 信息融合技术在煤矿安全监控中的应用研究[D]. 重庆：重庆大学.

张沪寅，温春艳，刘道波，等，2015. 改进的基于本体的语义相似度计算[J]. 计算机工程与设计，36（8）：2206-2210.

张丽娟，张艳芳，赵宜宾，等，2015. 基于元胞自动机的智能疏散模型的仿真研究[J]. 系统工程理论与实践，35（1）：3-6.

张丽娜，2006. AHP-模糊综合评价法在生态工业园区评价中的应用[D]. 大连：大连理工大学.

张硕望，欧阳纯萍，阳小华，等，2017. 融合《知网》和搜索引擎的词汇语义相似度计算[J]. 计算机应用，37（4）：1056-1060.

张思琪，2016. 基于 WordNet 的语义相似度计算方法的研究与应用[D]. 北京：北京交通大学.

张思琪，邢薇薇，蔡圆媛，2017. 一种基于 WordNet 的混合式语义相似度算法[J]. 计算机工程与科学，39（5）：971-977.

张燕君，龙呈，2013. 一种改进的冲突表示方法[J]. 计算机应用研究，30（6）：1716-1717.

郑志蕴，阮春阳，李伦，等，2016. 本体语义相似度自适应综合加权算法研究[J]. 计算机科学，43（10）：242-247.

周运，刘栋，2011. 基于语义相似度的领域本体概念更新方法研究[J]. 计算机工程与设计，32（8）：2833-2835.

朱振，吴保磊，孟杰，等，2017. 煤与瓦斯综合预警系统应用[J]. 工矿自动化，8（43）：87-90.

ABDUL-GHAFOUR S, GHODOUS P, SHARIAT B, et al., 2014.Semantic interoperability of knowledge in feature-based CAD models[J]. Computer-aided design, 56(11): 45-57.

ACHARYA P K, PATRO S K, 2016. Sorption and abrasion characteristics of concrete using ferrochrome ash (FCA) and lime as partial replacement of cement[J]. Cement and concrete composites, 74(4):16-25.

ACHARYA P K, PATRO S K, 2016. Use of ferrochrome ash (FCA) and lime dust in concrete preparation[J]. Journal of cleaner production, 131(7):237-246.

ADHIKARI A, SINGH S, DUTTA A, et al., 2016. A novel information theoretic approach for finding semantic similarity in WordNet[C]// TENCON 2015-2015 IEEE Region 10 Conference. Macao:IEEE:1-6.

AGIRRE E, ALFONSECA E, HALL K, et al., 2009. A study on similarity and relatedness using distributional and WordNet-based approaches[C]// In Proceedings of human language technologies: the 2009 annual conference of the North American Chapter of the Association for Computational Linguistics. Stroudsburg:Association for Computational Linguistics: 19-27.

BIJAKSANA M A, PERMADI R I, 2016. WordNet gloss for semantic concept relatedness[C]//International Conference on Soft Computing and Data Mining. Berlin:Springer International Publishing: 406-413.

BÖRNER K, HUANG W, LINNEMEIER M, et al., 2010. Rete-netzwerk-red:analyzing and visualizing scholarly networks using the network workbench Tool[J].Scientometrics, 83(3):863-876.

BÖRNER K,CHEN C, BOYACK K W, 2003.Visualizing knowledge domains[J].Annual review of information scienceand technology, 37(1):179-255.

Borst W N, 1997. Construction of Engineering Ontologies for Knowledge Sharing and Reuse[J]. Universiteit twente, 18(1): 44-57.

BOUSTIL A, MAAMRI R, SAHNOUN Z, 2014. A semantic selection approach for composite Web services using OWL-DL and rules[J]. Service oriented computing and applications, 8(3):221-238.

CHEN C M, HU Z G, LIU S B,et al., 2012.Emerging trends in regenerative medicine:a scientometric analysis in citespace[J].Expert opinion on biological therapy:593-608.

CHENG G, ZHANG Y L, WANG F, et al., 2011.Construction and application of formal ontology for mine[J]. Transactions of nonferrous metals society of China, 21(S3):577-582.

CHOI I, RHO S, KIM M, 2013. Semi-automatic construction of domain ontology for agent reasoning[J]. Personal and ubiquitous computing, 17(8):1721-1729.

CHUPRINA S, ALEXANDROV V, ALEXANDROV N, 2016. Using Ontology Engineering Methods to Improve Computer Science and Data Science Skills[J]. Procedia computer science, 80(4):1780-1790.

DWEIRI F, KUMAR S, KHAN S A, et al., 2016. Designing an integrated AHP based decision support system for supplier selection in automotive industry[J]. Expert systems with applications, 62(6):273-283.

EL-SAPPAGH S, ELMOGY M, RIAD A M, 2015. A fuzzy-ontology-oriented case-based reasoning framework for semantic diabetes diagnosis[J]. Artificial intelligence in medicine, 65(3):179-208.

FANG L, SARMA A D, YU C, et al., 2011. REX:Explaining relationships between entity pairs[J].VLDB Endowment, 5(3):241-252.

FINKELSTEIN R L, 2002. Placing search in context:the concept revisited[J]. ACM transactions on information systems, 20(1): 116-131.

FORMICA A, 2012. Semantic Web search based on rough sets and Fuzzy Formal Concept Analysis [J].Knowledge-based systems, 26(9):40-47.

FRANCESCONI E, 2014. A description logic framework for advanced accessing and reasoning over normative provisions[J]. Artificial intelligence and law, 22(3):291-311.

FRANCISCO V, GERVÁS P, PEINADO F, 2010. Ontological reasoning for improving the treatment of emotions in text[J]. Knowledge and information systems, 25(3):421-443.

GAO J B, ZHANG B W, CHEN X H, 2015. A WordNet-based semantic similarity measurement combining edge-counting and information content theory[J]. Engineering applications of artificial intelligence, 39(8): 80-88.

GRANDI F, 2016. Dynamic class hierarchy management for multi-version ontology-based personalization[J]. Journal of computer and system sciences, 82(1):69-90.

GRUBER T R, 1993. A translation approach to portable ontology specifications[J]. Knowledge acquisition, 5(2): 199-220.

HAO D, ZUO W, PENG T, et al., 2011.An approach for calculating semantic similarity between words using WordNet[C]// Second International Conference on Digital Manufacturing and Automation. Zhangjiajie:IEEE: 177-180.

HILL F, REICHART R, KORHONEN A, 2015. SimLex-999: Evaluating semantic models with (genuine) similarity estimation[J]. Computational linguistics, 41(4): 665-695.

JIANG J J, CONRATH D W, 1997. Semantic similarity based on corpus statistics and lexical taxonomy[J]. Rocling, 10(4):19-33.

JIANG Y, PENG G, LIU W, 2009. Research on ontology-based integration of product knowledge for collaborative manufacturing[J]. The international journal of advanced manufacturing technology, 49(9-12):1209-1221.

JUNG H, CHUNG K, 2015. Ontology-driven slope modeling for disaster management service[J]. Cluster computing, 18(2):677-692.

KANG X, LI D, WANG S, 2012. Research on domain ontology in different granulations based on concept lattice[J]. Knowledge-based systems, 27(3):152-161.

KANG X, LI D, WANG S, et al., 2012. Formal concept analysis based on fuzzy granularity base for different granulations[J]. Fuzzy sets and systems, 203(21):33-48.

LEACOCK C, CHODOROW M, 1998. Combining local context and WordNet similarity for word sense identification[J]. An electronic lexical database:265-283.

LEE C H, WANG Y H, TRAPPEY A J C, 2014. Trappey. Ontology-based reasoning for the intelligent handling of customer complaints[J]. Computers and industrial engineering, 84(C):144-155.

LEE C H, WANG Y H, TRAPPEY A J C, 2015. Ontology-based reasoning for the intelligent handling of customer complaints[J]. Computers and industrial engineering, 84(9):144-155.

LEE S, LEE H, JUNG J, et al., 2014.Arabidopsis thaliana RNA-binding protein FCA regulates thermotolerance by modulating the detoxification of reactive oxygen species[J]. New phytologist, 205(2):555-569.

LI Y B, CHEN J, YE F, et al., 2016.The improvement of DS evidence theory and its application in IR/MMW target recognition[J]. Journal of sensors(6): 1-15.

LIN D, 1998. An information-theoretic definition of similarity[C]// Fifteenth International Conference on Machine Learning.San Francisco: ACM: 296-304.

LIN Y, WANG C, MA C G, et al., 2016. A new combination method for multisensor conflict information[J]. Journal of supercomputing, 72(7): 2874-2890.

LIU K, MITCHELL K J, CHAPMAN W W, et al., 2013. Formative evaluation of ontology learning methods for entity discovery by using existing ontologies as reference standards[J]. Methods of information in medicine, 52(4): 308-316.

LIU Z Y, SUN M S, LIN Y K, et al., 2016. Knowledge representation learning:a Review[J].Journal of computer research and development, 53(2): 247-261.

MILLER G A, 2002. WordNet: A lexical database for the english language[J]. Contemporary review, 241(1): 206-208.

MILLER G A, CHARLES W G, 1991. Contextual correlates of semantic similarity[J]. Language cognition and neuroscience, 6(1): 1-28.

MU W, BÉNABEN F, PINGAUD H, 2016. Collaborative process cartography deduction based on collaborative ontology and model transformation[J]. Information sciences, 334:83-102.

NARENDRA A, STEPHEN A S, 2013. Optimal inventory management for a retail chain with diverse store demands[J]. European journal of operational research:393-403.

NGOM A N, TRAORÉ Y, DIALLO P F, et al., 2016.A method to update an ontology : simulation[C]// International Conference on Information and Knowledge Engineering. Las Vegas:ACM: 92-96.

NITISHAL C, ROBERT Y, GEORGE G, et al., 2013. A model-driven ontology approach for manufacturing system interoperability and knowledge sharing[J]. Computers in industry, 64(8):392-401.

Oberle D, 2014. Ontologies and reasoning in enterprise service ecosystems[J]. Informatik-spektrum, 37(4):318-328.

PEREZ A G, BENJAMINS V R, 1999. Overview of knowledge sharing and reuse components: ontologies and problem-solving methods[C]// Proceedings of the Workshop on Ontologies and Problem-Solving Methods. Stockholm:IJCAI:1-15.

PERSSON O, DANELL R, WIBORGSCHNEIDER J, 2009. Howtouse bibexcel for various types of bibliometric analysis[C]// International Society for Scientometrics and Informetrics Conference. Bazil:ISSI: 9-24.

RADA R, MILI H, BICKNELL E, et al., 1989.Development and application of a metric on semantic nets[J]. IEEE transactions on systems, man and cybernetics, 19(1): 17-30.

RESNIK P, 1999. Semantic similarity in a taxonomy: an information-based measure and its application to problems of ambiguity in natural language[J]. Journal of artificial intelligence research, 11(1): 95-130.

RODRIGUEZ-JIMENEZ J M, CORDERO P, ENCISO M, et al., 2016. Concept lattices with negative information: a characterization theorem[J]. Information sciences, 369(5):51-62.

RUBENSTEIN H, GOODENOUGH J B, 1965. Contextual correlates of synonymy[J]. Communications of the ACM, 8(10): 627-633.

SAIA R, BORATTO L, CARTA S, 2016. Introducing a Weighted Ontology to Improve the Graph-based Semantic Similarity Measures[J]. International journal of signal processing systems, 4(5): 375-381.

SÁNCHEZ D, BATET M, ISERN D, 2011. Ontology-based information content computation[J]. Knowledge-based systems, 24(2): 297-303.

SECO N, VEALE T, HAYES J, 2004. An intrinsic information content metric for semantic similarity in WordNet[C]// European Conference on Artificial Intelligence. The Netherlands:ACM: 1089-1090.

SHEN C, LI Y, SHENG Y, et al., 2012.Collaborative Information Retrieval Framework Based on FCA[J]. Physics procedia, 24(8):1935-1942.

SOLIC K, OCEVCIC H, GOLUB M, 2015. The information systems' security level assessment model based on an ontology and evidential reasoning approach[J]. Computers and security, 55(6):100-112.

STOILOS G, STAMOU G, 2013. Reasoning with fuzzy extensions of OWL and OWL2[J]. Knowledge and information systems, 40(1):205-242.

STUDER R, BENJAMINS V R, FENSEL D, 1998. Knowledge engineering: Principles and methods[J]. Data and knowledge engineering, 25(1): 161-197.

TAIEB M A H, AOUICHA M B, HAMADOU A B, 2014. Ontology-based approach for measuring semantic similarity[J]. Engineering applications of artificial intelligence, 36(7): 238-261.

TVERSKY A, 1977. Features of similarity[J]. Readings in cognitive science, 84(4): 290-302.

WEI T T, CHANG H Y, 2015. Measuring word semantic relatedness using WordNet-based approach[J]. Journal of computers, 10(4): 252-259.

WU Z, Palmer M, 1994. Verbs semantics and lexical selection[C]// Meeting on Association for Computational Linguistics. Association for Computational Linguistics. Stroudsburg:ACM: 133-138.

YANG S Y, 2013. Developing an energy-saving and case-based reasoning information agent with Web service and ontology techniques[J]. Expert systems with applications, 40(9):3351-3369.

ZHENG L, LI X, 2008. An ontology reasoning architecture for data mining knowledge management[J]. Wuhan university journal of natural sciences, 13(4):396-400.

ZHONG Z, LIU Z, LI C, et al., 2012. Event ontology reasoning based on event class influence factors[J]. International journal of machine learning and cybernetics, 3(2):133-139.

ZHOU Z, WANG Y, GU J, 2008. New model of semantic similarity measuring in wordnet[C]// International Conference on Intelligent System and Knowledge Engineering. Xiamen:IEEE:256-261.

ZHU G, IGLESIAS C A, 2016. Computing semantic similarity of concepts in knowledge graphs[J]. IEEE transactions on knowledge and data engineering, 28(5): 1-14.

ZIDI A, BOUHANA A, Abed M, et al., 2014. An ontology-based personalized retrieval model using case base reasoning[J]. Procedia computer science, 35(4):213-222.